高职高专"十三五"规划教材

电气控制与 PLC

主　编　李会英　江　丽

副主编　郭子韬　康　娟　蒋　奎　王　丽

主　审　马保怀

北京交通大学出版社

·北京·

内 容 简 介

本教材涵括了电气控制及 PLC 这两大技术，以任务驱动为导向，打破了传统教材按章节划分的方法和传统知识体系，将相关知识分为 3 个项目，共 18 个任务。项目 1 为电动机基本控制电路，主要介绍电动机点动与自锁控制电路的装调、电动机正反转控制电路的装调等；项目 2 为典型机床电气控制电路，主要介绍 3 种典型机床的电气控制电路分析；项目 3 为 PLC 技术，其中包括 PLC 的基础知识、指令系统、编程软件的使用、PLC 系统的安装与维护等知识点。

图书在版编目（CIP）数据

电气控制与 PLC / 李会英，江丽主编. —北京：北京交通大学出版社，2020.9（2021.7 重印）
ISBN 978-7-5121-4308-1

Ⅰ. ① 电… Ⅱ. ① 李… ② 江… Ⅲ. ① 电气控制–教材 ② PLC 技术–教材
Ⅳ. ① TM571.2 ② TM571.61

中国版本图书馆 CIP 数据核字（2020）第 149626 号

电气控制与 PLC
DIANQI KONGZHI YU PLC

责任编辑：严慧明
出版发行：北京交通大学出版社　　　　　　　　电话：010-51686414　　　http://www.bjtup.com.cn
地　　址：北京市海淀区高梁桥斜街 44 号　　　邮编：100044
印 刷 者：艺堂印刷（天津）有限公司
经　　销：全国新华书店
开　　本：185 mm×260 mm　　印张：18.5　　字数：462 千字
版 印 次：2020 年 9 月第 1 版　　2021 年 7 月第 2 次印刷
印　　数：2 001～3 500 册　　定价：49.80 元

本书如有质量问题，请向北京交通大学出版社质监组反映。对您的意见和批评，我们表示欢迎和感谢。
投诉电话：010-51686043，51686008；传真：010-62225406；E-mail：press@bjtu.edu.cn。

前　言

　　电气控制与 PLC 是高职高专机电类、电气类专业的一门实践性较强的专业课程之一。编者根据高职高专的培养目标，结合高职高专的教学改革和课程改革，本着"项目引导、'教、学、做'一体化"的原则，以工作过程为导向编写了本教材。

　　本教材涵括了电气控制及 PLC 这两大技术，内容编写具有以下特点。

　　（1）以任务驱动为导向，打破了传统教材按章节划分的方法和传统知识体系，将相关知识分为 3 个项目，共 18 个任务。学生在完成任务的过程中，回答引导问题，参阅相关知识，自主查阅资料，学思结合，循序渐进。

　　（2）任务实施后的知识拓展内容体现了分层次教学的设计，这使不同层次学生在职业情景中将理论与实践相结合，提高动手操作的能力、分析解决问题的能力和协同合作的能力。

　　（3）本教材支持该课程在配有相关设备的专业教室中进行教学，支持"理实一体化"教学改革的实现。

　　本教材由河北轨道运输职业技术学院李会英、江丽担任主编，郭子韬、康娟、蒋奎、王丽担任副主编，马保怀担任主审。

　　在本教材的编写过程中，编者参考了大量相关的书籍资料，从中汲取了许多知识和经验，在此向这些书的作者表示感谢。

　　由于编写时间紧迫，编者能力有限，错误和不当之处在所难免，敬请读者批评指正。

编　者

2020 年 5 月

目　　录

电动机基本控制电路

任务 1.1　电动机点动与自锁控制电路的装调

工作情景描述

　　企业中大量的生产机械是靠电动机来拖动的，其启动、停止等控制方式大量采用继电控制电路来实现。当电动机继电控制电路出现故障或不能满足生产要求时，需要维修员来完成其维修与改造工作。

　　维修员接受继电控制电路安装任务后，根据任务要求，识读原理图、安装图、接线图等，准备工具和材料，核对元件型号与规格，检查其质量，确定安装位置，做好工作现场准备，严格遵守作业规范安装元件，按图接线，测试检查，通电试车，最后填写相关表格并交付相关部门验收。

　　在工作中，维修员须严格按照电工作业规程做好安全防护措施，确保工作安全；同时还须按照现场管理规范清理场地、归置物品。

任务目标

　　1. 根据工作情景描述明确工作任务。

　　2. 熟悉低压开关的类型、用途、结构、图形文字符号及安装使用注意事项。

　　3. 熟悉熔断器的类型、用途、结构、图形文字符号及安装使用注意事项。

　　4. 熟悉控制按钮的类型、用途、图形文字符号。

　　5. 叙述交流接触器的分类、型号、工作原理、图形文字符号，正确选择交流接触器，熟练拆装交流接触器，对交流接触器常见故障进行检修。

　　6. 熟悉热继电器的类型、用途、结构、工作原理及图形文字符号。

　　7. 叙述三相异步电动机点动、连动控制电路的工作原理，熟练掌握点动、连动自锁控制电路并了解它们的适用场合。

　　8. 熟悉电动机点动与自锁控制电路的实施步骤。

　　9. 掌握电气原理图、电器元件布置图、电气安装接线图的绘图原则。

　　10. 熟练检测元件。

　　11. 根据电器元件布置图对低压电器元件进行安装。

　　12. 根据电气安装接线图对低压电器元件进行正确接线。

　　13. 根据电气安装接线图按照安装工艺进行电动机点动与自锁控制电路接线。

14. 根据电气原理图按照安装工艺进行电动机点动与自锁控制电路调试。

15. 熟练按施工任务书的要求进行检查，会用电阻法检测电路。

16. 正确识读三相异步电动机铭牌的相关参数。

17. 熟悉电工作业规程，了解项目完成后的收尾工作。

18. 展示成果，总结完成任务的过程中出现的优、缺点，书写任务总结并完成各种评价。

工作流程与活动

学习活动一　明确工作任务

学习活动二　分析任务，学习电动机点动与自锁控制电路

学习活动三　制订工作计划

学习活动四　现场施工与验收

学习活动五　工作总结与评价

学习活动一　明确工作任务

活动目标

1. 根据工作情景描述提炼出工作任务。

2. 明确具体的工作内容。

学习过程

回顾三相异步电动机的基本知识（结构、原理、特性和控制方式），并回答问题。

问题 1： 该项工作具体内容是什么？

问题 2： 该项工作需要具备哪些专业知识和技能？

问题 3： 三相异步电动机如何实现转动？三相定子绕组的连接方式有哪些？

学习活动二　分析任务，学习电动机点动与自锁控制电路

活动目标

1. 了解低压电器的分类。

2. 熟悉低压开关的类型、用途、结构、图形文字符号及安装使用注意事项。

3. 熟悉熔断器的类型、用途、结构、图形文字符号及安装使用注意事项。

4. 熟悉控制按钮的类型、用途、图形文字符号。

5. 叙述交流接触器的分类、型号、工作原理、图形文字符号，正确选择交流接触器，熟

练拆装交流接触器，对交流接触器常见故障进行检修。

6. 熟悉热继电器的类型、用途、结构、工作原理及图形文字符号。

7. 叙述三相异步电动机点动、连动控制电路的工作原理，熟练掌握点动、连动自锁控制电路并了解它们的适用场合。

8. 掌握电气原理图、电器元件布置图、电气安装接线图的绘图原则。

☞ **学习过程**

1. 了解电动机点动与自锁控制电路的工作过程，并回答问题。

问题1：

（1）电动机点动控制电路是怎样工作的？

（2）识读图1-1-1，认识所用元件及设备。

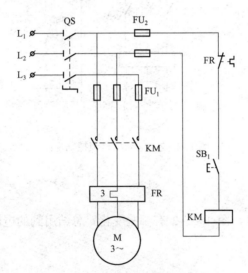

图1-1-1 电动机点动控制电路

（3）电动机点动控制电路都用到了哪些电器元件和设备？总结它们的名称、作用及图形文字符号。

（4）辅助控制电路是怎样实现工作的？理解"点动"的含义。（在图1-1-1中，按下_____，电动机就_____；松开_____，电动机就_____。）

问题 2：

（1）电动机自锁控制电路是怎样工作的？

（2）识读图 1-1-2，认识所用元件及设备。

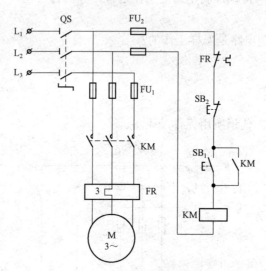

图 1-1-2　电动机自锁控制电路

（3）相比于图 1-1-1，图 1-1-2 有哪些变化？总结用到的电器元件和设备的名称、作用及图形文字符号。

（4）什么是自锁控制？它通过用哪种元件实现？自锁控制可以实现什么功能？理解"自锁"的含义。（在图 1-1-2 中，按下_____，电动机就_____；按下_____，电动机就_____。）

（5）写出电动机自锁控制电路的控制原理。

2. 分析电路的工作原理。

图1-1-3是电动机点动与连续混合控制电路，认真识图，并回答问题。

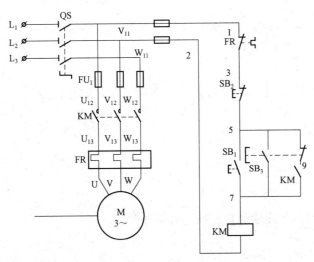

图1-1-3 电动机点动与连续混合控制电路

问题1：

（1）在图1-1-3中，按下SB₁，_____得电，_____闭合形成_____，_____闭合，电动机启动连续运转；按下_____，_____失电，_____分断解除自锁，KM主触头分断，电动机失电停转。

（2）按住SB₃，先切断自锁电路，_____闭合，KM线圈得电，_____闭合，_____闭合，电机启动运转；松开_____，_____先恢复分断，_____后恢复闭合，KM线圈失电，_____分断，_____分断，电动机停转。

问题2： 图1-1-4是电动机点动和自锁控制电路，认真识图，分析其工作原理并回答问题。

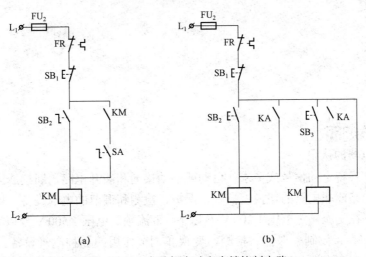

(a)   (b)

图1-1-4 电动机点动和自锁控制电路

（1）分别叙述图1-1-4（a）、图1-1-4（b）中所用元件及控制原理。

（2）图1-1-3、图1-1-4中的三种电路各有何优、缺点？

3. 绘制电动机点动与连续混合控制电气原理图。

4. 绘制电动机点动与连续混合控制电路的电器元件布置图。

5. 画出电动机点动与连续混合控制电路的电气安装接线图。

👉 相关知识

一、低压电器的认识

凡是根据外界特定的信号或要求，自动或手动接通和断开电路，断续或连续地改变电路参数，实现对电路或非电路的切换、控制、保护、检测和调节的电气设备，均称为电器。低压电器是指工作在交流额定电压1 200 V及以下，直流额定电压1 500 V及以下的电路，对电路或非电路起切换、控制、保护、检测、变换和调节作用的各种电气设备。一般来说，低压电器可以分为配电电器和控制电器两大类，是成套电气设备的基本组成元件。在工业、农业、交通、国防及人们用电部门中，大多数采用低压供电，因此低压电器元件的质量将直接影响低压供电系统的可靠性。

低压电器一般都有两个基本部分。一个是感测部分，它感测外界的信号，做出有规律的反应。在自控电器中，感测部分大多由电磁机构组成；在受控电器中，感测部分通常为操作手柄等。另一个是执行部分，如触点是根据指令进行电路的接通或切断的。

低压电器的种类繁多，结构原理各异，功能多样，用途广泛。

（1）按用途分类。

① 低压配电电器：主要用于低压配电系统。当电路出现过载、短路、欠压、失压、漏电等故障时，其能断开故障电路，起到保护作用。如刀开关、组合开关、断路器、熔断器等。

② 低压控制电器：主要用于电力传动控制系统，能分断过载电流，但不能分断短路电流。如接触器、继电器等。

（2）按动作方式分类。

① 手动电器：依靠外力直接操作来进行切换的电器。如刀开关、按钮等。

② 自动电器：依靠指令或物理量变化而自动动作的电器。如接触器、继电器等。

（3）按工作原理分类。

① 电磁式电器：用电磁机构控制电器动作。如接触器。

② 非电量控制电器：用非电磁式控制电器动作。如热继电器。

（4）按执行机构分类。

① 有触点电器：具有可分离的静、动触点，利用触点的接触和分离来实现通、断电路控制。如接触器。

② 无触点电器：没有可分离的触点，利用半导体元件的开关效应来实现通、断电路的控制。如固态继电器、可控硅开关等。

1. 低压刀开关

低压刀开关由操纵手柄、触刀、触头插座、进线座、出线座和绝缘底板等组成。低压刀开关有单极、双极和三极之分。在电力拖动控制电路中，常用的是由刀开关和熔断器组合而成的负荷开关。负荷开关分为开启式负荷开关和封闭式负荷开关两种。

开启式负荷开关（又名瓷底胶盖刀开关）的外形、型号及图形文字符号如图 1-1-5 所示，主要用于电气照明电路、电热电路中，可用作小容量电动机电路的不频繁控制开关，也可用作分支电路的配电开关。

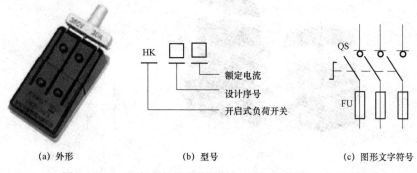

　　　(a) 外形　　　　　　　(b) 型号　　　　　　　　(c) 图形文字符号

图 1-1-5　开启式负荷开关的外形、型号及图形文字符号

注意事项

1. 低压刀开关必须垂直安装（手柄向上为合闸，向下为分闸），不能倒装或平装，避免因自重力自动下落造成误合闸。

2. 接线时，应将电源线接在上端，负载线接在下端。

3. 使用时，分、合闸要动作迅速，一次拉合到位。

4. 若熔体熔断，应分闸断电后更换同规格型号的熔体。

封闭式负荷开关的外形及型号含义如图 1-1-6 所示。其通断性能、灭弧性能和安全防护性能较开启式负荷开关有所提高，一般用于手动、不频繁通、断带负载的电路，可作为线路末端的短路保护，也可用于 15 kW 以下的交流电动机不频繁的启停控制。

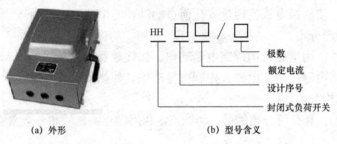

(a) 外形　　　　　(b) 型号含义

图 1-1-6　封闭式负荷开关的外形、型号含义

2. 组合开关

组合开关又称转换开关，有单极、双极和三极之分。与刀开关操作不同，它的刀片是转动式的。其动触头（刀片）和静触头装在封闭的绝缘件内，采用叠装式结构，其层数由动触头数量决定。动触头装在操作手柄的转轴上，随转轴旋转而改变各对触头的通断状态。组合开关的外形及图形文字符号（以三极为例）如图 1-1-7 所示。组合开关常用作电气控制电路中电源的引入开关，还可以用它来直接启动或停止小功率电动机或控制电动机正反转等。局部照明电路也常用它来控制。组合开关常用的有 HZ1~HZ5、HZ10 等系列。

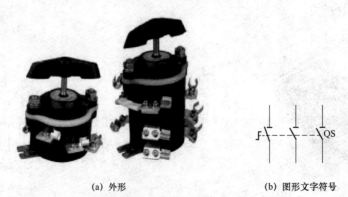

(a) 外形　　　　　(b) 图形文字符号

图 1-1-7　组合开关的外形及图形文字符号（以三极为例）

3. 低压断路器

低压断路器又称自动空气开关，可不频繁地通断线路及控制电动机的运行，还可自动进行短路、过载、欠压和失压保护。低压断路器种类很多，按照结构形式，可分为框架式和塑料外壳式；按照触头数目，可分为单极、双极和三极；按照操作机构，可分为手动操作、电动操作和液压操作等；按照动作速度，可分为普通速度、延时动作和快速动作等。

低压断路器的主要技术参数有：额定工作电压、额定电流等级、极数、脱扣器类型及额定电流、分断能力等。低压断路器的主要型号有 DZ5、DZ10、DZ20、DW4、DW7、DW10 等系列，其型号含义如图 1-1-8 所示。

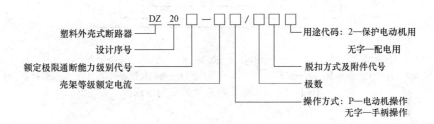

图 1-1-8　低压断路器的型号含义

低压断路器由操作机构、静触头、动触头、电磁脱扣器、热脱扣器、欠压脱扣器和灭弧系统等组成。低压断路器的外形及图形文字符号（以三极为例）如图 1-1-9 所示。

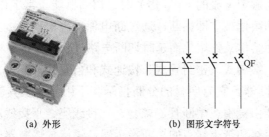

(a) 外形　　　　　　　　　　(b) 图形文字符号

图 1-1-9　低压断路器的外形及图形文字符号（以三极为例）

低压断路器的结构示意图如图 1-1-10 所示。在正常情况下，低压断路器的主触点是通过操作机构的接通按钮 16 和分断按钮 1 手动或电动的合闸分闸。当主电路发生过载时，热元件 12 产生的热量增加，使双金属片 13 弯曲变形，推动杠杆 8 向上运动，使搭钩 3 与锁扣 5 脱开，在反作用弹簧 4 的作用下，断路器主触点断开，切断电路，实现过载保护。当主电路发生短路故障时，短路电流超过过电流脱扣器的瞬时脱扣整定电流，脱扣器产生足够大的吸力将电磁脱扣器衔铁 14 吸合，通过杠杆推动搭钩与锁扣脱开，切断电路，使用电设备不会因短路而烧毁。当电路电压正常时，欠压脱扣器衔铁 10 被吸合，断路器的主触点能够闭合；当电路出现失压或电压下降到某一值时，铁心磁力消失，衔铁被释放，在拉力弹簧 9 的作用下，衔铁撞击杠杆使搭钩与锁扣分开，主触点断开，起到失压或欠压保护作用。

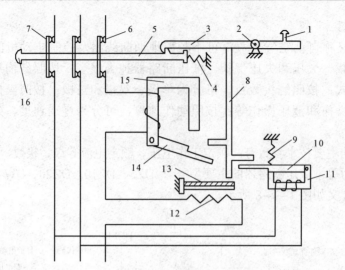

1—分断按钮；2—转轴座；3—搭钩；4—反作用弹簧；5—锁扣；6—静触点；7—动触点；8—杠杆；9—拉力弹簧；10—欠压脱扣器衔铁；11—欠压脱扣器；12—热元件；13—双金属片；14—电磁脱扣器衔铁；15—电磁脱扣器；16—接通按钮。

图 1-1-10　低压断路器的结构示意图

4. 熔断器

熔断器是一种应用广泛的最简单有效的保护电器，用于供电线路和电气设备的短路和过电流保护，主要由熔体、熔管和熔座三部分组成。熔体是熔断器的核心，通常用低熔点的铅锡合金、锌、铜、银的丝状或片状材料制成。新型的熔体通常设计成灭弧栅状和具有变截面的片状结构。在电气控制电路中串联熔断器，当设备正常运行和线路电流发生正常变动（如电动机启动瞬间电流为额定电流的 4～6 倍）时，熔断器能正常工作（不熔断）；当线路发生短路故障时，熔断器的熔体被立即熔断，通过断电保护用电设备；当设备持续过载时，电流在熔体上产生的热量使熔体某处熔化而延时切断电路，从而保护了电路和设备。

熔断器有瓷插式、螺旋式、密封管式、快速式和自复式等类型。机床电气控制电路中常用 RL1 系列螺旋式熔断器，它有明显的分断指示和不用任何工具就可取下或更换熔体等优点。螺旋式熔断器主要由瓷帽、熔断管、瓷套、上接线座、下接线座及瓷座等部分组成。熔断管内装有石英砂、熔丝和带小红点的熔断指示器。螺旋式熔断器的外形和图形文字符号如图 1-1-11 所示。

(a) 外形　　　　　　　　(b) 图形文字符号

图 1-1-11　螺旋式熔断器的外形和图形文字符号

注意事项

1. 螺旋式熔断器在装接使用时，电源线应接在下接线座，负载线应接在上接线座，这样在更换熔体时，金属螺纹壳的上接线座不带电，保证维修者安全。

2. 安装螺旋式熔断器的熔断管时，应将有熔断指示器的一端对着瓷帽玻璃窗口安装，这样可以透过玻璃窗口观察熔断指示器是否脱落，从而可以初判熔丝是否熔断。

3. 若熔体熔断，应先分闸断电，待分析出原因并排除故障后再更换新熔体。

4. 在更换新熔体时，须更换同规格型号的熔体，不能使用铜丝或铁丝代替熔体。

5. 热继电器

电动机在实际运行中，常常遇到过载的情况。若过载电流不太大且过载时间较短，电动机绕组的温升不超过允许值，这种过载是允许的。但如果过载电流较大（由于过电流幅度还不够大，熔断器不熔断）且过载时间长，电动机绕组的温升就会超过允许值，这将会加速绕组绝缘的老化，缩短电动机的使用年限，严重时会使电动机绕组严重过热乃至烧毁，这种情况须立即切断电源，从而保护电动机。热继电器就是用于防止线路和电气设备长时间过载的低压保护电器。常用的热继电器有 JR0 和 JR16 系列。

热继电器的形式有许多种，其中以双金属片式最为常见。双金属片式热继电器由加热元件、主双金属片、温度补偿机构、动作机构、触点系统、电流整定装置及手动复位装置等组成。热继电器的外形和图形文字符号如图 1-1-12 所示。热继电器动作后须由复位装置进行手动复位，可防止热继电器动作后，因故障未被排除但电动机又启动而造成更大的事故。

(a) 外形　　　　　　　　　　　(b) 图形文字符号

图 1-1-12　热继电器的外形和图形文字符号

热继电器的动作原理示意图如图 1-1-13 所示。当热继电器正常工作时，热元件感知电流，将热量传递到主双金属片 14（热膨胀系数不同的两种金属）上，主双金属片受热发生定向弯曲但变形不足以使继电器动作。过载时，热元件上电流过大，传递到主双金属片上的热量不断积聚，定向弯曲变形也逐渐加剧。当形变达到一定距离时，向右推动导板16，使动断触点动作切断控制电路，从而保护主电路。热继电器动作后，经过一段时间（一般自动复位时间不大于 5 min）的冷却自动复位，也可按复位按钮 13 手动复位（手动复位时间不大于 2 min）。旋转凸轮 6 置于不同位置可以调节热继电器的整定电流。鉴于双金属片受热弯曲过程中，热量的传递需要较长的时间，因此，热继电器不能用作短路保护，而只能用作过载保护。

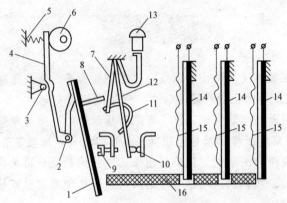

1—补偿双金属片；2—销子；3—支承；4—杠杆；5—弹簧；6—旋转凸轮；7、12—片簧；8—推杆；
9—调节螺钉；10—触点；11—弓簧；13—复位按钮；14—主双金属片；15—发热元件；16—导板。

图 1-1-13 热继电器的动作原理示意图

观察并思考

1. 热继电器的接线端子有哪些？各对应什么器件？如何将热继电器连接到被保护电路中来实现过载保护？

2. 热继电器与熔断器能互换使用而完成相应保护吗？

6. 按钮

按钮是一种手动操作接通或分断小电流控制电路的主令电器，主要用于远距离操作接触器、继电器等具有电磁线圈的电器，也用在控制电路中发布指令和执行电气联锁。机床上常用按钮的型号有 LA18、LA20、LA25 和 LAY3 等系列。

按钮一般由按钮帽、复位弹簧、桥式动触点、静触点、支柱连杆和外壳等部分组成，其触点额定电流在 5 A 以下。按钮的外形和图形文字符号如图 1-1-14 所示。

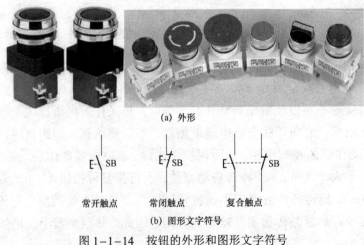

(a) 外形

常开触点　　　常闭触点　　　复合触点

(b) 图形文字符号

图 1-1-14 按钮的外形和图形文字符号

按钮按静态时的触点分合状态，可分为启动按钮、停止按钮和复合按钮；按保护形式，可分为开启式、保护式、防水式和防腐式等；按结构形式，可分为嵌压式、紧急式、钥匙式、带灯式等，可根据使用场合和具体用途来选用。

按钮的结构示意图如图 1-1-15 所示。启动按钮带有常开触点（动合触点），手指按下按钮，常开触点闭合；手指松开，常开触点复位。停止按钮带有常闭触点（动断触点），手指按下按钮，常闭触点断开；手指松开，常闭触点复位。复合按钮带有常开和常闭两对触点，手指按下按钮，常闭触点先断开，常开触点后闭合；手指松开，常开触点先复位，常闭触点后复位。

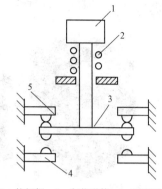

1—按钮帽；2—复位弹簧；3—动触头；
4—常开静触头；5—常闭静触头。

图 1-1-15 按钮的结构示意图

按钮可做成单式、复式和三联式，即按钮的组成个数可为 1 个、2 个和 3 个。为便于识别各个按钮的作用，避免误操作，通常在按钮上做出不同标志或涂以不同颜色来表征其使用场合。如停止和急停按钮必须是红色；启动按钮必须是绿色；点动按钮必须是黑色；启动与停止交替动作的按钮必须是黑色、白色或灰色；复位按钮必须是蓝色，而当复位按钮兼有停止的作用时，则必须是红色。

观察并思考

如何判别按钮的接线端子对应的是什么触点？即如何判断哪两个接线端子间是常开触点，哪两个接线端子间是常闭触点？

7. 接触器

接触器是机床电路及自动控制电路中的一种自动切换电器，具有控制容量大、操作方便、通用性强、可远距离控制、动作迅速等优点。接触器可以频繁地接通和分断交、直流主电路，主要用来控制电动机，也可控制电容器、电阻炉和照明器具等电力负载。小型的接触器也经常作为中间继电器配合主电路使用，但其存在噪声大、寿命短等缺点。

接触器根据所控制线路的不同，可划分为交流接触器和直流接触器两种。交流接触器利用主触点来开闭电路，利用辅助触点来执行控制指令。接触器主要由电磁机构、触点系统、灭弧装置及辅助部件四部分组成，其外形和图形文字符号如图 1-1-16 所示。

（1）电磁机构：是接触器的重要组成部分，主要包括动铁心（衔铁）、静铁心、电磁线圈，线圈是接触器接收控制信号的输入部分。

（2）触点系统：触点是接触器的执行部分，用来接通或断开被控制电路。主触点用于通断主电路，有 3 对或 4 对常开触点。辅助触点用在辅助电路里，起电气联锁或控制作用，通常有 2 对常开触点、2 对常闭触点，分布在主触点两侧。

（3）灭弧装置：灭弧装置用来保证在触点断开大电流电路时，能将静、动触点之间产生的电弧可靠地熄灭。一般容量在 10 A 以上的交流接触器都设有灭弧装置，以便迅速切断电弧，减少电弧对触点的损伤，避免因电路切换时间延长而引起其他事故。

（4）辅助部件：包括释放弹簧机构、缓冲弹簧、触点压力弹簧、支架与底座等。

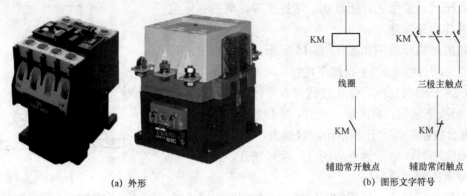

(a) 外形　　　　　　　　　　　　　(b) 图形文字符号

图 1-1-16　接触器的外形和图形文字符号

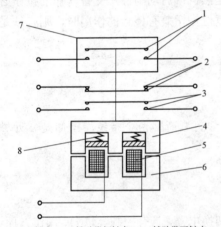

1—主触点；2—辅助常闭触点；3—辅助常开触点；
4—动铁心；5—线圈；6—静铁心；7—灭弧罩；8—弹簧。

图 1-1-17　交流接触器的结构示意图

交流接触器的结构示意图如图 1-1-17 所示。当线圈 5 通电后，线圈电流产生磁场，使静铁心 6 产生电磁吸力吸引动铁心 4，并带动动触点动作，使辅助常闭触点 2 变为断开，主触点 1 和辅助常开触点 3 变为闭合，两者是联动的。当线圈断电时，电磁力消失，动铁心在弹簧 8 的作用下释放，触点复原，即辅助常开触点恢复为断开，辅助常闭触点恢复为闭合。灭弧罩 7 的作用是可靠地消除主触点在动作过程中产生的电弧。

二、电气原理图、电器元件布置图和电气安装接线图

1. 电气原理图

电气原理图是采用电器元件展开的形式绘制而成的表示电气控制线路工作原理的图形，便于分析电路的工作原理和排除故障，而不按照电气设备与电器元件的实际布置位置和实际接线情况来绘制，也不反映电器元件的结构实体及安装方式。通过电气原理图，可以详细地了解电路电气控制系统的组成和工作原理，并可在测试和寻找故障时提供足够信息。同时，电气原理图也是编制电气安装接线图的重要依据。

电气原理图主要由电源电路、主电路和辅助电路构成。电源电路中包含三相交流电源、电源开关；主电路是从电源开关到电动机绕组的强电流通过的路径；辅助电路包括控制电路、照明电路、信号电路及保护电路等。控制电路是由按钮、接触器和继电器的线圈、各种电器的常开、常闭触点等组合构成的控制逻辑电路，实现所需的控制功能，是弱电流通过的部分。

现以某普通车床的电气原理图（见图 1-1-18）为例来阐明绘制和识读电气原理图的原则和注意事项。

（1）按照从左到右、从上到下的读图和设计原则。

（2）电源电路、主电路用粗实线表示，电源电路绘制成水平线，主电路画在电气原理图的左边或上部并垂直于电源电路，辅助电路用细实线表示，画在电气原理图的右边或下部。

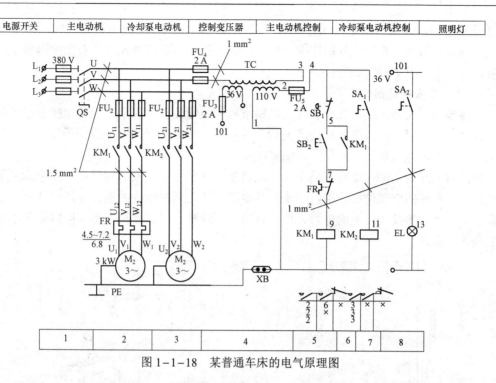

| 电源开关 | 主电动机 | 冷却泵电动机 | 控制变压器 | 主电动机控制 | 冷却泵电动机控制 | 照明灯 |

图1-1-18　某普通车床的电气原理图

（3）图中各电器元件的触点，都按照线圈未通电和没有外力作用时的初始状态绘制。

（4）电气原理图中各电器元件要采用国家规定的统一标准的图文符号来绘制，同一个电器元件上的线圈、触点，要用同一文字符号表示。

（5）各电器元件的导电部分按照其起作用的位置绘制，即同一个电器元件的不同导电部分不一定画在一起。例如，接触器KM的主触头画在主电路上，而其线圈和辅助触头则画在辅助电路中，因为它们的作用不同，但必须用统一文字符号标注。

（6）将电气原理图分成若干图区，在原理图的上方标明该区电路的用途和作用，下方为图区号。在继电器、接触器线圈下方列有触点表，以说明线圈和触点的从属关系。

（7）电气原理图的全部电动机、电器元件的型号、文字符号、用途、数量、额定技术数据，均应填写在元件明细表中。

2. 电器元件布置图

电器元件布置图是用来表明电气原理图上所有电气设备和电器元件的实际安装位置和实际安装尺寸的示意图，它采用简化的外形符号（如正方形、矩形、圆形等）表示电器元件，不表示元件的具体结构、接线情况和控制原理，但各元件的文字符号要与电气原理图及电气安装接线图一致。

图1-1-19为CW6132型普通车床控制

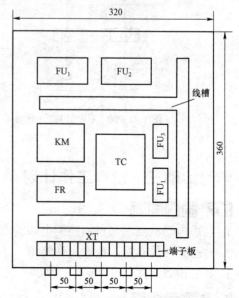

图1-1-19　CW6132型普通车床控制盘电器布置图
（单位：cm）

盘电器布置图，该图根据电器元件的外形尺寸按比例画出，并标明各元件间距尺寸。控制盘内电器元件与盘外电器元件的连接通过接线端子进行，在电器元件布置图中画出了接线端子板，并在端子板上标明线号。

3. 电气安装接线图

它主要用于安装接线、线路检查、线路维修和故障处理，表示了设备电控系统各单元和各元件之间的位置、配线关系和接线关系，并标注出所需数据，如接线端子号、连接导线参数等，但不表示电气动作原理和实际安装尺寸。

图 1-1-20 为 CW6132 型普通车床的电器箱外连部分电气安装接线图，图中标明了该机床电器控制系统的电源进线、用电设备和各电器元件之间的接线关系，并用虚线框分别框出电器柜、操作台等接线板上的电器元件，画出了虚线框之间的连接关系，同时标出了连接导线的条数、线径。

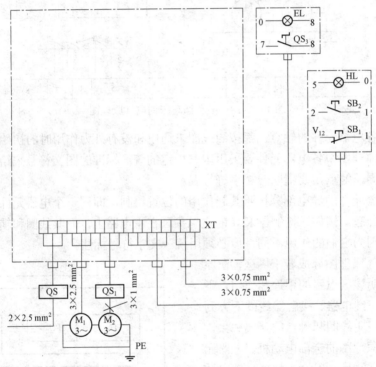

图 1-1-20　CW6132 型普通车床的电器箱外连部分电气安装接线图

学习活动三　制订工作计划

活动目标

1. 熟悉电动机点动与自锁控制电路的实施步骤。
2. 熟悉元件的布置，整理元件清单。
3. 熟练检测元件。

学习过程

1. 工作计划的内容应包括实施步骤、人员安排及元件清单，根据以下内容制订出本次任务的实施计划。

（1）确定任务实施步骤。

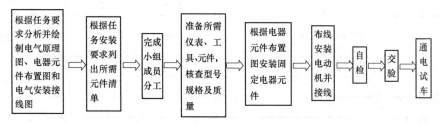

（2）根据任务要求，选用器材、工具及材料，列出所需元件清单，并进行检验。

序号	名称	型号与规格	单价	数量	备注

2. 请各组制订关于"电动机点动与自锁控制电路的装调"的工作计划。

（1）分组。

组别：_____

小组负责人：_____

（2）小组成员及分工。

姓名	分工

（3）工序及工期安排。

序号	工作内容	型号规格	数量	备注

（4）安全防护措施。

3. 根据各小组制订和展示工作计划情况对各小组做出评价。

学习活动四　现场施工与验收

☞ 活动目标

1. 根据电器元件布置图对低压电器元件进行安装。

2. 根据电气安装接线图对低压电器元件进行正确接线。

3. 根据电气安装接线图按照安装工艺进行电动机点动与自锁控制电路接线。

4. 根据电气原理图按照安装工艺进行电动机点动与自锁控制电路调试。

5. 熟练按施工任务书的要求进行检查。

6. 会用电阻法检测电路。

7. 对电路进行通电前自检。

8. 正确识读三相异步电动机铭牌的相关参数。

9. 按电工作业规程，待项目完成后熟练清点工具、人员，收集剩余材料，清理工程垃圾，拆除防护措施。

☞ 学习过程

1. 掌握本活动的基本步骤。

2. 查阅资料，回答下列问题。

问题 1：对于电器元件安装的工艺要求有哪些？

问题 2：对于板前明线布线工艺有哪些要求？

问题 3：根据电气安装接线图和安装工艺安装接线，将安装过程中碰到的问题记录下来。

所遇到的问题	解决办法

注意事项

1. 布线时，严禁损伤线芯和导线绝缘。

2. 低压电器元件接线时，遵循"上进下出"的原则（螺旋式熔断器例外），注意螺旋式熔断器的进出线接法是否正确。

3. 注意在按钮内接线时，用力过猛会致螺钉打滑。同时，注意接线端的弯曲方向应为顺时针。

4. 电动机及按钮的金属外壳必须可靠接地。接至电动机的导线，必须穿在导线通道内加以保护，也可以采用坚韧的四芯橡皮线或塑料护套线进行临时通电校验。

5. 接线时，根据电源电路、主电路和控制电路的不同，正确选择导线规格和导线颜色。

6. 注意检查自锁触点接线是否正确，控制回路与主电路连接处接线是否正确，接触器线圈有无被短路。

7. 热继电器的整定电流应按电动机的额定电流进行调整。

8. 热继电器因电动机过载动作后，若需再次启动电动机，必须待热元件冷却并且热继电器复位后，才可进行。

9. 保证编码套管套装方向正确。

10. 学生自检后，请教师检查，无误后再通电试车（试车分两步，先不带电动机通电，无误后再连接电动机通电试车）。

问题 4：安装完成后，如何进行线路检查？

问题 5：描述通电试车现象。

问题 6：分享对电动机点动与自锁控制电路安装成果的感想。

学习活动五　工作总结与评价

活动目标

1. 展示成果，培养学生的语言表达能力。
2. 总结任务完成过程中出现的优、缺点。
3. 完成教师对各组的点评、组互评及组内评。
4. 书写任务总结。

学习过程

各小组可指派代表依次展示作品，并对整个任务完成情况进行总结，其他小组对展示小组的展示过程及结果进行相应的评价。各小组展示点评结束后教师进行综合点评。课余时间本组完成"自评"内容，教师完成"师评"内容。

1. 各小组对本组和其他小组的成果口头做出评价，综合各种情况，评出认为较好的前三个小组。

2. 教师点评整个任务完成过程中各组的优、缺点，指出亮点、需要注意的方面及改进方法。

3. 完成学习任务综合评价表。

学习任务综合评价表

考核项目	评价内容	配分	评价分数		
			自评	互评	师评
职业素养	劳动保护穿戴整洁、仪容仪表符合工作要求	5分			
	安全意识、责任意识、服从意识强	6分			
	积极参加教学活动，按时完成各种学习任务	6分			
	团队合作意识强、善于与人交流和沟通	6分			
	自觉遵守劳动纪律，尊重师长、团结同学	6分			
	爱护公物、节约材料，管理现场符合6S标准	6分			
专业能力	专业知识查找及时、准确，有较强的自学能力	10分			
	操作积极、训练刻苦，具有一定的动手能力	15分			
	技能操作规范、注重安装工艺，工作效率高	10分			
工作成果	产品制作符合工艺规范，线路功能满足要求	20分			
	工作总结符合要求、成果展示质量高	10分			
总　分		100分			
总评	自评×20%+互评×20%+师评×60%=	综合等级	教师（签名）：		

任务 1.2　电动机正反转控制电路的装调

工作情景描述

在我们日常生活和生产中，靠电动机拖动的生产机械在更多的场合要求运动部件能向正、反两个方向运动，例如万能铣床主轴的正向与反向转动、机床工作台的前进与后退、起重机吊钩的上升和下降、电梯门的开与关等。此时，电动机单向运转不能满足生活和生产的需求，需要正转和反转来实现。三相异步电动机的正反转控制就是在电动机连续正转控制的基础上，在同一台电动机加入反向运转控制。

任务目标

1. 根据工作情景描述提炼并明确工作任务。
2. 熟悉电气原理图中的图形文字符号的国家标准。
3. 熟悉低压断路器、接触器、熔断器和按钮的选用原则。
4. 掌握行程开关的类型、用途、结构、图形文字符号。
5. 熟悉兆欧表的作用、型号、使用方法及注意事项。
6. 叙述三相异步电动机正反转的控制原理及实现方法。
7. 明确联锁的概念。
8. 熟悉三相异步电动机接触器联锁正反转、接触器按钮双重联锁正反转控制电路的工作过程、特点及适用场合。

9. 熟练选择工具和检测元件。

10. 按照线槽布线的工艺进行线路的安装。

11. 利用仪表、工具测量电气线路及检修。

12. 使用兆欧表判断电动机外壳是否漏电、绝缘是否良好。

13. 根据三相异步电动机接触器联锁正反转控制电路,改造安装三相异步电动机接触器按钮双重联锁正反转控制电路。

14. 根据三相异步电动机接触器按钮双重联锁正反转控制电路,改造安装自动循环控制电路。

15. 熟悉电工作业规程。

16. 对个人的学习与工作进行反思总结,并能与他人开展良好合作,进行有效的沟通。

17. 结合自身任务完成情况书写任务总结。

工作流程与活动

学习活动一　明确工作任务

学习活动二　分析任务,学习电动机正反转控制电路

学习活动三　制订工作计划

学习活动四　现场施工与验收

学习活动五　工作总结与评价

学习活动一　明确工作任务

活动目标

1. 根据工作情景描述提炼出工作任务。

2. 明确具体的工作内容。

学习过程

掌握由三相异步电动机拖动的生产机械朝正、反两个方向运动的工作过程,并回答问题。

问题 1:该项工作具体内容是什么?

问题 2:简单描述该机械的工作过程。

学习活动二　分析任务,学习电动机正反转控制电路

活动目标

1. 熟悉电气原理图中的图形文字符号的国家标准。

2. 熟悉低压断路器、接触器、熔断器和按钮的选用原则。

3. 掌握行程开关的类型、用途、结构及图形文字符号。

4. 熟悉兆欧表的作用、型号、使用方法及注意事项。

5. 叙述三相异步电动机接触器联锁正反转控制电路的工作过程、特点及适用场合。

学习过程

1. 联想电动机拖动机械的工作过程，结合"电机学"课程理论知识，分析工作任务，回答下列问题。

问题 1：

（1）在图 1-2-1、图 1-2-2 中，交流接触器起到什么作用？

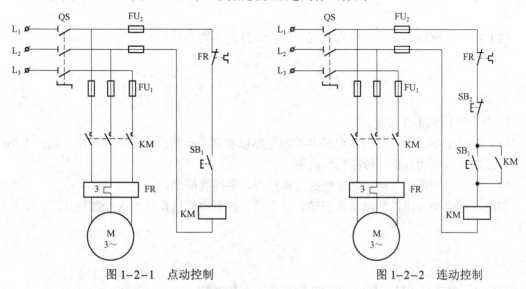

图 1-2-1　点动控制　　　　　　　　图 1-2-2　连动控制

（2）你知道三相异步电动机的工作原理吗？

（3）三相异步电动机如何实现反转？利用哪些元件来实现？

（4）什么叫自锁控制？怎样实现？点动控制与自锁控制的区别是什么？电动机反转时要不要自锁？

（5）什么是欠压保护？什么是失压保护？为什么说接触器自锁控制电路具有欠压、失压保护作用？电动机反转时需要该保护吗？

（6）什么是过载保护？为什么对电动机要采用过载保护？电动机反转时需要该保护吗？

（7）在电动机控制线路中，短路保护和过载保护各由什么元件完成？它们能否相互代替使用？电动机反转时需要短路保护吗？

问题 2:

（1）什么是电气原理图？在电气原理图中，电源电路、主电路、控制电路、指示电路和照明电路一般怎么布局？

（2）在电气原理图中，怎样判别同一电器元件的不同部件？

2. 分析电路的工作过程。

（1）根据图 1-2-2，修改主电路和控制电路以实现正反转控制，在作业本（纸）上初步绘制出三相异步电动机正反转控制电路图。

（2）以小组为单位讨论分析电路的工作过程，并回答问题。

问题 1：哪个按钮控制电动机正转？哪个按钮控制电动机反转？哪个按钮控制电动机停转？

问题 2：电动机正转、反转运行能否实现自锁连动？

问题 3：如果在电动机正转运行时按下反转控制按钮，会有什么情况发生？如何解决处理？

问题 4：将初步绘制的电气原理图完善为三相异步电动机接触器联锁正反转控制电路图，并以小组为单位总结三相异步电动机接触器联锁正反转控制电路的工作原理（动作过程）。

3. 绘制三相异步电动机接触器联锁正反转控制电气原理图。

4. 绘制三相异步电动机接触器联锁正反转控制电路的电器元件布置图。

5. 画出三相异步电动机接触器联锁正反转控制电路的电气安装接线图。

📖 相关知识

一、电气原理图中的图形文字符号的国家标准

电气原理图根据国家电气制图标准规定的图形文字符号及规定的画法绘制而成，是电气工程领域中提供信息的最主要方式。为了便于交流与沟通，我国参照国际电工委员会（IEC）颁布的有关文件，制定了电气设备有关国家标准，颁布了《电气简图用图形符号　第 2 部分：符号要素、限定符号和其他常用符号》（GB/T 4728.2—2018）、《电气设备用图形符号　第 2 部分：图形符号》（GB/T 5465.2—2008）等，规定电气原理图中的图形文字符号必须符合最新的国家标准。

1. 图形符号

图形符号由符号要素、限定符号、一般符号及常用的非电操作控制的动作符号（如机械控制符号等），根据不同的具体器件组合构成，表 1-2-1 为图形符号组合示例。国家标准除给出各类电器元件的符号要素、限定符号和一般符号以外，也给出了部分常用图形符号及组合图形符号示例。因为国家标准中给出的图形符号例子有限，实际使用中可通过已规定的图形符号适当组合进行派生。

表 1-2-1　图形符合组合示例

限定符号及操作方法符号		组合符号举例	
图形符号	说明	图形符号	说明
	接触器功能	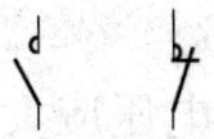	接触器触头
	限位开关、位置开关功能	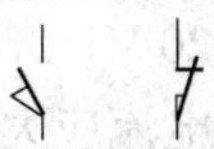	限位开关触头
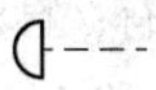	紧急开关（蘑菇头按钮）	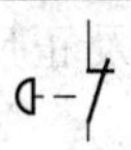	急停开关
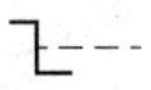	旋转操作	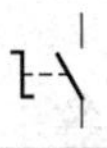	旋转开关
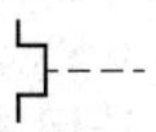	热执行操作（如热继电器）	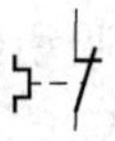	热继电器触头
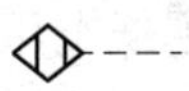	接近效应操作	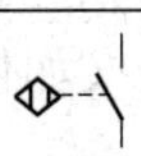	接近开关
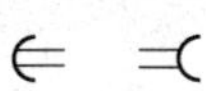	延时动作	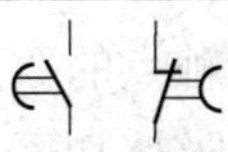	时间继电器触头

2. 文字符号

文字符号分为基本文字符号和辅助文字符号。

（1）基本文字符号：基本文字符号有单字母符号和双字母符号。单字母符号表示电气设备、装置和元件的大类。例如，K 为继电器类元件这一大类。双字母符号由一个表示大类的单字母与另一表示器件某些特性的字母组成，例如：KT 表示继电器类中的以时间为工作参数的时间继电器；KS 表示继电器类中的以速度为工作参数的速度继电器；KM 表示继电器类中控制电动机的接触器。

（2）辅助文字符号：辅助文字符号用来进一步表示电气设备、装置和元件的功能、状态和特征。

二、低压电器元件的选择

1. 低压断路器的选择

对于不频繁启动的笼型电动机，只要在电网允许范围内，都可首先考虑采用断路器直接启动，这样不仅可以大大节约电能，还可以降低噪声。低压断路器的选型要求如下。

（1）断路器的额定电压应等于或大于线路的正常工作电压。

（2）断路器的额定电流应等于或大于设备或线路的计算负载电流。

（3）热脱扣器的整定电流应等于所控制负载的额定电流。

（4）电磁脱扣器的瞬间脱扣整定电流应大于负载正常工作时可能出现的峰值电流。

（5）欠电压脱扣器的额定电压应等于线路的额定电压。

（6）断路器的通断能力应等于或大于线路中可能出现的最大短路电流。

（7）极数和结构形式应符合安装条件、保护性能及操作方式的要求。

2. 接触器的选择

接触器的选用主要考虑主触点的额定电流、额定电压、吸引线圈的电压等级，其次考虑辅助触点的数目及种类、操作频率等。接触器的具体选型要求如下。

（1）根据负载性质选择接触器的类型。通常交流负载选择用交流接触器控制，直流负载选择用直流接触器控制。如果用交流接触器控制直流负载，电弧会较难熄灭，所以选配的交流接触器要提高一个等级。

（2）接触器主触点的额定电压应大于或等于主电路的工作电压。额定电压一般有：直流 220 V、440 V、660 V；交流 220 V、380 V、660 V。

（3）接触器主触点的额定电流应大于或等于负载的额定电流。对于电动机负载，还应根据其运行方式（频繁启动、制动及正反转）降低一个等级使用。额定电流一般有：直流 25 A、40 A、60 A、100 A、150 A、250 A、400 A、600 A；交流 10 A、20 A、40 A、60 A、100 A、150 A、250 A、400 A、600 A。

（4）吸引线圈的额定电压应等于控制电路的电压。吸引线圈的电压频率应与所在控制电路的选用电压频率相一致。通常吸引线圈的额定电压有：直流 24 V、48 V、110 V、220 V、440 V；交流 36 V、110 V、220 V、380 V。当控制线路简单时，交流负载直接选用 380 V 或 220 V 的电压。若控制线路复杂（如使用超过 5 个电器），可选用 110 V 或更低电压的吸引线圈。

（5）注意正确合理地选择触点的数目及种类（尤其是直流接触器）。

（6）注意考虑启动功率与吸持功率、接通与分断能力、使用寿命等因素。

3. 熔断器的选择

在电气设备正常启动或运行时，若线路电流发生正常变动，熔断器应不熔断而保证线路正常工作，而当线路中发生短路故障时，熔断器需要迅速熔断来实现断电保护。所以，选择适当的熔断器格外重要。其具体选型要求如下。

（1）熔断器类型的选择。根据使用环境和负载来选择。例如，机床控制线路中选用螺旋式熔断器，开关柜或配电屏中选用无填料密封管式熔断器，对于半导体功率元件及晶闸管保护，则选用快速式熔断器。

（2）熔断器额定电压的选择。熔断器的额定电压必须等于或大于被保护线路的额定电压。

（3）熔断器额定电流的选择。熔断器的额定电流必须大于或等于熔体的额定电流。

（4）熔断器的分断能力应大于电路中可能出现的最大短路电流。

（5）熔断器熔体额定电流的选择。对被控负载电流较平稳（无冲击电流）的负载线路做短路保护时，熔体的额定电流应等于或稍大于负载的额定电流。对单台不频繁启动、启动时间不长的电动机做短路保护时，熔体的额定电流应大于或等于电动机额定电流的 1.5～2.5 倍。对单台频繁启动、启动时间较长的电动机做短路保护时，熔体的额定电流应大于或等于电动机额定电流的 3～3.5 倍。对多台电动机做短路保护时，熔体的额定电流应大于或等于其中容量最大的电动机的额定电流的 1.5～2.5 倍，再加上其余电动机额定电流的总和。

4. 按钮的选择

选用按钮时，应根据规格、结构形式、使用场合、被控电路所需触点数目、动作结果的要求、动作结果是否显示及按钮帽的颜色等方面的要求综合考虑。

（1）选用规格：额定电压的电压等级有直流 6 V、12 V、24 V、36 V、48 V、60 V、110 V、220 V；交流 6 V、12 V、24 V、36 V、48 V、60 V、110 V、220 V、380 V。

（2）选用结构形式：根据使用场合选择控制按钮的结构形式，例如开启式、保护式、防水式、防腐式、紧急式、旋钮式、钥匙操作式、光标按钮等。

（3）选用动作方式：控制按钮的动作方式有自动复位和非自动复位两种。

（4）选用触点数：根据控制回路的需要选择按钮触点的数量，例如一常开一常闭、二常开一常闭、二常开二常闭、三常开三常闭等。

（5）选择按钮及指示灯的颜色：按工作状态指示和工作情况的要求来选择。例如，启动按钮可选用白、灰或黑色，优先选用白色，也可选用绿色；急停按钮应选用红色；停止按钮可选用黑、灰或白色，优先选用黑色；异常情况时操作用黄色；要求强制动作下的操作用蓝色。

三、联锁

在三相异步电动机接触器联锁正反转控制电路中，接触器 KM_1 和 KM_2 不能同时通电动作，否则就会造成电源短路。为防止短路事故，在控制回路中把接触器的辅助常闭触点互相串接在对方的控制回路中，这种互相制约的关系叫联锁，也称互锁。在机床控制电路中，这种联锁关系有着极为广泛的应用。凡是有相反动作，如工作台上下、左右移动等，都需要有类似的这种联锁控制。

四、行程开关

行程开关是位置开关（又称限位开关）的一种，它是利用生产机械某些运动部件的碰撞来发出控制指令的小电流主令电器，属于自动控制电器，主要用于控制生产机械的运动方向、速度、行程大小或位置，使运动机械按一定位置或行程自动停止、反向运动、变速运动或自动往返运动等。行程开关广泛用于各类机床和起重机械，用以控制其行程、进行终端限位保护。在电梯的控制电路中，还利用行程开关来控制开关轿门的速度，自动开关门的限位，轿厢的上、下限位保护。

1. 行程开关的外形、结构示意图与图形文字符号

行程开关的外形、结构示意图与图形文字符号如图 1-2-3 所示。行程开关主要由操作机构、触点系统和外壳组成。

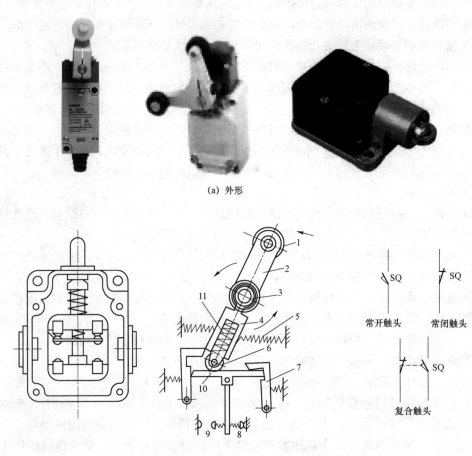

(a) 外形

(b) 结构示意图   (c) 图形文字符号

1—滚轮；2—上转臂；3—弓形弹簧；4—推杆；5—弹簧；6—小滚轮；
7—擒纵件；8—常闭触头；9—常开触头；10—传动杆；11—弹簧。

图 1-2-3　行程开关的外形、结构示意图与图形文字符号

以某种行程开关元件为基础，装置不同的操作机构，可得到各种不同形式的行程开关，常见的是直动式、滚轮式、微动式三种。在实际生产中，将行程开关安装在预先安排的位置，当装于生产机械运动部件上的模块撞击行程开关时，行程开关的触点动作，实现电路的切换。

2. 行程开关的主要技术参数及型号

行程开关的主要技术参数有额定电压、额定电流、触点换接时间、动作力、工作行程、

触点数量、触点类型、操作频率和结构形式等。常用的行程开关有 LX19、LX21、LX23、LX29、LX33、LXK3 等系列。行程开关的型号如图 1-2-4 所示。

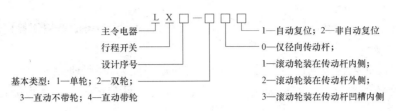

图 1-2-4　行程开关的型号

3. 行程开关的安装与使用

（1）安装行程开关时，其位置要准确，安装要牢固；滚轮的方向不能装反，挡铁与其碰撞的位置应符合控制电路的要求，并确保能可靠与挡铁碰撞。

（2）行程开关在使用过程中，要进行定期检查和保养，除去油垢及粉尘，清理触点，经常检查其动作是否灵活、可靠，及时排除故障，防止因触点接触不良或接线脱落而产生误动作，导致设备和人身安全事故。

五、兆欧表

兆欧表是电工常用的一种测量仪表，主要用来检查电气设备、家用电器或电气线路对地及相间的绝缘电阻，以保证这些设备、电器和线路工作在正常状态，避免发生触电伤亡及设备损坏等事故。受环境和材料寿命因素的影响，绝缘材料会老化，绝缘电阻随之下降，导致电气设备漏电或短路事故的发生。为了保证安全，需要经常测量各种电气设备的绝缘电阻。绝缘电阻一般为兆欧级别的大数值，难以用普通电阻的测量方法和测量仪表测出准确数值。

大多数兆欧表采用手摇发电机供电，所以兆欧表俗称摇表，外观如图 1-2-5 所示。在使用时，通过手摇方式产生高电压，然后测量回路中所产生的电流，利用欧姆定律测量出电阻。正因为兆欧表在使用过程中自身可产生高电压，所以必须正确使用兆欧表，否则会造成人身触电和设备损坏的安全事故。

图 1-2-5　兆欧表外观

1. 选用原则

（1）电压等级。

规定兆欧表的电压等级应高于被测物的绝缘电压等级。例如，在测量额定电压在 500 V

以下的设备或线路的绝缘电阻时,可选用 500 V 或 1 000 V 的兆欧表;在测量额定电压在 500 V 以上的设备或线路的绝缘电阻时,可选用 1 000~2 500 V 的兆欧表。

（2）量程。

一般情况下,在测量低压电气设备的绝缘电阻时,可选用 0~200 MΩ 量程的兆欧表。

2. 使用方法

（1）测量前必须将被测设备电源切断,并对地短路放电。测量时绝不能让设备带电,以保证人身和设备的安全。对可能感应出高压电的设备,只有在消除这种可能性后才能进行测量。

（2）被测物体表面应清洁,减少接触电阻,确保测量结果的正确性。

（3）兆欧表使用时应放在平稳、牢固的地方,且远离大的外电流导体和外磁场。

（4）测量前应将兆欧表进行一次开路和短路试验,检查兆欧表是否良好。兆欧表共有三个接线柱,分别为线端"L"、地端"E"、屏蔽端（或保护环）"G"。开路试验时,不接被测物,摇动手柄使发电机达到额定转速（120 r/min）,观察指针是否指在标尺的"∞"位置。短路试验时,将线端"L"和地端"E"短接,缓慢摇动手柄,观察指针是否指在标尺的"0"位。如指针不能指到该指的位置,表明兆欧表有故障,应检修后再用。

（5）必须正确接线。在测量绝缘电阻时,一般只用线端"L"和地端"E",但在测量电缆对地的绝缘电阻或被测设备的漏电流较严重时,要使用屏蔽端"G"。

① 当测量回路对地的绝缘电阻时,线端"L"接回路的金属导体部分,地端"E"接地线或设备外壳,一定注意线端"L"和地端"E"不能接反,否则测量误差较大。

② 当测量回路的绝缘电阻时,线端"L"和地端"E"分别接回路的首末端。例如在测电动机绕组 U、V 两相的相间绝缘电阻时,线端"L"和地端"E"分别接 U 相和 V 相的任意一端。

③ 当测量电缆对地的绝缘电阻时,屏蔽端"G"接在电缆的屏蔽层上或不需要测量的部分。

（6）线路接好后,左手按住机身,右手可按顺时针方向转动摇把,摇动的速度应由慢而快,当转速达到 120 r/min 左右时,保持匀速转动,1 min 后读数。注意要边摇边读数,不能停下来读数。

（7）读数完毕后,须将被测设备放电。放电方法是:将测量时使用的地线从兆欧表上取下来与被测设备短接一下即可（不是兆欧表放电）。

学习活动三　制订工作计划

☞ 活动目标
1. 掌握电动机正反转控制电路实施步骤。
2. 熟悉元件的布置,熟练整理元件及工具。
3. 熟练选择工具和检测元件。

☞ 学习过程
1. 工作计划的内容应包括实施步骤、人员安排及元件清单,根据以下内容制订出本次任务的实施计划。

（1）确定任务实施步骤。

（2）根据任务要求，选用器材、工具及材料，列出所需元件清单，并进行检验。

序号	名称	型号与规格	单价	数量	备注

2. 请各组制订关于"电动机正反转控制电路的装调"的工作计划。

（1）分组。

组别：＿＿＿＿＿＿＿＿

小组负责人：＿＿＿＿＿＿＿

（2）小组成员及分工。

姓名	分工

（3）工序及工期安排。

序号	工作内容	型号规格	数量	备注

（4）安全防护措施。

学习活动四　现场施工与验收

☞ 活动目标

1. 正确选择低压电器元件。

2. 按照电器元件布置图进行电动机正反转控制电路中低压电器元件的安装。

3. 按照电气安装接线图进行电动机正反转控制电路的接线。

4. 按照电气原理图进行电动机正反转控制电路的调试。

5. 用兆欧表判断电动机外壳是否漏电和电动机绝缘是否良好。

6. 熟练对电路进行通电前自检。

7. 根据三相异步电动机接触器联锁正反转控制电路，改造安装三相异步电动机接触器按钮双重联锁正反转控制电路。

8. 叙述三相异步电动机接触器按钮双重联锁正反转控制电路的工作原理，熟练掌握双重联锁的特点及适用场合。

9. 叙述自动循环控制电路的工作原理及应用场合。

10. 按电工作业规程，在项目完成后熟练清点工具、人员，收集剩余材料，清理工程垃圾，拆除防护措施。

☞ 学习过程

1. 掌握本活动的基本步骤。

2. 根据电气安装接线图和安装工艺安装接线，将安装过程中碰到的问题记录下来。

所遇到的问题	解决办法

3. 检查接线并测量绝缘电阻。

（1）检查电源电路、主电路和控制电路的接线。

按电路图或接线图从电源端开始，逐段核对接线及接线端子处线号是否正确，有无漏接、错接之处。检查导线接点是否符合要求，压接是否牢固。同时注意接点接触应良好，以避免带负载运转时产生闪弧现象。

用万用表检查线路的通断情况，检查时，应选用倍率适当的电阻挡，并进行校零，以防发生短路故障。

检查控制电路时（断开主电路），可将万用表两表笔分别搭在控制回路的两个接线端上，读数应为"∞"。按下启动按钮，读数应为接触器线圈的直流电阻值。然后断开控制电路，再检查主电路有无开路或短路现象，此时，可用手动来代替接触器通电进行检查。

（2）测量电动机对地绝缘电阻和相间绝缘电阻，并回答问题。

问题 1：测量电动机对地绝缘电阻如何操作？如何接线？绝缘电阻为多少？

问题 2：测量电动机相间绝缘电阻如何操作？如何接线？绝缘电阻为多少？

注意事项

1. 注意在主电路中，接触器 KM_1 和 KM_2 的主常开触点的连接方式有所不同，反转需要通过换相来实现。

2. 注意控制回路与主电路连接处接线是否正确。

3. 注意检查控制电路中自锁触点接线是否正确，不能将接触器线圈短路。

4. 使用兆欧表测量电动机对地绝缘电阻和相间绝缘电阻时注意以下问题：

（1）禁止在雷电时或高压设备附近测量绝缘电阻；

（2）测量前必须先切断电动机的电源，并对地短路放电，同时必须将电动机接线盒内六个接线端子的联片拆开；

（3）兆欧表使用过程中要保持水平放置；

（4）测量前，要对兆欧表进行开路和短路试验；

（5）兆欧表接线柱引出的测量线应绝缘良好，同时注意不要绞到一起，以免影响测量精度；

（6）兆欧表未停止转动之前或被测设备未完全放电之前，严禁用手触及兆欧表的接线柱和被测设备及回路，以免触电；

（7）转动兆欧表的摇把后，各个接线柱之间不能短接，以免损坏仪表；

（8）读数时，尽量保持额定转速转动兆欧表的摇把；

（9）转动摇把的速度应由慢而快，转动时间不能过长，若转动过程中发现指针指零，说明被测绝缘物可能发生了短路，这时就不能继续转动摇把，以防表内线圈发热损坏；

（10）用兆欧表检查线路的绝缘电阻时，阻值应不得小于 1 MΩ。

4. 演示通电，并回答问题。

问题 1：按照下表所示操作进行功能测试，并记录观察结果。

	项目	调试步骤	观察结果
	通电指示	合上刀开关 QS	观察是否通电：_____（是、否）；电源指示灯是否"亮"：_____（是、否），若亮，则表明该电源_____（正常、异常）
空操作试验	正反转启动、停车	按下正向启动按钮 SB₂	观察接触器 KM₁ 是否动作_____（是、否），是否保持_____（是、否）。若动作且保持，则表明电动机_____
		按下停止按钮 SB₁	观察接触器 KM₁ 是否释放_____（是、否），若释放，则表明电动机_____
		按下反向启动按钮 SB₃	观察接触器 KM₂ 是否动作_____（是、否），是否保持_____（是、否）。若动作且保持，则表明电动机_____
		按下停止按钮 SB₁	观察接触器 KM₂ 是否释放_____（是、否），若释放，则表明电动机_____
	联锁作用试验	按下 SB₂ 使 KM₁ 得电动作，再按下 SB₃	观察接触器 KM₁ 是否释放_____（是、否），KM₂ 是否动作_____（是、否）。若没动作，则表明_____
		先按下 SB₁ 使 KM₁ 释放，再按下 SB₃ 使 KM₂ 得电吸合，再按下 SB₂	观察接触器 KM₂ 是否释放_____（是、否），KM₁ 是否动作_____（是、否）。若没动作，则表明_____
带负荷试车	切断电源后接好电动机接线，装好接触器灭弧罩，合上刀开关 QS 后试车	操作 SB₂ 使电动机正向启动，操作 SB₁ 停车后，再操作 SB₃ 使电动机反向启动	注意观察电动机启动时的转向和运行声音，如有异常则立即停车检查

问题 2：若电动机不能实现正反转，则需要用万用表查找故障原因。以小组为单位讨论这样做的理由是什么？

问题 3：分享对电动机正反转控制电路安装成果的感想。

知识拓展

一、三相异步电动机接触器按钮双重联锁正反转控制电路

相比于三相异步电动机接触器联锁正反转控制电路的工作过程，该电路有效避免了由于接触器 KM_1 和 KM_2 同时通电而造成的电源短路事故，但是该电路要实现电动机由正转到反转，或由反转到正转的切换，都必须先按下停止按钮，这样才可以实现反方向启动。显然，这种操作对要求频繁改变电动机旋转方向的场合来说是很不方便的。如果频繁切换电动机转向，就需要启动按钮不仅能切断电动机前一运转方向的状态，还能启动电动机后一运转方向的状态，这就得利用复合按钮进行控制。将三相异步电动机接触器联锁正反转控制电路中的启动按钮均换为复合按钮，则电路变为由按钮和接触器构成的双重联锁控制电路，如图 1-2-6 所示。

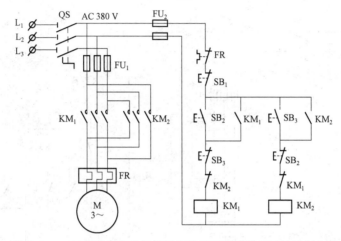

图 1-2-6　三相异步电动机接触器按钮双重联锁正反转控制电路

问题 1： 图 1-2-6 所示的控制电路与三相异步电动机接触器联锁正反转控制电路的控制过程有何异同点？

问题 2： 描述通电试车现象。

问题 3： 在图 1-2-6 中，能否只保留按钮联锁而去掉接触器联锁？为什么？

二、自动循环控制电路

在生产实践中，有些生产机械要求工作台在一定行程内自动往返运动，例如龙门刨床、导轨磨床等。如果利用上述正反转控制电路，则无法实现运动部件行程的准确控制，也不能实现对工件的连续加工和提高生产效率。这就需要电动机可以自动切换正反转，在行程的两端位置安装行程开关，如图 1-2-7 所示。

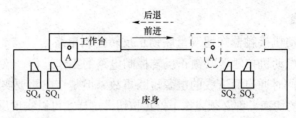

图 1-2-7　机床工作台自动往返运动示意图

当机床工作台运动到一定位置时，可通过工作台下的挡铁按下复合行程开关，使行程开关动作，从而代替人发出换向指令，实现电动机正反转切换。电动机正反转自动循环控制电路如图 1-2-8 所示。

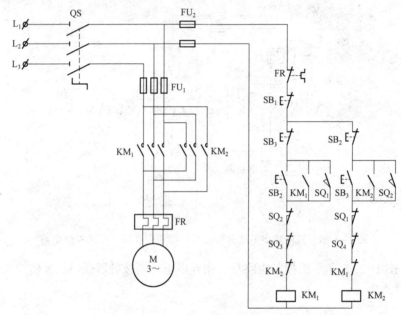

图 1-2-8　电动机正反转自动循环控制电路

学习活动五　工作总结与评价

活动目标

1. 每组分别派代表展示工作成果，说明本次任务的完成情况，并做分析总结，以培养学生的语言表达能力。

2. 总结任务完成过程中出现的优、缺点，就本次任务中出现的问题提出改进措施。

3. 完成教师对各组的点评、组互评及组内评。

4. 对个人的学习与工作进行反思总结，并能与他人开展良好合作，进行有效的沟通。

5. 结合自身任务完成情况，书写任务总结。

学习过程

各小组可指派代表依次展示作品，并对整个任务完成情况进行总结，其他小组对展示小组的展示过程及结果进行相应的评价，各小组展示点评结束后教师进行综合点评。课余时间本组完成"自评"内容，教师完成"师评"内容。

　　1. 各小组对本组和其他小组的成果口头做出评价，综合各种情况，评出认为较好的前三个小组。

　　2. 教师点评整个任务完成过程中各组的优、缺点，指出亮点、需要注意的方面及改进方法。

　　3. 完成学习任务综合评价表。

学习任务综合评价表

考核项目	评价内容	配分	评价分数		
			自评	互评	师评
职业素养	劳动保护穿戴整洁、仪容仪表符合工作要求	5分			
	安全意识、责任意识、服从意识强	6分			
	积极参加教学活动，按时完成各种学习任务	6分			
	团队合作意识强、善于与人交流和沟通	6分			
	自觉遵守劳动纪律，尊重师长、团结同学	6分			
	爱护公物、节约材料，管理现场符合 6S 标准	6分			
专业能力	专业知识查找及时、准确，有较强的自学能力	10分			
	操作积极、训练刻苦，具有一定的动手能力	15分			
	技能操作规范、注重安装工艺，工作效率高	10分			
工作成果	产品制作符合工艺规范，线路功能满足要求	20分			
	工作总结符合要求、成果展示质量高	10分			
总　分		100 分			
总评	自评×20%+互评×20%+师评×60%=	综合等级	教师（签名）：		

任务 1.3　电动机顺序启停控制电路的分析与装调

工作情景描述

　　实际生产中，有些生产机械上装有多个电动机，各个电动机的作用不同，根据生产操作过程的合理性和安全性要求，各电动机常按一定的顺序启动或停止。例如铣床工作台的进给电动机必须在主轴电动机已启动工作的条件下才能启动；平面磨床上的电动机要求先启动砂轮电动机，再启动冷却泵电动机；驱动传送带的各电动机的启停顺序则是先启动后一级传送带，再让前一级传送带启动运行，停止时先停前一级传送带，再让后一级停止运行。

任务目标

　　1. 根据工作情景描述，提炼并明确工作任务。

　　2. 叙述时间继电器的用途、基本结构、工作原理、主要参数与图形符号及其在电气控制技术中的应用。

3. 了解电子式时间继电器、接近开关的用途、工作原理、主要参数、特点、图形文字符号及其在电气控制技术中的应用。

4. 叙述电动机无时间要求、有时间要求的顺序启停控制电路的工作原理，熟练掌握顺序控制的特点及适用场合。

5. 熟悉并叙述电动机多地点与多条件控制的实用电路的工作原理。

6. 掌握电气控制电路的设计方法。

7. 熟练掌握电动机顺序控制启停的设计思路和设计要点。

8. 根据实际控制要求设计两级传送带运输机的顺序启动、逆序停止的电气原理图、电气安装接线图。

9. 熟悉电气控制中的保护环节、保护元件的选用原则。

10. 掌握电动机顺序启停控制电路的实施步骤。

11. 熟悉元件的布置，熟练整理元件及工具。

12. 熟练正确选择低压电器元件、工具，并检测元件。

13. 按照电气安装接线图进行电动机顺序启停控制电路的接线。

14. 按照电气原理图进行电动机顺序启停控制电路的调试。

15. 熟练对电路进行通电前自检。

16. 按电工作业规程，待项目完成后熟练清点工具、人员，收集剩余材料，清理工程垃圾，拆除防护措施。

17. 展示成果，总结本次任务的完成过程中出现的优、缺点、改进措施及心得体会。

18. 对个人的学习与工作进行反思总结，结合自身任务完成情况书写任务总结。

工作流程与活动

学习活动一　明确工作任务
学习活动二　分析任务，学习并设计电动机顺序启停控制电路
学习活动三　制订工作计划
学习活动四　现场施工与验收
学习活动五　工作总结与评价

学习活动一　明确工作任务

活动目标

1. 根据工作情景描述提炼出工作任务。

2. 明确具体的工作内容。

学习过程

根据工业流水线传送带工作过程和铣床工作过程，回答下列问题。

问题 1：传送带分为几层？哪层先启动，哪层后启动？哪层先停止，哪层后停止？为什么？

问题 2：铣床的启停控制要求是什么？简单描述启动控制的操作过程。

学习活动二 分析任务，学习并设计电动机顺序启停控制电路

☞ 活动目标

1. 叙述时间继电器的用途、基本结构、工作原理、主要参数与图形符号及其在电气控制技术中的应用。

2. 掌握电气控制电路的设计方法。

3. 熟悉电气控制中的保护环节、保护元件的选用原则。

4. 叙述电动机无时间要求的顺序启停控制电路的工作原理，熟练掌握无时间要求顺序控制的特点及适用场合。

5. 叙述电动机有时间要求的顺序启停控制电路的工作原理，熟练掌握有时间要求顺序控制的特点及适用场合。

6. 熟练掌握电动机顺序启停控制电路的设计思路和设计要点。

7. 根据实际控制要求设计两级传送带运输机的顺序启动、逆序停止的电气原理图、电气安装接线图。

☞ 学习过程

1. 联想工业流水线及铣床上的拖动及控制电动机工作过程，结合它们的工作要求，分析工作任务，回答下列问题。

问题 1：电动机顺序启动控制或顺序停止控制是通过什么元件实现的?

问题 2：当多台电动机顺序启动或顺序停止时，需要多个按钮分别进行启动或停止的顺序控制吗？

问题 3：如何实现在铣床主轴电动机不启动的情况下，无法启动进给电动机这样的限制条件？

2. 识读下列电动机顺序启停控制电路图，分析工作原理并回答问题。

（1）无时间要求的顺序启停控制电路。

① 顺序启动控制电路。

在图 1-3-1 中，KM_1 是电动机 M_1 的启动控制接触器，KM_2 是电动机 M_2 的启动控制接触器。工作时，KM_1 线圈得电，其主触点闭合，电动机 M_1 启动以后，满足 KM_2 线圈通电工作的条件，KM_2 可控制电动机 M_2 的启动工作。

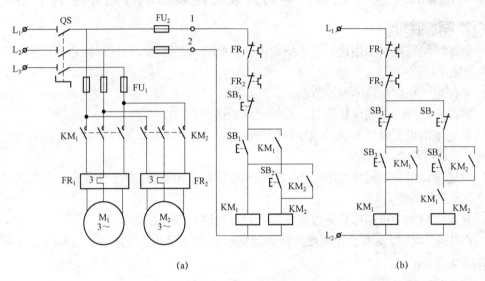

（a）　　　　　　　　　　　　（b）

图 1-3-1　顺序启动控制电路

问题 1：对于图 1-3-1（a）所示的控制电路，接触器 KM_2 线圈电路由接触器 KM_1 线圈电路启停控制环节之后接出，当电动机 M_1 启动按钮 SB_1 按下，_____ 线圈得电，_____ 闭合，启动 M_1；_____ 闭合形成自锁，使 KM_2 线圈通电工作条件满足。此时按下电动机 M_2 的启动按钮 SB_2，_____ 线圈通电，_____ 闭合，启动 M_2；_____ 闭合形成自锁，完成 M_1 与 M_2 的顺序启动过程。按下 _____，接触器 KM_1 与 KM_2 线圈同时失电，其触点复位，电动机 M_1 和 M_2 停转。

问题 2：对于图 1-3-1（b）所示的控制电路，KM_1 线圈电路与 KM_2 线圈电路单独构成，KM_1 的辅助常开触点作为一个控制条件串接在 KM_2 线圈电路中，只有 KM_1 线圈得电，该辅助常开触点闭合，电动机 M_1 已启动工作的条件满足后，KM_2 线圈才可开始通电工作。简单叙述图 1-3-1 所示控制电路的控制功能，并比较图 1-3-1（a）和图 1-3-1（b）所示的控制功能有何不同。

② 一台电动机启动使另一台电动机停止的控制电路。

在某些现实生产环节中，有要求两台电动机不能同时工作的情况，例如电动机 M_1 在工作时，电动机 M_2 不能工作，其控制电路如图 1-3-2 所示。

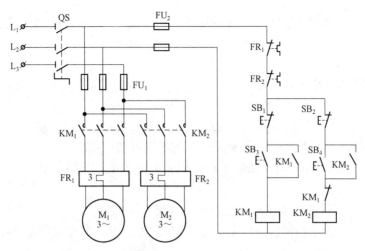

图 1-3-2　一台电动机启动使另一台电动机停止的控制电路

问题 1：将接触器 KM_1 的辅助常闭触点串接在接触器 KM_2 的线圈电路中，在电动机 M_1 未启动前，可通过按下电动机 M_2 的启动按钮_____，使_____线圈通电，其_____闭合，使电动机_____工作；_____闭合自锁，保证_____的线圈持续得电。

如按下 M_1 的启动按钮_____，则使_____线圈通电，其_____闭合，使电动机_____工作；_____闭合自锁；_____断开，使_____线圈失电，接触器_____各触点复位，M_2 停止工作。

问题 2：在图 1-3-2 中，按钮 SB_1 和 SB_2 的功能分别是什么？

（2）有时间要求的顺序启动控制电路（时间继电器控制的顺序启动控制电路）。

在许多顺序控制要求的设备中，要求多台电动机顺序启动时有一定的时间间隔，此时常用时间继电器来实现时间间隔上的控制。图 1-3-3 为时间继电器控制的顺序启动控制电路。

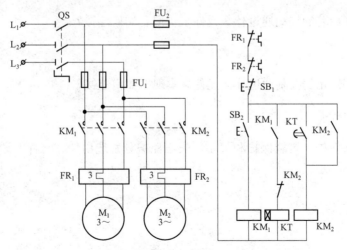

图 1-3-3　时间继电器控制的顺序启动控制电路

问题：当按下电动机 M₁ 启动按钮 SB₂ 时，_____的线圈与_____的线圈同时得电，_____闭合，启动电动机 M₁；_____闭合形成自锁。

当时间继电器 KT 延时完成之后，其_____闭合，使_____的线圈通电，其_____闭合，启动电动机 M₂；_____闭合形成自锁；_____断开，切断时间继电器 KT 线圈电路，使已完成工作任务的时间继电器 KT 处于断电状态，从而自动完成 M₁ 与 M₂ 的顺序启动过程。

按下停止按钮 SB₁，接触器 KM₁ 与 KM₂ 线圈同时失电，其触点复位，电动机 M₁ 和 M₂ 停转。

3. 根据要求，设计并绘制电气原理图和电气安装接线图。

有一台两级传送带运输机，分别由电动机 M₁、M₂ 拖动，其布局如图 1-3-4 所示，动作顺序是：

（1）启动时要求 M₁ 启动后，M₂ 才能启动；

（2）停车时要求 M₂ 停止后，M₁ 才能停止；

（3）启动动作要求按时间原则控制实现；

（4）必须有短路、过载、欠压及失压保护。

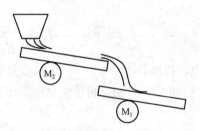

图 1-3-4 两级传送带运输机布局图

问题 1： 电气控制线路设计的基本原则是什么？

问题 2： 顺序启动的控制通过什么元件来实现？如何连接？

问题 3： 顺序停止的控制通过什么元件来实现？如何连接？

问题 4： 短路保护，过载保护和欠压、失压保护分别选用什么元件？通过怎样的连接方式来实现？

问题 5：绘制上述两级传送带运输机的顺序启停控制电气原理图。

问题 6：以小组为单位讨论分析并写出上述电气原理图的工作过程。

问题 7：绘制上述顺序启停控制要求对应的电气安装接线图。

👉 **相关知识**

一、时间继电器

时间继电器是一种利用电磁原理或机械原理实现触点延时接通或断开的自动控制电器，其感测元件得到动作信号后，其执行元件（触点）要延迟一定时间才动作。按工作原理分，时间继电器主要有空气阻尼式、电动式、电子式和电磁式等类型。

1. 空气阻尼式时间继电器的外形结构和符号

空气阻尼式时间继电器又被称为气囊式时间继电器，其利用气囊中的空气通过小孔节流的原理来获得延时动作。空气阻尼式时间继电器的延时范围较大，有 0.4～60 s 和 0.4～180 s 两种。它结构简单，但准确度较低。空气阻尼式时间继电器主要由电磁系统、触点系统、气室、传动机构和基座五部分组成。空气阻尼式时间继电器的外形和图形文字符号如图 1-3-5 所示。

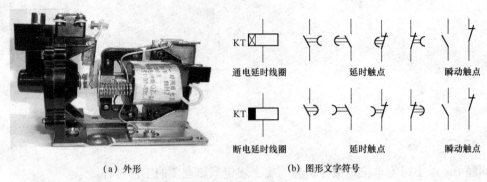

（a）外形　　　　　（b）图形文字符号

图 1-3-5　空气阻尼式时间继电器的外形和图形文字符号

2. 空气阻尼式时间继电器的工作原理

按延时方式分，时间继电器可分为通电延时型和断电延时型两种类型。当衔铁位于铁心和气室之间时，为通电延时型；当铁心位于衔铁和气室之间时，为断电延时型（此处的通断电不是接通或分断电源，而是指时间继电器线圈的通断电）。图 1-3-6 为 JS7-A 系列空气阻尼式时间继电器结构原理图。下面以 JS7-A 系列空气阻尼式时间继电器的通电延时型为例来分析其工作原理。

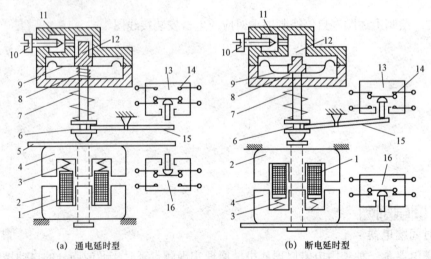

（a）通电延时型　　　　　（b）断电延时型

1—线圈；2—静铁心；3、7—塔式弹簧；4—衔铁；5—推板；6—活塞杆；8—弹簧；9—橡皮膜；
10—螺钉；11—进气孔；12—活塞；13、16—微动开关；14—延时开关；15—杠杆。

图 1-3-6　JS7-A 系列空气阻尼式时间继电器结构原理图

当线圈 1 通电后，衔铁 4 吸合，带动推板 5 瞬时动作，压动微动开关 16，使瞬动触点动作。同时活塞杆 6 在塔式弹簧 7 作用下带动活塞 12 及橡皮膜 9 向下移动，橡皮膜随之向下凹，上面空气室的空气变得稀薄而使活塞杆受到阻尼作用而缓慢下降。经过一定时间，活塞杆下降到一定位置，便通过杠杆 15 推动微动开关 13，使动断触点断开，动合触点闭合。从线圈通电到延时触点完成动作，这段时间就是继电器的延时时间。延时时间的长短可以用螺钉调节空气室进气孔的大小来改变。线圈1断电后，衔铁4释放，活塞杆6将活塞12向上推，橡皮膜9上方的空气通过活塞肩部所形成的单向阀迅速排出，使活塞、杠杆、微动开关13和16的各对触点均瞬时复位，这样断电时触点无延时。

JS7-A系列空气阻尼式时间继电器的断电延时型与通电延时型的工作原理相似。

空气阻尼式时间继电器的优点是结构简单，价格低廉，延时范围较大，且不受电压和频率波动的影响，可以做成通电和断电两种延时形式。但其延时误差大，一般为±（10%～20%），没有调节刻度指示，难以精确整定延时时间，延时值易受周围环境温度、尘埃的影响。所以，空气阻尼式时间继电器适用于延时精度要求不高的场合。

3. 空气阻尼式时间继电器的主要技术参数及型号

空气阻尼式时间继电器的主要技术参数有：触点额定容量电压（V）和电流（A）、延时触点对数、瞬时动作触点数量、线圈额定电压（V）、延时范围（s）、机械寿命（万次）等。空气阻尼式时间继电器有JS7-A、JS23、JSK等系列。空气阻尼式时间继电器的型号含义如图1-3-7所示。

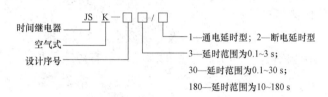

图1-3-7 时间继电器的型号含义

问题：根据图1-3-6（b）简述断电延时型JS7-A系列空气阻尼式时间继电器的工作原理。

二、电气控制电路设计的一般原则

（1）应最大限度地实现生产机械和工艺对控制电路的要求。

（2）在满足控制要求的前提下，控制方案应力求简单、经济。

① 尽量选用标准的、常用的或经过实际考验过的电路和保护环节。

② 尽量缩减连接导线的数量和长度。

③ 尽量缩减电器元件的品种、规格和数量。

④ 应减少不必要的触点以简化电路，可合并同类触点，可利用转换触点（利用具有转换触点的中间继电器，将两触点合并为一对转换触点）。

⑤ 控制电路在工作时，除必要的电器必须通电外，其余的尽量不通电。

（3）保证控制电路工作的可靠性和安全性。

① 正确连接电器元件及触点位置，同一个电器的常开触点和常闭触点位置靠得很近，不能分别接在电源的不同相上。

② 正确连接电器线圈，电压线圈通常不能串联使用，即使是两个同型号的电压线圈也不能采用串联。当需要两个电器同时工作时，其线圈应采用并联接法。

③ 应考虑电器触点的接通和分断能力，若容量不够，可在线路中增加中间继电器或增加

线路中触点数目。增加接通能力用多触点并联连接，增加分断能力用多触点串联连接。

④ 在控制电路中应避免出现寄生电路（控制电路在工作时出现意外接通的电路叫作寄生电路）。

⑤ 在电路中应尽量避免许多电器依次动作才能接通另一个电器的控制电路。

⑥ 防止电路出现触点竞争现象。

⑦ 防止误操作带来的危害。

⑧ 设计的电路应能适应所在电网情况。

⑨ 考虑故障状态下设备的自动保护作用。

（4）应尽量使操作和维修方便。

（5）应具有必要的保护环节。

① 短路保护，通常采用熔断器或断路器。

② 过电流保护，通常采用过电流继电器和接触器配合使用。

③ 过载保护，常用热继电器作为鼠笼型电动机的长期过载保护。

④ 零电压保护，常用并联在启动按钮两端的接触器的自锁触点实现。

三、电气控制的保护环节

为了保护电网、电动机、电气控制设备及人身安全，使设备能长期、安全可靠且无故障运行，电气控制电路中要有保护环节。常见的保护环节有短路保护、过载保护、过电流保护等。

1. 短路保护

当设备及导线的绝缘损坏或线路发生故障时，都可能造成短路事故。短路电流一般为额定电流的几倍甚至几十倍，其能使设备、电网等严重受损。所以一旦发生短路故障，需要快速切断电源来保护。常用的短路保护元件有熔断器和断路器等。

2. 过载保护

电气线路会因所接用电设备过多或所供设备过载（例如所接电动机的机械负载过大）等原因而过载。过载电流稍高于额定电流，其后果是工作温度超过允许值，使绝缘加速劣化，寿命缩短，所以也要及时断电保护。常用的过载保护元件有热继电器等。

3. 过电流保护

过电流保护广泛用于直流电动机或绕线式转子异步电动机中。对于三相鼠笼型异步电动机，由于其短时过电流不会产生严重后果，故可不设置过电流保护。

过电流常由于不正确的启动或过大的负载引起，一般比短路电流要小。在电动机运行中产生过电流比发生短路的可能性更大，尤其在频繁正反转启动的重复短时工作制电动机中更是如此。在直流电动机和绕线式转子异步电动机控制电路中，过电流继电器也起着短路保护的作用。

注意事项

短路、过载、过电流保护虽然都是电流型保护，但由于故障电流、动作值及保护特性、保护要求、使用元件的不同，它们之间是不能互相取代的。

4. 零压及欠压保护

电动机在运行过程中，当遇到不正常断电又重新恢复供电时，如果此时电动机自行启动，将可能使生产设备损坏，甚至造成人身安全事故。对供电系统的电网，同时有多台用电设备自行启动会引起过电流及瞬间电网电压下降。零压保护也叫失压保护，当停（失）电发生时，保护电路会自动跳闸，并实现闭锁。在下次送电时，用电设备未经解锁将不会自行启动。

当电动机正常运行时，电源电压下降过低会使电动机转速下降，甚至停转。如果电源电压降低剧烈，将引起一些电器释放，使控制电路工作不正常，甚至产生事故。同时，在电动机负载不变的情况下，电源电压过低会造成电动机电流增大，引起电动机发热，严重时会烧坏电动机。因此，在电源电压降到允许值以下时，需要及时切断电源，这就是欠压保护。通常采用欠压继电器或设置专门的零压继电器来实现欠压保护。

学习活动三　制订工作计划

活动目标
1. 掌握电动机顺序启停控制电路的实施步骤。
2. 熟悉元件的布置，熟练整理元件及工具。
3. 熟练正确选择低电压电器元件、工具和检测元件。

学习过程
1. 工作计划的内容应包括实施步骤、人员安排及元件清单，根据以下内容制订出本次任务的实施计划。

（1）确定任务实施步骤。

（2）根据任务要求，选用器材、工具及材料，列出所需元件清单，并进行检验。

序号	名称	型号与规格	单价	数量	备注

2. 请各组制订关于"电动机顺序启停控制电路的分析与装调"的工作计划。

（1）分组。

组别：_____

小组负责人：_____

（2）小组成员及分工。

姓名	分工

（3）工序及工期安排。

序号	工作内容	型号规格	数量	备注

（4）安全防护措施。

学习活动四　现场施工与验收

☞ 活动目标

1. 正确选择低压电器元件。

2. 按照电气安装接线图进行电动机顺序启停控制电路的接线。

3. 按照电气原理图进行电动机顺序启停控制电路的调试。

4. 熟练对电路进行通电前自检。

5. 了解电子式时间继电器的用途、工作原理、主要参数、特点及其在电气控制技术中的应用。

6. 了解接近开关的用途、基本结构、主要参数与图形文字符号，以及其在电气控制技术中的应用。

7. 熟悉并叙述电动机多地点与多条件控制电路的工作原理。

8. 按电工作业规程，待项目完成后熟练清点工具、人员，收集剩余材料，清理工程垃圾，拆除防护措施。

👉 **学习过程**

1. 根据两级传送带运输机顺序启停控制的电气原理图、电气安装接线图及安装工艺要求进行安装施工，并将安装过程中碰到的问题记录下来。

所遇到的问题	解决办法

2. 各组讨论设计自检步骤，检查线路并将检查内容及结果记录在下表中。

序号	检查内容	检查结果

3. 整理施工现场。

（1）整理剩余材料（如导线、元件、螺丝等）并上交教师。

（2）清点工具并整理后放于工具箱内。

（3）清扫废料、垃圾，并投放到指定地点。

4. 通电试车并回答问题。

各小组自检后，请教师检查，无误后再通电试车。注意先不带电动机通电试车，无误后再连接电动机通电试车。

问题 1：按照下表所示操作进行功能测试，并记录观察结果。

项目		调试步骤	观察结果
空操作试验	通电指示	合上刀开关 QS	观察是否通电：_____（是、否）；电源指示灯是否"亮"：_____（是、否），若亮，则表明该电源_____（正常、异常）
	启动	按下启动按钮_____	观察接触器 KM₁ 是否动作_____（是、否），是否保持_____（是、否），若动作且保持，则表明电动机_____； 观察时间继电器 KT 是否动作_____（是、否），动作情况是_____（瞬时动作、延时动作）； 若时间继电器 KT 动作，观察接触器 KM₂ 是否动作_____（是、否），是否保持_____（是、否），若动作且保持，则表明电动机_____； 若接触器 KM₂ 动作，观察接触器 KM₁ 是否释放_____（是、否），时间继电器 KT 是否释放_____（是、否）； 此时，表明电动机 M₁、M₂ 启动的状态为_____

项目		调试步骤	观察结果
空操作试验	停车	按下电动机 M₂ 的停止按钮＿＿＿＿	观察接触器 KM₂ 是否释放＿＿＿＿（是、否），若释放，则表明电动机＿＿＿＿＿＿＿＿＿
		按下电动机 M₁ 的停止按钮＿＿＿＿	观察接触器 KM₁ 是否释放＿＿＿＿（是、否），若释放，则表明电动机＿＿＿＿＿＿＿＿＿
	停止顺序试验	先按下电动机 M₁ 的停止按钮＿＿＿＿，再按下电动机 M₂ 的停止按钮＿＿＿＿	观察接触器 KM₁ 是否释放＿＿＿＿（是、否），若释放，则表明电动机＿＿＿＿＿＿，若不释放，则表明电动机＿＿＿＿＿＿＿＿。
			观察接触器 KM₂ 是否释放＿＿＿＿（是、否），若释放，则表明电动机＿＿＿＿＿＿＿＿＿
带负荷试车		切断电源后接好电动机接线，装好接触器灭弧罩，合上刀开关 QS 后试车	操作启动按钮使电动机顺序启动；先操作按钮＿＿＿＿使 M₂ 停车后，再操作按钮＿＿＿＿使电动机 M₁ 停车	注意观察电动机 M₁、M₂ 启动时的顺序和运行声音，停止时的顺序和运行状态，如有异常，则立即停车检查

问题 2：分享对电动机顺序启停控制电路安装成果的感想。

👉 **知识拓展**

一、电子式时间继电器

电子式时间继电器又称晶体管式时间继电器或半导体式时间继电器，其除了执行继电器外，均由电子元件组成，其外形如图 1-3-8 所示。电子式时间继电器具有机械结构简单、延时范围大、适用范围广、延时精度高、调节方便、寿命长等一系列优点，被广泛应用于自动控制系统中。按电子线路的组成原理，电子式时间继电器可分为阻容式和数字式两大类。如果延时电路的输出是有触点的继电器，则称为触点输出，若输出是无触点元件，则称为无触点输出。

图 1-3-8　电子式时间继电器外形

1. 电子式时间继电器的结构和工作原理

电子式时间继电器由晶体管、集成电路和电子元件等构成，目前已有采用单片机控制的时间继电器。它利用 RC 电路中电容两端电压不能跃变，只能按指数规律逐渐变化的原理获得延时。因此只要改变充电回路的时间常数即可改变延时时间，目前多采用调节电阻的方式来调整时间的延时。其代表产品为 JS20 系列，具有延时时间长、线路简单、延时调节方便、性能稳定、延时误差小、触点容量较大等优点。

JS20 系列电子式时间继电器的原理图如图 1-3-9 所示。当刚接通电源时，电容器 C_2 尚未充电，此时 $U_G=0$，场效应晶体管 VT_1 的栅极与源极之间电压 $U_{GS}=-U_S$，此后，直流电源经电阻 R_{10}、RP_1、R_2 向 C_2 充电，电容 C_2 上电压逐渐上升，直至 U_G 上升至 $|U_G-U_S|<|U_P|$时，VT_1 导通，其中 U_P 为场效应晶体管的夹断电压。由于 I_D 在 R_3 上产生压降，D 点电位开始下降，一旦 D 点电压降到 VT_2 的发射极电位以下，VT_2 开始导通，VT_2 的集电极电流 I_C 在 R_4上产生压降，使场效应晶体管的 U_S 降低。R_4 起正反馈作用，VT_2 迅速由截止变为导通，并触发晶闸管 VT 导通，继电器 KA 动作。由上可知，从时间继电器接通电源开始 C_2 被充电到 KA 动作为止的这段时间即为通电延时动作时间。KA 动作后，C_2 经 KA 常开触点对电阻 R_9放点，同时氖泡 Ne 启辉，并使场效应晶体管 VT_1 和晶体管 VT_2 都截止，为下次工作做准备。此时晶闸管 VT 仍保持导通，只有切断电源使电路恢复到原始状态时，继电器 KA 才释放。

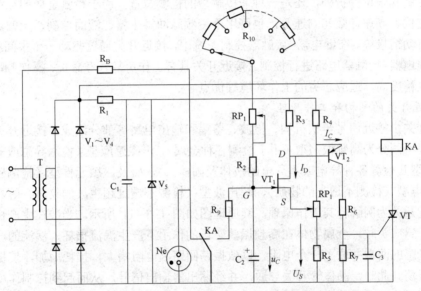

图 1-3-9　JS20 系列电子式时间继电器的原理图

2. 电子式时间继电器的主要技术参数及型号含义

电子式时间继电器的主要技术参数有：延时范围、延时触头数量、瞬动触头数量、工作电压、功率损耗、机械寿命等。常用的电子式时间继电器有 JSJ、JSS1、JSB、JS14、JS15、JS20 等系列。电子式时间继电器的型号含义如图 1-3-10 所示。

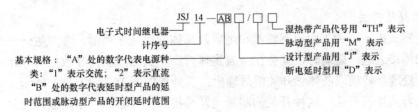

图 1-3-10　电子式时间继电器的型号含义

二、设计电气控制电路

某机床主轴由一台三相鼠笼型异步电动机拖动，润滑油泵由另一台三相鼠笼型异步电动机拖动，均采用直接启动，要求是：

（1）主轴电动机启动 5 s 后，必须在润滑油泵启动后才能启动；

（2）主轴电动机为正反向运转，为了方便调试，要求能正反向点动；

（3）待主轴电动机停止后，才允许润滑油泵停止；

（4）具有必要的电气保护环节。

三、接近开关

接近开关是一种无需运动部件进行机械接触就可以操作的无触点位置开关。当物体靠近开关的感应面至动作距离时，不需要机械接触或施加任何压力即可使开关动作，从而驱动交流（或直流）电器或计算机提供控制指令。所以，接近开关又称无触点行程开关，它除可以完成行程控制和限位保护外，还是一种非接触型的检测装置，用于检测金属的存在及检测零件尺寸、定位、高速计数和测速等，也可用于变频脉冲发生器、液面控制、无触点按钮和加工程序的自动衔接等。在继电器–接触器控制系统中，接近开关通过驱动一个中间继电器，由其触头对继电器–接触器电路进行控制。接近开关具有工作可靠、寿命长、操作频率高、功耗低、复定位精度高、适应恶劣的工作环境等优点。

1. 接近开关的结构和工作原理

接近开关由接近信号辨识机构、检波、鉴幅和输出电路等部分组成。接近开关按辨识机构工作原理不同分为高频振荡型（用于检测各种金属）、电磁感应型（检测导磁或非导磁性金属）、电容型（检测各种导电或不导电的液体及固体）、永磁及磁敏元件型（检测磁场或磁性金属）、光电型（检测不透光的物质）、超声波型（检测不透过超声波的物质）等。现以高频振荡型接近开关为例解释其工作原理，其原理图如图 1–3–11 所示。当装在生产机械上的金属物体接近感应头时，金属物体在高频振荡磁场的作用下产生涡流损耗，涡流的产生相当于在感应头电感的两端并联了一个电阻，以致振荡回路因电阻增大，损耗增加，使振荡减弱，直至停止振荡。此时，晶体管开关导通，并经输出器输出信号，从而起到控制作用。当金属物体离开感应头后，开关将恢复原状。

图 1–3–11　高频振荡型接近开关的工作原理图

2. 常用接近开关

（1）电感式接近开关：由电感线圈和电容及晶体管组成振荡器，并产生一个交变磁场，当有金属物体接近这一磁场时，就会在金属物体内产生涡流，从而导致振荡停止，这种变化被后级放大处理后转换成晶体管开关信号输出。其外形如图 1–3–12（a）所示。

（2）电容式接近开关：这种开关的测量通常是构成电容器的一个极板，而另一个极板是开关的外壳。这个外壳在测量过程中通常是接地或与设备的机壳相连接的。当有物体移向接近开关时，不论它是否为导体，由于它的接近，总要使电容的介电常数发生变化，从而使电容量发生变化，使得和测量头相连的电路状态也随之发生变化，由此便可控制开关的接通或断开。这种接近开关检测的对象不限于导体，可以是绝缘的液体或粉状物等。其外形如图 1-3-12（b）所示。

（3）霍尔接近开关：霍尔接近开关是一种根据霍尔效应制成的新型开关电器。霍尔元件是一种磁敏元件。当磁性物件移近霍尔开关时，开关检测面上的霍尔元件因产生霍尔效应而使开关内部电路状态发生变化，由此识别附近有无磁性物体存在，进而控制开关的接通或断开。因此，这种接近开关的检测对象必须是磁性物体。其外形如图 1-3-12（c）所示。

（4）光电式接近开关：光电开关（或光电传感器）是光电式接近开关的简称，其利用光电效应而制成。将发光器件与光电器件按一定方向装在同一个检测头内，当有反光面（被检测物体对光束的反射）接近时，光电器件接收到反射光后便有信号输出，由此便可"感知"有物体接近。其外形如图 1-3-12（d）所示。

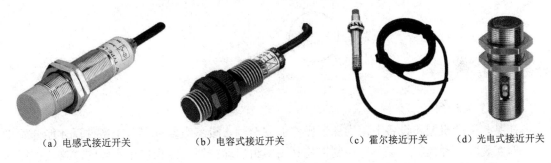

（a）电感式接近开关　　（b）电容式接近开关　　（c）霍尔接近开关　　（d）光电式接近开关

图 1-3-12　接近开关外形

3. 接近开关的主要技术参数及型号含义

接近开关的主要技术参数有：最大功率、最大开关电压、最大开关电流、最小崩溃电压、最大负载电流、感应时间、释放时间等。接近开关的型号含义如图 1-3-13 所示。

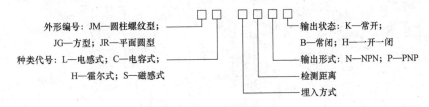

图 1-3-13　接近开关的型号含义

问题：接近开关与行程开关的工作原理有什么不同？

四、多地点与多条件控制电路

1. 多地点控制电路分析

能在两处或两处以上同时控制一台电气设备的控制方式叫作多地控制。在一些大型生产机械和设备上，为了减轻操作人员往返奔波的劳动强度，要求操作人员可以在不同的方位对同一设备进行操作与控制，即实现多地点控制。多地点控制是利用多组启动按钮、停止按钮来进行的。这些按钮的连接原则是：启动按钮常开触头并联，即逻辑或的关系；停止按钮常闭触头串联，即逻辑与的关系。多地点控制电路原理图如图 1-3-14 所示。

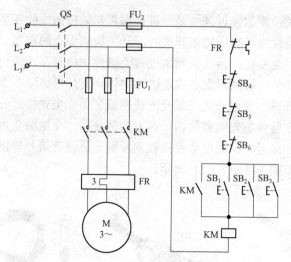

图 1-3-14　多地点控制电路原理图

2. 多条件控制电路分析

在某些生产机械和设备上，为保证操作的安全性，设备需要满足多个条件后才能开始工作，即实现多条件控制。多条件控制也是利用多组启动按钮、停止按钮实现的。这些按钮的连接原则是：启动按钮常开触头串联，即逻辑与的关系；停止按钮常闭触头并联，即逻辑或的关系。多条件控制电路原理图如图 1-3-15 所示。

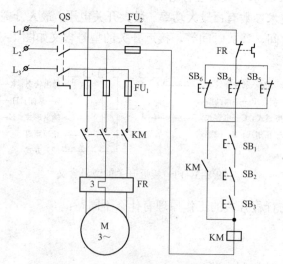

图 1-3-15　多条件控制电路原理图

问题：设计某一台电动机采取两地操作的点动和连续运转的电气控制电路图。

学习活动五 工作总结与评价

活动目标

1. 小组交流，总结本次任务的完成情况及心得体会。
2. 由小组代表说明完成任务的情况及体会，并展示工作成果。
3. 各组根据交流情况，总结任务完成过程中出现的优、缺点，并提出改进措施。
4. 完成教师对各组的点评、组互评及组内评。
5. 个人对自身学习与工作进行反思总结，书写任务总结。

学习过程

各小组可指派代表依次展示作品，并对整个任务完成情况进行总结，其他小组对展示小组的过程及结果进行相应的评价，各小组展示点评结束后教师进行综合点评。课余时间本组完成"自评"内容，教师完成"师价"内容。

1. 各小组对本组和其他小组的成果口头做出评价，综合各种情况，评出认为较好的前三个小组。
2. 教师点评整个任务完成过程中各组的优、缺点，指出亮点、需要注意的方面及改进方法。
3. 完成学习任务综合评价表。

学习任务综合评价表

考核项目	评价内容	配分	评价分数		
			自评	互评	师评
职业素养	劳动保护穿戴整洁、仪容仪表符合工作要求	5分			
	安全意识、责任意识、服从意识强	6分			
	积极参加教学活动，按时完成各种学习任务	6分			
	团队合作意识强、善于与人交流和沟通	6分			
	自觉遵守劳动纪律，尊重师长、团结同学	6分			
	爱护公物、节约材料，管理现场符合6S标准	6分			
专业能力	专业知识查找及时、准确，有较强的自学能力	10分			
	操作积极、训练刻苦，具有一定的动手能力	15分			
	技能操作规范、注重安装工艺，工作效率高	10分			
工作成果	产品制作符合工艺规范，线路功能满足要求	20分			
	工作总结符合要求、成果展示质量高	10分			
总　分		100分			
总评	自评×20%+互评×20%+师评×60%=	综合等级	教师（签名）：		

任务 1.4 电动机降压启动控制电路的分析、装调及检修

工作情景描述

容量在 10 kW 以下的电动机，一般采用全电压直接启动方式来启动。对于较大容量（大于 10 kW）的异步电动机，由于启动电流过大（为额定值的 4~7 倍），通常采用降压启动。过大的启动电流会引起电网较大的压降，影响线路上其他设备的正常运行，如果电动机频繁启动，还会造成严重发热，加速线圈老化，缩短电动机的寿命。

降压启动的目的是降低启动电流。一般来说，降压启动不是降低电源电压。因为电动机的启动电流近似与定子绕组相电压成正比，所以采用某种方法降低加在电动机定子绕组上的电压来限制启动电流。由于电动机的启动转矩与定子绕组相电压的平方成正比，减压的同时转矩也下降，故降压启动对电网有利，对拖动负载不利，只适合必须减小启动电流且对启动转矩要求不高的场合。常见的降压启动方法有：定子绕组串电阻（或电抗）降压启动、星形－三角形降压启动、延边三角形降压启动、串接自耦变压器降压启动。

任务目标

1. 根据工作情景描述提炼出工作任务。

2. 叙述三相异步电动机降压启动的工作过程。

3. 叙述几种常见降压启动方法的优、缺点及适用场合，了解软启动。

4. 叙述电压继电器、电流继电器和中间继电器的用途、基本结构、工作原理、主要参数与图形符号，以及其在电气控制技术中的应用。

5. 叙述定子绕组串电阻降压启动控制电路的工作原理，理解其特点及应用。

6. 叙述串接自耦变压器降压启动控制电路的工作原理，理解其特点及应用。

7. 熟悉星形－三角形降压启动控制电路的工作原理，理解其特点及应用。

8. 熟悉电气控制电路常用的检修方法。

9. 熟悉电动机外接线盒中接线柱的名称。

10. 熟悉三相异步电动机定子绕组星形连接和三角形连接的方法。

11. 掌握电动机降压启动控制电路的实施步骤，熟悉元件的布置，熟练整理元件及工具。

12. 按照电气安装接线图进行三相异步电动机星形－三角形降压启动控制电路的接线。

13. 按照电气原理图进行星形－三角形降压启动控制电路的调试。

14. 查阅资料，熟悉电气故障检修的一般步骤和技巧。

15. 熟练对电路进行通电前自检。

16. 熟练应用万用表检修法、短接检修法进行线路排故。

17. 熟悉调整时间继电器的延时时间的方法。

18 了解并叙述绕线式异步电动机转子串电阻降压启动控制电路的工作过程。

19. 叙述鼠笼型电动机工作时的过电流保护电路的工作原理。

20. 按电工作业规程，待项目完成后熟练清点工具、人员，收集剩余材料，清理工程垃圾，拆除防护措施。

21. 总结本次任务的完成情况及改进措施，并完成评价。
22. 个人对自身学习与工作进行反思总结，书写任务总结。

工作流程与活动

学习活动一　明确工作任务
学习活动二　分析任务，学习并设计电动机降压启动控制电路
学习活动三　制订工作计划
学习活动四　现场施工与验收
学习活动五　工作总结与评价

学习活动一　明确工作任务

活动目标

1. 根据工作情景描述提炼出工作任务。
2. 叙述三相异步电动机降压启动的工作过程。
3. 叙述几种常见降压启动方法的优、缺点及适用场合。
4. 了解软启动。

学习过程

根据三相异步电动机降压启动的工作过程，回答下列问题。

问题 1：什么是全压启动？有什么特点？适用什么场合？

问题 2：什么是降压启动？降压启动降的是哪的电压？查阅资料，了解判断是否要采用降压启动的经验公式是什么？

问题 3：三相异步电动机常用的降压启动方法有哪几种？各有什么优、缺点？适用场合分别是什么？（填写到下表中）

序号	降压启动方法	优、缺点	适用范围

问题 4：电动机采用的是哪种启动方法？

问题 5：简单描述三相异步电动机降压启动的工作过程。

问题 6：查阅资料，简单说明什么是软启动？

学习活动二　分析任务，学习并设计电动机降压启动控制电路

☞ 活动目标

1. 叙述电压继电器、电流继电器和中间继电器的用途、基本结构、工作原理、主要参数与图形符号，以及其在电气控制技术中的应用。

2. 叙述定子绕组串电阻降压启动控制电路的工作原理，理解其特点及适用场合。

3. 叙述串接自耦变压器降压启动控制电路的工作原理，理解其特点及适用场合。

4. 熟悉星形-三角形降压启动控制电路的工作原理，理解其特点及适用场合。

5. 熟悉电气控制电路常用的检修方法。

☞ 学习过程

1.回忆"电工电子""电机学"课程中所学的理论知识，回答下列问题。

问题 1：结合所学并查阅资料，了解串电阻降压启动中串接电阻值的计算方法。如何在控制电路中实现串电阻降压启动？

问题 2：简述自耦变压器的结构和工作原理，并画出自耦变压器的电路图。

问题 3：什么是星形连接？什么是三角形连接？为什么电动机采用星形连接可以达到降压启动的目的？

问题 4： 在控制电路中如何实现三相异步电动机星形和三角形的两种不同连接？画出三相异步电动机定子绕组的星形连接图和三角形连接图。

2. 识读下列电动机降压启动控制电路图，分析工作原理并回答问题。

（1）定子绕组串电阻降压启动控制电路。

图 1-4-1 为定子绕组串电阻降压启动控制电路，电动机启动时，在定子绕组回路中通过接触器 KM_1 的主常开触点各串入一个电阻，使加在定子绕组上的相电压低于全压启动时绕组的额定相电压，从而降低启动电流。启动结束后，通过接触器 KM_2 的主常开触点将串入的电阻短接，电动机即可在全压下运行。

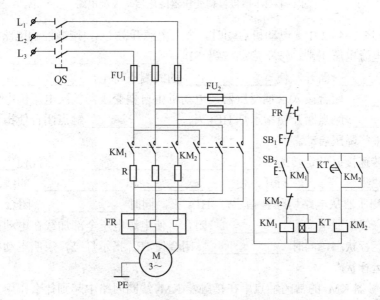

图 1-4-1　定子绕组串电阻降压启动控制电路

问题： 如图 1-4-1 所示，电动机启动时，合上电源开关 QS，接通控制电路电源，按下启动按钮 SB_2，＿＿＿＿＿＿＿和＿＿＿＿＿＿＿的线圈同时得电，＿＿＿＿＿＿＿闭合形成自锁，＿＿＿＿＿＿＿闭合，使得电动机串电阻降压启动。

经过一定时间延时后，＿＿＿＿＿＿＿＿＿＿＿＿＿＿＿闭合，＿＿＿＿＿＿＿的线圈得电，＿＿＿＿＿＿＿断开，使＿＿＿＿＿＿＿和＿＿＿＿＿＿＿的线圈失电，同时＿＿＿＿＿＿＿闭合，使得电动机定子绕组的电阻被短接，＿＿＿＿＿＿＿闭合形成自锁，电路进入全压运行状态。

（2）串接自耦变压器降压启动控制电路。

图 1-4-2 为串接自耦变压器降压启动控制电路，电动机启动时，利用接触器 KM_1 的主常开触点在定子绕组回路中串入自耦变压器。这样电源电压加在自耦变压器的高压绕组上，定子绕组则与自耦变压器的低压绕组相连接，从而实现降压启动。启动结束后，利用接触器 KM_2 将自耦变压器切除，电动机即可与电源直接相连接而运行在全压状态。

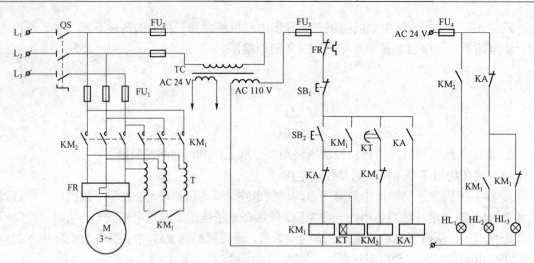

图 1-4-2　串接自耦变压器降压启动控制电路

问题 1：在图 1-4-2 中，电动机启动时，合上电源开关 QS，接通控制电路电源，指示灯 HL₃ 亮，表明电源电压正常。按下启动按钮 SB₂，_____和_____的线圈通电，_____断开，使_____的线圈不得电，_____闭合形成自锁，_____闭合接入自耦变压器，电动机由自耦变压器二次电压供电作降压启动，同时_____触点断开使指示灯 HL₃ 灭，_____触点闭合使指示灯 HL₂ 亮，显示电动机正进行降压启动。

当电动机转速接近额定转速时，_____闭合，使_____的线圈通电，_____断开，使_____和_____的线圈失电，触点复位，将自耦变压器从电路切除且指示灯 HL₂ 灭，同时_____闭合形成自锁，使_____线圈通电，_____闭合，使电源电压全部加载在电动机定子上，电动机进入全压运行状态，同时_____闭合使 HL₁ 指示灯亮，表明电动机降压启动结束，进入正常运行状态。

问题 2：接触器 KM₁ 的常闭触点串在接触器 KM₂ 线圈回路中起到什么作用？不这样设计会带来什么安全隐患？

问题 3：中间继电器 KA 在图 1-4-2 中起什么作用？中间继电器与接触器相比有何异同点？

问题 4：自耦变压器的功率应与电动机的功率一致，如果小于电动机的功率，会发生何种故障？

（3）星形-三角形降压启动控制电路。

图 1-4-3 为星形-三角形降压启动控制电路，电动机启动时，接触器 KM_3 得电动作，使定子绕组接成星形，降低电动机定子绕组的相电压，使启动电流降为全压启动时电流的 1/3。当电动机转速上升到接近额定转速时，接触器 KM_2 得电动作，将定子绕组改接成三角形接法实现全压运行。

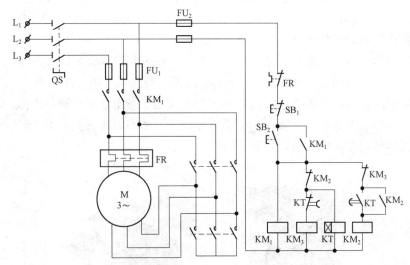

图 1-4-3　星形-三角形降压启动控制电路

问题 1：如图 1-4-3 所示，启动时，合上电源开关 QS，接通控制电路电源，按下启动按钮 SB_2，_____ 和 _____、_____ 的线圈同时得电，_____ 的常闭触点断开，使_____线圈不得电，_____闭合形成自锁，_____ 和 _____ 均闭合，使得电动机定子绕组星形连接启动。

经过一定时间延时后，电动机转速接近额定转速，_____ 断开，使_____ 失电，其各触点复位，断开电动机定子绕组星形连接；_____ 闭合，_____ 得电，_____ 断开，使_____线圈不得电，_____ 闭合形成自锁，_____ 闭合，使得电动机定子绕组三角形连接启动，电动机进入全压运行状态。

按下停止按钮 SB_1，接触器 KM_1、KM_2 线圈失电，各触点复位，电动机断电停转。

问题 2：图 1-4-3 中哪里有互锁环节？如果去掉互锁，会带来什么严重后果？

👉 相关知识

一、继电器的种类

继电器是一种当输入量（如电压、电流、转速、时间、压力、温度等）达到设定值时，继电器动作，使输出量发生跳跃式变化，从而接通和断开被控电路的自动控制器件。它主要用来感知信号，一般不用来直接控制大电流的主电路，常常在控制电路中进行信号传递、放大、转换、联锁等，控制主电路和辅助电路中的器件或设备按预定的动作程序进行工作，实现自动控制和保护的目的。

按输入信号的不同，继电器分为电压继电器、电流继电器、时间继电器、速度继电器、中间继电器和压力继电器等；按工作原理的不同，继电器可分为电磁式继电器、电动式继电器、感应式继电器、电子式继电器等；按线圈电流种类的不同，继电器可分为交流继电器和直流继电器；按用途的不同，继电器可分为控制继电器、机床继电器、通信继电器和汽车继电器等。

二、电磁式继电器的结构及工作原理

电磁式继电器是应用得最早、最多的一种型式，属于有触点自动切换电器。其结构及工作原理与接触器大体相同，由电磁机构和触点系统两部分组成。图 1-4-4 为电磁式继电器的外形图，其原理图和图形文字符号如图 1-4-5 所示。由于继电器用于控制电路，流过触点的电流比较小，分断能力很小，一般在 5 A 或 5 A 以下，故不需要灭弧装置。但继电器为满足控制要求，需调节动作参数，故设有调节装置。

图 1-4-4　电磁式继电器的外形

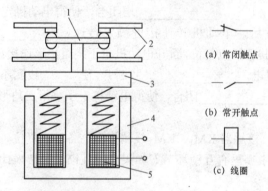

1—动触点；2—静触点；3—衔铁；4—铁心；5—线圈。

图 1-4-5　电磁式继电器的原理图和图形文字符号

1. 电磁机构

直流继电器的电磁机构均为 U 形拍合式，铁心和衔铁均由电工软铁制成。为了改变衔铁闭合后的气隙，在衔铁的内侧面装有非磁性垫片，铁心铸在铝基座上。

交流继电器的电磁机构有 U 形合拍式、E 形直动式、螺管式等结构形式。铁心与衔铁均由硅钢片叠制而成，且在铁心柱端面上镶有短路环。

2. 触点系统

继电器的触点有动合型、动断型和转换型 3 种基本形式。

（1）动合型：线圈不通电时两触点是断开的，通电后，两个触点闭合。以"合"字的拼音字头"H"表示，也称常开触点。

（2）动断型：线圈不通电时两触点是闭合的，通电后两个触点断开。用"断"字的拼音字头"D"表示，也称常闭触点。

（3）转换型：这是触点组型。这种触点组共有 3 个触点，即中间是动触点，上下各一个静触点。线圈不通电时，动触点和其中一个静触点断开，另一个静触点闭合，线圈通电后，动触点产生移动，使原来断开的触点变成闭合的，原来闭合的触点变成断开的，达到转换的目的。这样的触点组称为转换触点。用"转"字的拼音字头"Z"表示。

3. 调节装置

为改变继电器的动作参数，应设有改变继电器释放弹簧松紧程度的调节装置和改变衔铁释放时初始状态磁路气隙大小的调节装置，如调节螺母和非磁性垫片。

三、电流继电器

根据线圈中电流的大小来接通和分断电路的继电器称为电流继电器，它主要用于电动机、发电机或其他负载的电流保护和控制作用，直流电动机磁场控制或失磁保护等。

1. 电流继电器的外形与图形文字符号

电磁式电流继电器触点的动作与线圈通过的电流大小有关，使用时电流继电器的线圈与负载串联。电流继电器的线圈的匝数少、导线粗、阻抗小，按吸合电流大小可分为过电流继电器和欠电流继电器。其外形与图形文字符号如图 1-4-6 所示。

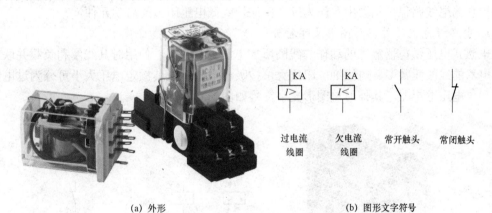

(a) 外形　　　　　　　　　　　　(b) 图形文字符号

图 1-4-6　电流继电器的外形与图形文字符号

2. 电流继电器的工作原理

（1）欠电流继电器。

正常工作时，欠电流继电器的衔铁处于吸合状态。如果电路中负载电流过低，并且低于欠电流继电器线圈的释放电流，其衔铁被释放，其常开触点复位从而切断电气设备的电源。

通常，欠电流继电器的吸合电流为额定电流的 30%～50%，释放电流为额定电流的 10%～20%。欠电流继电器一般是自动复位的。

（2）过电流继电器。

过电流继电器线圈在额定电流值时，衔铁不产生吸合动作，只有当负载电流超过一定值时才产生吸合动作，其常闭触点断开，从而切断电气设备的电源，保护了负载，不至于因过流而烧坏。过电流继电器常用于电力拖动控制系统中起保护作用。

通常，交流过电流继电器的吸合电流整定范围为额定电流的 1.1～3.5 倍，直流过电流继电器的吸合电流整定范围为额定电流的 $\frac{7}{10}$ 到 3 倍额定电流。

电流继电器的动作值和释放值可通过调整反作用弹簧的方法来调整。旋紧弹簧，反作用力增大，吸合电流和释放电流都被提高；反之，旋松弹簧，反作用力减小，吸合电流和释放电流都降低。

3. 电流继电器的型号含义

常用的电流继电器有 JL14、JL15、JT10 等型号。选择电流继电器时，主要根据电路内的电流种类和额定电流大小。电流继电器的型号含义如图 1-4-7 所示。

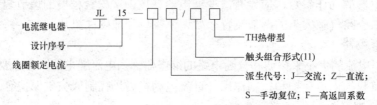

图 1-4-7　电流继电器的型号含义

四、电压继电器

根据输入线圈电压大小而动作的继电器称为电压继电器。它主要用于发电机保护、变压器保护和输电线路保护装置中，作为过电压保护或低电压闭锁的启动元件。

1. 电压继电器的外形与图形文字符号

电磁式电压继电器触点的动作与线圈所加电压大小有关，使用时其线圈和负载并联。电压继电器的线圈匝数多、电线细、阻抗大，按吸合电压相对其额定电压大小可分为过电压继电器和欠电压继电器。其外形与图形文字符号如图 1-4-8 所示。

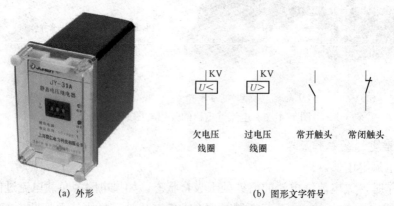

(a) 外形　　　　(b) 图形文字符号

图 1-4-8　电压继电器的外形与图形文字符号

2. 电压继电器的工作原理

（1）过电压继电器。

过电压继电器线圈在额定电压值时，衔铁不产生吸合动作，只有当电压高于额定电压

105%～120%以上时，才产生吸合动作。

（2）欠电压继电器。

当电路中的电气设备在额定电压下正常工作时，欠电压继电器的衔铁处于吸合状态。如果电路出现电压降低，并且低于欠电压继电器线圈的释放电压，则其衔铁打开，常开触点复位，从而控制接触器及时分开电气设备的电源。

通常，欠电压继电器吸合电压值的整定范围是额定电压值的 30%～50%，释放电压值整定范围是额定电压值的 7%～20%。

3. 电压继电器的型号含义

常用的电压继电器有 JT3、JT4 等型号。选择电压继电器时，主要根据线路电压的种类和大小来选择。电压继电器的型号含义如图 1-4-9 所示。

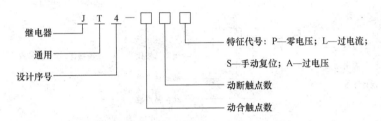

图 1-4-9 电压继电器的型号含义

五、中间继电器

中间继电器可以将一个输入信号变成多个输出信号，用来增加控制回路的触点数量或放大信号，因为其在控制电路中起中间控制作用，故称为中间继电器。中间继电器体积小，动作灵敏度高，并在 10 A 以下电路中可代替接触器起控制作用。

1. 中间继电器的外形与图形文字符号

中间继电器的外形与图形文字符号如图 1-4-10 所示。中间继电器实质上是一种电压继电器，它由电磁机构和触头系统组成。中间继电器仅用于控制电路，其基本结构与接触器相似，触点数量较多，一般有 8 常开、6 常开 2 常闭、4 常开 4 常闭 3 种组合形式，无主触点和灭弧装置，起中间放大作用。

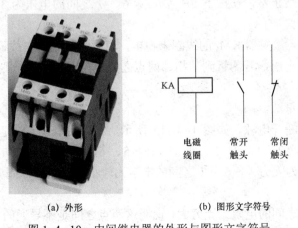

(a) 外形　　　　　　　　　　(b) 图形文字符号

图 1-4-10 中间继电器的外形与图形文字符号

2. 中间继电器的工作原理

中间继电器的结构和工作原理与交流接触器基本相同。当电磁线圈得电时，铁心与衔铁吸合，触点动作，即常闭触点断开，常开触点闭合；当电磁线圈断电后，衔铁释放，触点复位，即常开触点恢复为断开，常闭触点恢复为闭合。中间继电器与接触器的主要区别在于：接触器的主触点可以通过大电流，而中间继电器的触点数目多，但只能通过小电流。故其没有明显的灭弧装置，触点也没有主辅之分，只用于控制电路中，其过载能力比较小。

3. 中间继电器的型号含义

常用的中间继电器有 JZ7、JZ15、JZ17 等系列。选择中间继电器时，主要根据控制线路所需触头的多少和电源电压等级。中间继电器的型号含义如图 1-4-11 所示。

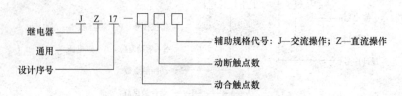

图 1-4-11　中间继电器的型号含义

六、常用的检修方法

常用的检修方法有万用表检修法、短接检修法。

1. 万用表检修法

万用表检修法分为电压分段测量法和电阻分段测量法。

（1）电压分段测量法。

如图 1-4-12 所示，把万用表的转换开关置于交流电压 500 V 的挡位上，然后在检查时首先用万用表红、黑两根表笔测量 1、7 两点间的电压，若电压为 380 V，则说明线路电压正常。

将万用表红、黑两根表笔逐段测量相邻两点 1、2，2、3，3、4，4、5，5、6，6、7 之间的电压。如果电路正常，在按下 SB$_2$ 后，除 6、7 之间的电压为 380 V 外，其他相邻两点之间的电压均为零。

如果按下 SB$_2$ 后，接触器 KM$_1$ 的线圈未得电，说明线路中存在故障。此时用万用表逐段测量各相邻两点间的电压，若测量到某相邻两点之间电压为 380 V，则说明这两点间存在断路故障。

（2）电阻分段测量法。

注意测量前必须断开电源。如图 1-4-13 所示，将万用表调到合适的欧姆挡，然后依次逐段测量相邻两点 1、2，2、3，3、4，4、5，5、6，6、7 之间的电阻。如果电路正常，则 3、4 之间的电阻为无穷大，6、7 之间的电阻为较小值（几百欧姆），其他相邻两点之间的电阻均接近零值。

测得的相邻两点之间的电阻为无穷大，说明这两点之间是不导通的。如果应该通而未通，则可能存在触点接触不良、接线柱连接线松动脱落或连接导线有断路等故障。

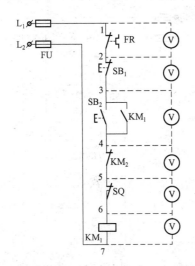

图 1-4-12 电压分段测量法

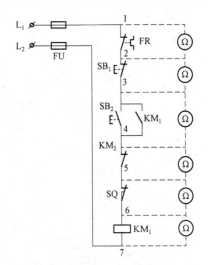

图 1-4-13 电阻分段测量法

注意事项

1. 用电阻分段测量法排查故障时，一定要断开电源测量。

2. 如果被测电路有并联情况，必须将被测电路与其他电路断开，否则测量不准确。

3. 测量高电阻值的电器元件时，注意将万用表调整到合适的量程再读数，否则也会造成误判。

2. 短接检修法

利用一根绝缘良好的导线，将怀疑是断路的部分短接，若短接后电路接通，则说明被短接处存在断路故障。这就是短接检修法。

（1）局部短接法。

如图 1-4-14 所示，按下 SB$_2$，接触器 KM$_1$ 不得电，说明电路存在故障。检查前，先用万用表测量 1、7 之间的电压。若电压正常，按住 SB$_2$ 不放，用一根绝缘良好的导线分别短接 1、2，2、3，3、4，4、5，5、6 相邻两点。注意不能短接接触器线圈，即 6、7 两点，否则会出现短路事故。当短接到某两点时，若接触器 KM$_1$ 得电，说明这两点间存在断路故障。

（2）长短接法。

长短接法是指一次短接两个或多个触点来排查故障的方法。长短接法和局部短接法相结合使用，可以提高排查故障的效率。

在图 1-4-14 中，如果热继电器 FR 的常闭触点和 SB$_1$ 同时存在断路故障，用局部短接法短接 1、2 两点，按下 SB$_2$，接触器 KM$_1$ 不得电，则可能造成判断错误。如图 1-4-15 所示，首先短接 1、6 两点，如果按下 SB$_2$ 后接触器 KM$_1$ 得电，说明 1、6 两点间存在故障，然后分别短接 1、3 和 3、6 两点。假如短接 1、3 两点时，按下 SB$_2$，接触器 KM$_1$ 得电，则说明 1、3 两点间存在故障。此时，再利用局部短接法分别短接 1、2 和 2、3，就能很快找到故障点。

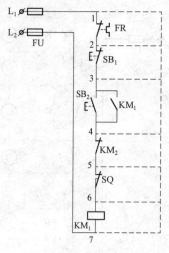

图 1-4-14　局部短接法

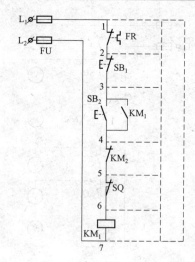

图 1-4-15　长短接法

1. 采用短接检修法时是带电操作，所以一定要注意安全，确保导线绝缘，否则容易发生触电事故。

2. 短接检修法只适合检查压降极小的导线和触点之间的断路故障，压降较大的电器（例如电阻、接触器线圈、继电器线圈等）的断路故障不能使用此方法，否则会发生短路故障。

3. 必须保证在电气设备或机械部分不出现故障的情况下才可采用短接检修法。

学习活动三　制订工作计划

☞ 活动目标

1. 掌握电动机降压启动控制电路的实施步骤。
2. 熟悉电动机外接线盒中接线柱的名称。
3. 熟悉三相异步电动机定子绕组星形连接和三角形连接的方法。
4. 熟悉元件的布置，熟练整理元件及工具。
5. 熟练选择工具和检测元件。

☞ 学习过程

1. 工作计划的内容应包括实施步骤、人员安排及元件清单，请根据以下内容制订出本次任务的实施计划。

（1）规范绘制三相异步电动机星形–三角形降压启动控制电路的电器元件布置图和电气安装接线图。

（2）识别电动机外接线盒中各相定子绕组的首末端接线柱。

（3）根据任务要求，选用器材、工具及材料，列出所需元件清单，并进行检验。

序号	名称	型号与规格	单价	数量	备注

2. 请各组制订关于"三相异步电动机星形–三角形降压启动控制电路的装调"的工作计划。

（1）分组。

组别：_____

小组负责人：_____

（2）小组成员及分工。

姓名	分工

（3）工序及工期安排。

序号	工作内容	型号规格	数量	备注

（4）安全防护措施。

学习活动四　现场施工与验收

👉 活动目标

1. 正确选择低压电器元件。

2. 按照电气安装接线图进行三相异步电动机星形-三角形降压启动控制电路的接线。

3. 按照电气原理图进行星形-三角形降压启动控制电路的调试。

4. 查阅资料，熟悉电气故障检修的一般步骤和技巧。

5. 熟练对电路进行通电前自检。

6. 熟练应用万用表检修法、短接检修法进行线路排故。

7. 熟悉调整时间继电器的延时时间的方法。

8. 了解并叙述绕线式异步电动机转子串电阻降压启动控制电路的工作过程。

9. 叙述鼠笼型电动机工作时的过电流保护电路的工作原理。

10. 按电工作业规程，待项目完成后熟练清点工具、人员，收集剩余材料，清理工程垃圾，拆除防护措施。

👉 学习过程

1. 根据三相异步电动机星形-三角形降压启动控制的电气原理图、电气安装接线图及安装工艺要求进行安装施工，并将安装过程中碰到的问题记录下来。

所遇到的问题	解决办法

2. 请各组讨论设计自检步骤，检查线路并将检查内容及结果记录在下表中。

序号	检查内容	检查结果

3. 整理施工现场。

（1）将剩余材料（如导线、元件、螺丝等）整理后上交教师。

（2）清点工具，整理后放于工具箱内。

（3）清扫废料、垃圾，并投放到指定地点。

4. 通电试车。

（1）各小组须先检查熔体规格及时间继电器、热继电器的整定值是否符合要求，然后再通电试验。

（2）小组自检后，请教师检查，无误后再通电试车。注意先不带电动机通电试车，无误后再连接电动机通电试车。

（3）通电试车时，若出现异常，应立即断电停车检修。

（4）带电检修时，必须有教师在现场监护，确保用电安全。

5. 总结并记录通电试车中出现的问题或故障及排查方法和过程。

问题或故障现象	排查方法和过程	问题或故障原因

6. 注意事项。

（1）注意三相定子绕组首末端的接线，如果误将首端 U_1、V_1、W_1 连在一起，或首末端连一起，会造成三相电源未经过电动机负载而短路的事故。

（2）注意接触器 KM_2 主常开触点出线端或 KM_3 主常开触点进线端与热继电器 FR 的热元件出线端的接法不要出错。

（3）接触器 KM_1、KM_2、KM_3 和时间继电器 KT 的线圈出线端要接回正确位置，否则易出现短路事故。

☞ **知识拓展**

一、绕线式异步电动机转子串电阻降压启动控制电路

三相绕线转子电动机转子绕组可通过铜环经电刷与外电路电阻相接，以减小启动电流，提高转子电路功率因数和启动转矩，适用于重载启动的场合。三相绕线转子电动机转子串电阻启动又分按时间原则和电流原则控制两种，下面仅分析按时间原则控制的转子串电阻降压启动电路。

转子回路串电阻启动控制是在三相转子绕组中分别串几级电阻，并按星形方式连接，启动时，启动电阻全部接入电流限流启动。启动过程中，随转速升高，启动电流下降，启动电阻逐级短接。启动完成时，全部电阻短接，电动机在正常全压下工作。

图 1—4—16 为转子串三级电阻按时间原则控制的降压启动电路图，图中 KM_1 为线路接触器，KM_2、KM_3、KM_4 为短接电阻启动接触器，KT_1、KT_2、KT_3 为短接转子电阻时间继电器。值得注意的是，电路确保在转子全部电阻串入下启动，且当电动机进入正常运行时，只有 KM_1、KM_4 两个接触器处于长时间通电状态，而 KT_1、KT_2、KT_3 与 KM_2、KM_3 线圈通电时间均压缩到最低限度。这样，一方面可节省电能，延长电器的使用寿命；另一方面，可减少电路故障，保证电路安全可靠运行。转子串电阻启动控制电路的控制方式是在电动机启动的过程中分级切除启动电阻，其结果造成电流和转矩存在突然变化，因而将会产生机械冲击。

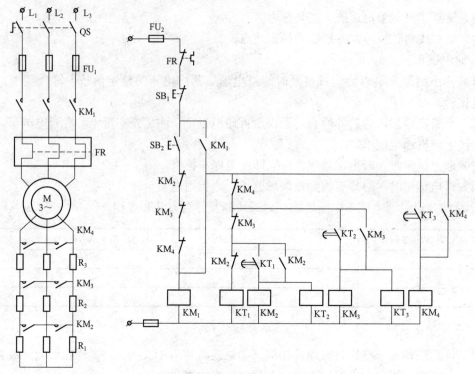

图 1-4-16　按时间原则控制的转子串电阻降压启动控制电路

二、鼠笼型电动机工作时的过电流保护电路

在实际生产中，由于不正确的启动方式和过大的冲击负载，常常会引起电动机出现很大的过电流情况。过电流对电动机的使用是有危害的，过大的电流会引起电动机过大的转矩，使机械的转动部件受到损坏，缩短电动机的使用寿命。针对这种情况，电路中常常使用过电流继电器对电动机进行保护。鼠笼型电动机工作时的过电流保护电路如图 1-4-17 所示，其工作原理如下。当电动机启动时，时间继电器 KT 的常闭触点仍闭合，常开触点尚未闭合，过电流继电器 KI 的线圈不接入电路，以避免过大的启动电流使过电流继电器 KI 造成误操作。

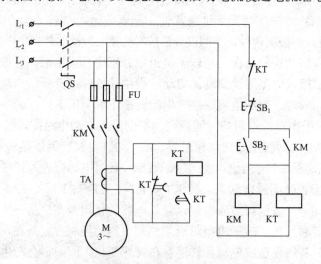

图 1-4-17　鼠笼型电动机工作时的过电流保护电路

启动结束后，KT 常闭触点断开，常开触点闭合，KI 线圈得电，开始起保护作用。工作过程中，当因某种原因而引起过电流时，电流互感器 TA 输出电压增加，KI 动作，其常闭触点断开，电动机便停止运转。

学习活动五　工作总结与评价

活动目标

1. 小组内交流，总结本次任务的完成情况及心得体会。
2. 由小组代表说明完成任务的情况及体会，并展示工作成果。
3. 各组根据交流情况，总结任务完成过程中出现的优、缺点，并提出改进措施。
4. 完成教师对各组的点评、组互评及组内评。
5. 个人对自身学习与工作进行反思总结，书写任务总结。

学习过程

各小组可指派代表展示作品，并总结整个任务的完成情况。小组成员按顺序依次近距离参观讨论各小组的工作成果，并进行总结性评价。各小组展示点评结束后教师进行综合点评。课余时间本组完成"自评"内容，教师完成"师评"内容。

1. 各小组对本组和其他小组的成果口头做出评价，综合各种情况，以小组代表的形式参与民主投票，评出师生认为任务完成较好的小组、协同合作最佳的小组、进步最大的小组。
2. 教师点评整个任务完成过程中各组的优、缺点，指出亮点、需要注意的方面及改进方法。
3. 完成学习任务综合评价表。

学习任务综合评价表

考核项目	评价内容	配分	评价分数		
			自评	互评	师评
职业素养	劳动保护穿戴整洁、仪容仪表符合工作要求	5分			
	安全意识、责任意识、服从意识强	6分			
	积极参加教学活动，按时完成各种学习任务	6分			
	团队合作意识强、善于与人交流和沟通	6分			
	自觉遵守劳动纪律，尊重师长、团结同学	6分			
	爱护公物、节约材料，管理现场符合 6S 标准	6分			
专业能力	专业知识查找及时、准确，有较强的自学能力	10分			
	操作积极、训练刻苦，具有一定的动手能力	15分			
	技能操作规范、注重安装工艺，工作效率高	10分			
工作成果	产品制作符合工艺规范，线路功能满足要求	20分			
	工作总结符合要求、成果展示质量高	10分			
总　分		100分			
总评	自评×20%+互评×20%+师评×60%=	综合等级	教师（签名）：		

任务 1.5 电动机制动控制电路的分析、装调与检修

工作情景描述

三相异步电动机的定子绕组切除电源后，由于机械惯性，电动机的转子需要经过一段时间才能完全停转。对于万能铣床、卧式镗床、组合机床等生产机械来说，这样的停车过程往往影响生产效率的提高，更不能满足这些机械迅速停车和准确定位的要求，因此应对电动机进行制动控制。

所谓制动，就是给电动机施加一个与转动方向相反的制动转矩，使之快速停转。制动的方法有机械制动和电气制动两种。机械制动是用机械装置产生机械力来强迫电动机迅速停转；电气制动是通过产生与电动机转子旋转方向相反的电磁转矩（制动转矩）来强迫电动机快速停转。常用的电气制动方法有反接制动、能耗制动、再生制动等。

任务目标

1. 根据工作情景描述提炼出工作任务。

2. 叙述三相异步电动机制动控制的工作过程。

3. 叙述几种常用电气制动方法的优、缺点及适用场合。

4. 叙述速度继电器的用途、基本结构、工作原理、主要参数与图形文字符号及其在电气控制技术中的应用。

5. 叙述三相异步电动机能耗制动控制电路的工作原理，理解其特点及适用场合。

6. 叙述三相异步电动机反接制动控制电路的工作原理，理解其特点及适用场合。

7. 掌握电动机制动控制电路的实施步骤。

8. 熟悉元件的布置，熟练整理元件及工具。

9. 熟练正确选择工具和低压电器元件，并检测元件。

10. 按照电气安装接线图进行三相异步电动机反接制动控制电路的接线。

11. 按照电气原理图进行三相异步电动机反接制动控制电路的调试。

12. 进一步熟练对电路进行通电前自检。

13. 进一步熟悉万用表检修法、短接检修法。

14. 了解并叙述机械制动的原理及工作过程。

15. 按电工作业规程，待项目完成后熟练清点工具、人员，收集剩余材料，清理工程垃圾，拆除防护措施。

16. 总结本次任务的完成情况及心得体会。

17. 由小组代表说明任务的完成情况及体会，并展示工作成果。

18. 各组根据交流情况，总结任务完成中出现的优、缺点，并提出改进措施。

19. 完成教师对各组的点评、组互评及组内评。

20. 个人对自身学习与工作进行反思总结，书写任务总结。

工作流程与活动

学习活动一　明确工作任务

活动目标

1. 根据工作情景描述提炼出工作任务。
2. 叙述三相异步电动机制动控制的工作过程。
3. 叙述几种常用电气制动方法的优、缺点及适用场合。

学习过程

根据三相异步电动机断电停车与施加制动控制停车，回答下列问题。

问题1：什么是制动？什么是电气制动？

问题2：三相异步电动机常用的电气制动方法有哪几种？各有什么优、缺点？其适用场合各是什么？（填写到下表中）

序号	电气制动方法	优、缺点	适用范围

问题3：电动机采用的是哪种制动方法？

问题 4：简单描述三相异步电动机制动的操作过程及现象。

学习活动二　分析任务，学习并设计电动机制动控制电路

👉 活动目标

1. 叙述速度继电器的用途、基本结构、工作原理、主要参数与图形文字符号及其在电气控制技术中的应用。

2. 叙述三相异步电动机能耗制动控制电路的工作原理，理解其特点及适用场合。

3. 叙述三相异步电动机反接制动控制电路的工作原理，理解其特点及适用场合。

👉 学习过程

1. 回忆"电机学"课程中所学的理论知识，回答下列问题（请小组讨论，派代表口述结论）。

问题 1：结合所学，说出三相异步电动机再生制动的原理。

问题 2：说明三相异步电动机能耗制动的原理，并思考在控制电路的主电路中应该如何设计制动环节？

问题 3：说明三相异步电动机反接制动的原理，试设计主电路和控制电路来实现反接制动控制。

2. 识读下列电动机制动控制电路图，分析工作原理并回答问题。

（1）三相异步电动机能耗制动控制电路。

在电动机脱离三相交流电源之后，定子绕组上迅速接入直流电压，通入直流电流，电动机转子由于惯性继续顺原方向旋转，利用转子感应电流与静止磁场的作用达到制动的目的。

① 按时间原则控制的单向能耗制动控制电路。

图 1-5-1 为按时间原则控制的单向能耗制动控制电路。主电路中变压器 TC 和整流器 VC 提供制动直流电源。接触器 KM_1 的主触点闭合接通三相电源，KM_2 的主触点闭合将直流电源接入电动机的定子绕组。

采用时间继电器 KT 实现自动控制切断能耗制动的电源，可根据电动机带负载制动过程时间长短设定时间继电器 KT 的定时值。能耗制动转矩的大小与所通入的直流电流大小、电动机的转速及转子中的电阻有关。电流越大，直流磁场越强，而转速越高，转子切割磁力线

的速度也越大，产生的制动转矩也就越大。但对于鼠笼型异步电动机来说，只能通过增大电动机的直流电流来增大制动转矩（注意通入的直流电流不能过大，其一般为电动机空载电流的 3～5 倍，否则会烧坏定子绕组）。

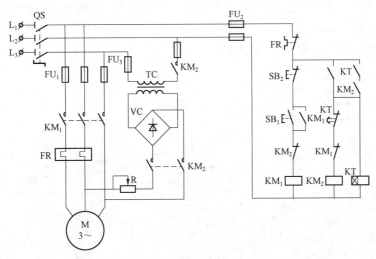

图 1-5-1　按时间原则控制的单向能耗制动控制电路

问题 1：在图 1-5-1 中，当电动机启动时，合上电源开关 QS，接通控制电路电源，按下启动按钮 SB$_1$，＿＿＿＿＿＿＿＿的线圈得电，＿＿＿＿＿＿断开形成互锁，＿＿＿＿＿闭合形成自锁，＿＿＿＿＿＿＿闭合，使得电动机启动。

需要停车时，按下复合按钮＿＿＿＿＿，＿＿＿＿＿断开使＿＿＿失电，切断三相交流电源，并解除互锁。同时，＿＿＿＿＿闭合，使＿＿＿＿＿和＿＿＿＿＿＿的线圈同时得电，＿＿＿＿＿断开形成互锁，＿＿＿＿＿和＿＿＿＿＿闭合形成自锁，＿＿＿＿＿＿闭合将直流电源引入定子绕组，电动机开始能耗制动。

制动结束时，＿＿＿＿＿＿＿＿＿＿断开使＿＿＿＿和＿＿＿＿的线圈相继失电，此时＿＿＿＿＿断开，电动机切断直流电源并停转。

问题 2：接触器 KM$_1$、KM$_2$ 的常闭触点分别串接在对方接触器线圈回路中起到什么作用？不这样设计会带来什么安全隐患？

问题 3：查阅资料，说明能耗制动所需要的直流电压和直流电流如何计算？

问题 4：主电路中的可调电阻 R 起什么作用？R 的阻值如何计算？

问题 5：小组讨论按时间原则控制的单向能耗制动控制电路具有哪些优、缺点。

② 按速度原则控制的单向能耗制动控制电路。

图 1-5-2 是按速度原则控制的单向能耗制动控制电路，其利用速度继电器切断能耗制动的电源。速度继电器 KS 安装在电动机轴端，通过其常开触点闭合而为能耗制动做准备，通过该常开触点断开以切断能耗制动的电源。

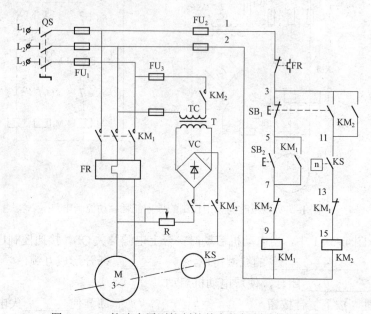

图 1-5-2　按速度原则控制的单向能耗制动控制电路

问题 1：在图 1-5-2 中，当电动机启动时，合上电源开关 QS，接通控制电路电源，按下启动按钮 SB₂，_____的线圈得电，_____断开形成互锁，_____闭合形成自锁，_____闭合，使得电动机启动。当电动机转子转速在 120～3 000 r/min 范围内时，_____的触点闭合，为能耗制动做准备。

需要停车时，按下复合按钮_____，_____断开使_____失电，切断三相交流电源，并解除互锁。同时，_____闭合，使_____的线圈同时得电，_____断开形成互锁，_____闭合形成自锁，_____闭合将直流电源引入定子绕组，电动机开始能耗制动。当电动机的转速低于 100 r/min 时，_____的触点复位断开，使_____失电，此时_____断开，电动机主电路断开能耗制动电路，制动过程结束。

问题 2：小组讨论按速度原则控制的单向能耗制动控制电路具有哪些优、缺点。

（2）三相异步电动机反接制动控制电路。

反接制动是借电动机欲反转之势而制动，当电动机的转速接近零时，应立即切断反接转制动电源，否则电动机会反转。实际控制中采用速度继电器来自动切除制动电源。

图1-5-3为按速度原则控制的反接制动控制电路,其主电路相序的接法和正反转电路相同,速度继电器的轴与电动机的轴相连接。接触器 KM₁ 的主触点闭合接通三相电源,KM₂ 的主触点闭合将负序电源接入电动机的定子绕组,从而施加反接制动。

由于反接制动时转子与旋转磁场的相对转速较高,约为启动时的 2 倍,致使定子、转子中的电流会很大,大约是额定值的 10 倍。因此反接制动控制电路中限流电阻 R 增加,防止制动时对电网的冲击和电动机绕组过热。在电动机容量较小且制动不是很频繁的正反转控制电路中,为简化电路,可以不加限流电阻。

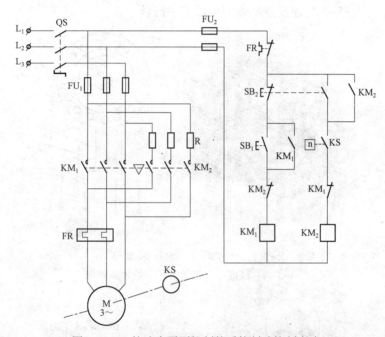

图 1-5-3　按速度原则控制的反接制动控制电路

问题1:在图1-5-3中,当电动机启动时,合上电源开关 QS,接通控制电路电源,按下_____,_____的线圈得电,_____断开形成互锁,_____闭合形成自锁,_____闭合,使得电动机启动。当电动机转子转速在 120～3 000 r/min 范围内时,_____的触点闭合,为反接制动做准备。

在需要停车时,按下复合按钮_____,_____断开使_____失电,切断三相交流电源,并解除互锁。同时,_____闭合,使_____的线圈同时得电,_____断开形成互锁,_____闭合形成自锁,_____闭合将负序电源引入定子绕组,电动机开始反接制动。电动机转速迅速下降,当转速低于 100 r/min 时,_____的触点复位断开,使_____失电,此时_____断开,电动机主电路断开反接制动电路,制动过程结束。

问题2:小组讨论:反接制动控制电路为什么不宜采用时间继电器来控制断开制动电源?

问题3:一般速度继电器的释放值调整到 100 r/min 左右,如释放值调整得太大,会出现什么情况?调整得太小,又会出现什么现象?

相关知识

速度继电器又称为反接制动继电器，是一种利用转轴的转速来切换电路的自动电器。它的主要作用是与接触器配合，实现对鼠笼型异步电动机的反接制动控制。

1. 速度继电器的外形、结构原理图及图形文字符号

速度继电器的外形与结构原理图如图 1-5-4 所示。速度继电器主要由转子、定子、可动支架触点系统和端盖等部分组成。转子是一个圆柱形永久磁铁。定子是一个笼型空心圆环，由硅钢片叠成，并装有笼型的绕组。速度继电器的轴与电动机的轴相连接，转子固定在轴上，定子与轴同心。图 1-5-5 为速度继电器的图形文字符号。

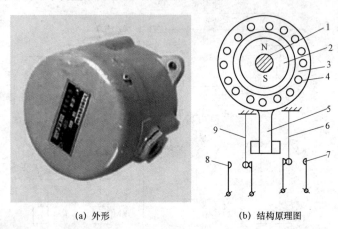

| (a) 外形 | (b) 结构原理图 |

1—转轴；2—转子；3—定子；4—绕组；5—摆锤；6、9—簧片；7、8—静触点。

图 1-5-4　速度继电器的外形与结构原理图

(a) 继电器转子　　　(b) 常开触点　　　(c) 常闭触点

图 1-5-5　速度继电器的图形文字符号

2. 速度继电器的工作原理

当电动机启动旋转时，速度继电器的转子随之旋转，笼型绕组切割转子磁场产生感应电动势，形成环内电流，此电流与永久磁铁的磁场相作用，产生电磁转矩，定子圆环在此力矩的作用下带动摆锤，克服弹簧力而顺转子转动的方向摆动，并拨动触点改变其通断状态。在摆锤左右各设一组切换触点，分别在速度继电器正转和反转时发生作用。在调节弹簧弹力时，可使速度继电器在不同转速时切换触点改变通断状态。

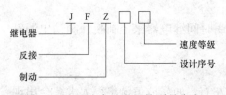

图 1-5-6　速度继电器的型号含义

3. 速度继电器的主要技术参数和型号含义

常用的速度继电器有 JY1 和 JFZ0 型。对于 JY1 型速度继电器，它的主要技术参数包括：动作转速一般不低于 120 r/min，复位转速约在 100 r/min 以下。其工作时，允许的转速高达 1 000～3 600 r/min。

速度继电器的型号含义如图 1-5-6 所示。

4．速度继电器的选用

速度继电器主要根据所需控制的转速大小、触点的数量、电压、电流来选用。

5．速度继电器的应用

速度继电器应用广泛，可以用来监测船舶、火车的内燃机引擎，以及气体、水和风力涡轮机，还可以用于造纸业、箔的生产和纺织业生产中。机床和加工中心的驱动单元也能使用速度继电器进行监测。此外，其还适用于电厂、石油、化工等单位转动机械的监控和保护。在船用柴油机及很多柴油发电机组的应用中，速度继电器作为一个二次安全回路，当紧急情况产生时，它可以迅速关闭引擎。

学习活动三　制订工作计划

活动目标

1．掌握电动机制动控制电路的实施步骤。

2．熟悉元件的布置，熟练整理元件及工具。

3．熟练选择工具和低压电器元件，并检测元件。

学习过程

1．工作计划的内容应包括实施步骤、人员安排及元件清单，请根据以下内容制订出本次任务的实施计划。

（1）规范绘制三相异步电动机反接制动控制电路的电器元件布置图和电气安装接线图。

（2）根据任务要求，选用器材、工具及材料，列出所需元件清单，并进行检验。

序号	名称	型号与规格	单价	数量	备注

2. 请各组制订关于"电动机制动控制电路的分析、装调与检修"的工作计划。

（1）分组。

组别：_____

小组负责人：_____

（2）小组成员及分工。

姓名	分工

（3）工序及工期安排。

序号	工作内容	型号规格	数量	备注

（4）安全防护措施。

学习活动四　现场施工与验收

活动目标

1. 正确选择低压电器元件。

2. 按照电气安装接线图进行三相异步电动机反接制动控制电路的接线。

3. 按照电气原理图进行三相异步电动机反接制动控制电路的调试。

4. 进一步熟练对电路进行通电前自检。

5. 进一步熟悉万用表检修法、短接检修法。

6. 了解并叙述机械制动的原理及工作过程。

7. 按电工作业规程，待项目完成后熟练清点工具、人员，收集剩余材料，清理工程垃圾，拆除防护措施。

☞ 学习过程

1. 按照元件清单配备电器元件，并进行检验。根据三相异步电动机反接制动控制的电气原理图、电气安装接线图及安装工艺要求，进行安装施工，并将安装过程中碰到的问题记录下来。

所遇到的问题	解决办法

2. 各组讨论设计自检步骤，检查线路并将检查内容及结果记录在下表中。

序号	检查内容	检查结果

3. 整理施工现场。

（1）将剩余材料（如导线、元件、螺丝等）整理后上交教师。

（2）清点工具，整理后放于工具箱内。

（3）清扫废料、垃圾，并投放到指定地点。

4. 通电试车。

（1）各小组须先认真进行自检。

（2）小组自检后，请教师检查，无误后再通电试车。注意先不带电动机通电试车，无误后再连接电动机通电试车。

（3）通电试车时，若出现异常，应立即断电停车检修。

（4）带电检修时，必须有教师在现场监护，确保用电安全。

5. 总结并记录通电试车中出现的问题、故障及排查方法和过程。

问题或故障现象	排查方法和过程	问题或故障原因

6. 教师设置故障（2～3个故障点），小组成员练习故障排除。

问题或故障现象	排查方法和过程	问题或故障原因

7. 设计电路：某三相鼠笼型异步电动机可以正、反两个方向运转，要求启动电流不能过大，制动时要快速停转。试设计控制电路，并要求有必要的保护。

8. 承第 7 题。画出电气安装接线图、安装线路，并通电试车。

👉 **知识拓展**

机械制动采用的是断电电磁抱闸制动方式。电磁抱闸的电磁线圈通电时，电磁力克服弹簧的作用，杠杆绕支点做顺时针转动，闸瓦松开闸轮，电动机可以运转。

如图 1-5-7 所示，当电动机启动时，按启动按钮 SB_1，接触器 KM 线圈通电，其主触点接通电动机定子绕组三相电源的同时，电磁线圈 YB 通电，抱闸（动摩擦片）松开，电动机转动。停止时，按停止按钮 SB_2，接触器 KM 线圈断电，主电路断开，电动机 M 失电，电磁铁线圈 YB 失电，弹簧的反作用力带动杠杆逆时针转动，闸瓦与闸轮接触实现抱闸而进行制动。

机械制动的优点是定位准确，制动效果较好。但是机械制动容易产生机械撞击，对设备、结构等损伤较大。

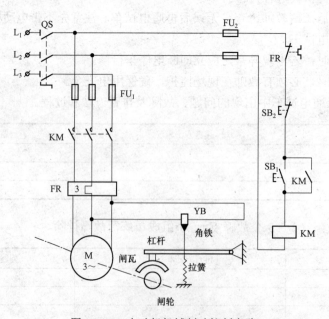

图 1-5-7 电动机机械制动控制电路

学习活动五 工作总结与评价

☞ 活动目标

1. 小组内交流总结本次任务的完成情况及心得体会。
2. 由小组代表说明完成任务的情况及体会，并展示工作成果。
3. 各组根据交流情况，总结任务完成过程中出现的优、缺点，并提出改进措施。
4. 完成教师对各组的点评、组互评及组内评。
5. 个人对自身学习与工作进行反思总结，书写任务总结。

☞ 学习过程

各小组可指派代表展示作品，并总结在完成控制线路施工、排查故障、设计线路并实施等任务的过程中出现的问题及改进措施。小组成员按顺序依次近距离参观讨论各小组的工作成果，并进行总结性评价。在各小组展示点评结束后，教师进行综合点评。课余时间本组完成"自评"内容，教师完成"师评"内容。

1. 各小组对本组和其他小组的成果口头做出评价，综合各种情况，以小组代表的形式参与民主投票，评出师生认为任务完成较好的小组、协同合作最佳的小组、进步最大的小组。

2. 教师点评整个任务完成过程中各组的优、缺点，指出亮点、需要注意的方面及改进方法。

3. 完成学习任务综合评价表。

学习任务综合评价表

考核项目	评价内容	配分	评价分数		
			自评	互评	师评
职业素养	劳动保护穿戴整洁、仪容仪表符合工作要求	5分			
	安全意识、责任意识、服从意识强	6分			
	积极参加教学活动，按时完成各种学习任务	6分			
	团队合作意识强、善于与人交流和沟通	6分			
	自觉遵守劳动纪律，尊重师长、团结同学	6分			
	爱护公物、节约材料，管理现场符合6S标准	6分			
专业能力	专业知识查找及时、准确，有较强的自学能力	10分			
	操作积极、训练刻苦，具有一定的动手能力	15分			
	技能操作规范、注重安装工艺，工作效率高	10分			
工作成果	产品制作符合工艺规范，线路功能满足要求	20分			
	工作总结符合要求、成果展示质量高	10分			
总　分		100分			
总评	自评×20%+互评×20%+师评×60%=	综合等级	教师（签名）：		

典型机床电气控制电路

任务2.1　C650型普通卧式车床电气控制电路分析

工作情景描述

　　卧式车床是机械加工中广泛使用的一种机床，通常由一台主电动机拖动，经由机械传动链实现切削主运动和刀具进给运动的输出，其运动速度由变速齿轮箱通过手柄操作进行切换。刀具的快速移动、冷却泵和液压泵等，常采用单独电动机驱动。不同型号的卧式车床，其主电动机的工作要求不同，因而由不同的控制电路组成。但是由于卧式车床运动变速都是由机械系统完成的，且机床运动形式比较简单，因此相应的控制电路也比较简单。C650型普通卧式车床属于中型车床，加工工件回转半径最大为 1 020 mm，最大工件长度为 3 000 mm。它能够车削外圆、内圆、断面、螺纹和螺杆，也能够车削定型表面，并组合钻头、铰刀等工具进行钻孔、镗孔、倒角、割槽及切断等加工工作。

任务目标

　　1. 根据工作情景描述明确工作任务。
　　2. 熟悉机床电气控制电路检修的一般步骤。
　　3. 了解机床电气检修常用方法及注意事项。
　　4. 熟悉掌握C650型普通卧式车床电气控制电路原理，能对信号灯、指示灯和断电保护电路的典型故障进行理论分析。
　　5. 能对主轴电动机、冷却泵电动机、刀架快速移动电动机控制电路的典型故障进行理论分析。
　　6. 能按照机床电气检修的一般步骤排除一些简单控制电路故障。
　　7. 熟悉电工作业规程，了解项目完成后的收尾工作。
　　8. 展示成果，总结任务完成中出现的优、缺点，书写任务总结并完成各项评价。

工作流程与活动

　　学习活动一　明确工作任务
　　学习活动二　C650型普通卧式车床电气控制电路的分析
　　学习活动三　项目实施

学习活动四　知识巩固
学习活动五　工作总结与评价

学习活动一　明确工作任务

☞ 活动目标
1. 根据工作情景描述提炼出工作任务。
2. 明确具体的工作内容。

☞ 学习过程
回顾所学知识和技能，查找相关资料，回答下列问题。

问题 1： 该项工作的具体内容是什么？

问题 2： 该项工作需要具备哪些专业知识和技能？

问题 3： 一般机床的电气故障分为哪些类型？

问题 4： 对工业机械电气设备维修的一般要求是什么？

问题 5： 电气设备的日常维护保养应满足哪些具体要求？

👉 相关知识

一、一般机床的电气故障

一般机床的电气故障大致可分为以下两大类。

（1）自然发展的故障：电器元件经长期使用，必然会产生触头烧损及元件、导线绝缘老化等自然现象。

（2）人为的故障：指电气设备受到不应有的机械外力破坏，以及因元件质量不好或操作不当等原因而造成人为的不应有的故障。

二、对工业机械电气设备维修的一般要求

（1）采取的维修步骤和方法必须正确、切实可行。

（2）不得损坏完好的电器元件。

（3）不得随意更换电器元件及连接导线的型号、规格。

（4）不得擅自改动线路。

（5）损坏的电气装置应尽量修复使用，但不得降低其固有的性能。

（6）电气设备的各种保护性能必须满足使用要求。

（7）绝缘电阻符合要求。

（8）通电试车时，电路能满足各种功能，控制环节的动作程序符合要求。

三、电气设备的日常维护保养

电气设备的日常维护保养是指通过擦拭、清扫、润滑、调整等一般方法对设备进行护理，以维持和保护设备的性能和技术状况。

在电气设备的日常维护保养中，要"严"字当头，做到正确使用，精心维护，认真管理，切实加强使用前、使用中和使用后的检查，及时消除隐患，排除故障。操作工要做好使用情况记录，保证原始资料的正确和完整。操作工能针对设备的常见故障，提出改善性建议，并与维修工一起，改善设备的技术状况，达到维护保养的目的。

1. 使用前的注意事项

检查电源及电气控制开关、旋钮等是否安全、可靠；各操纵机构、传动部位、挡块、限位开关等位置是否正常、灵活；各运转滑动部位的润滑是否良好，油杯、油孔、油毡、油线等处是否油量充足；检查油箱油位和滤油器是否清洁。只有在确认一切正常后，才能开机试运转。在启动和试运转时，要检查各部位工作情况，检查有无异常现象和声响。检查结束后，要做好记录。

2. 使用中的注意事项

（1）严格按照操作规程使用设备，不要违章操作。

（2）设备上不要放置工、量、夹、刃具和工件、原材料等。确保活动导轨面和导轨面接合处无切屑、尘灰，无油污、锈迹，无拉毛、划痕、研伤、撞伤等现象。

（3）应随时注意观察各部件运转情况和仪器仪表指示是否准确、灵敏，声响是否正常，如有异常，应立即停机检查，直到查明原因、异常排除为止。

（4）在设备运转时，操作工应集中精力，不要边操作边交谈，更不能开着机器离开岗位。

（5）设备发生故障后，自己不能排除的应立即与维修工联系；在排除故障时，不要离开工作岗位，应与维修工一起工作，并提供故障的发生、发展情况，共同做好故障排除记录。

3. 使用后的注意事项

当班工作结束后无论加工完成与否，都应进行认真擦拭，全面保养，要求达到以下要求。

（1）设备内外清洁，无锈迹，工作场地清洁、整齐，地面无油污、垃圾，加工件存放整齐。

（2）各传动系统工作正常，所有操作手柄灵活、可靠。

（3）润滑装置齐备、清洁。

（4）安全防护装置完整、可靠，内外清洁。

（5）设备附件齐全，保管妥善、清洁。

（6）工具箱内量、夹、工、刃具等存放整齐、合理、清洁，并严格按要求保管，保证量具准确、精密、可靠。

（7）设备上的全部仪器、仪表和安全装置完整无损，且灵敏、可靠，指示准确。各传输管接口处无泄漏现象。

（8）保养后，各操纵手柄等应置于非工作状态位置，电气控制开关、旋钮等回复至"0"位，切断电源。

（9）认真填写维护保养记录和交接班记录。

（10）当保养工作未完成时，不得离开工作岗位；当保养不合要求，接班人员提出异议时，应虚心接受并及时改进。

为了保证设备操作工进行日常维护保养，规定每班工作结束前和节假日放假前的一定时间内，要求操作工进行设备保养。对连续作业不能停机保养的设备，操作工要利用一切可以利用的时间进行擦拭、检查、保养，完成保养细则中规定作业内容并达到要求。

学习活动二　C650 型普通卧式车床电气控制电路的分析

☞ 活动目标

1. 了解低压电器的分类。

2. 熟悉低压开关的类型、用途、结构、图形文字符号及安装使用注意事项。

3. 熟悉熔断器的类型、用途、结构、图形文字符号及安装使用注意事项。

4. 熟悉控制按钮的类型、用途、图形文字符号。

5. 熟悉机床电气控制电路检修的一般步骤。

6. 了解机床电气检修常用方法及注意事项。

7. 熟悉掌握 C650 型普通卧式车床的电气控制电路原理，能对信号灯、指示灯和断电保护电路的典型故障进行理论分析。

8. 能对主轴电动机、冷却泵电动机、刀架快速移动电动机控制电路的典型故障进行理论分析。

9. 能按照机床电气检修的一般步骤排除一些简单控制电路故障。

☞ 学习过程

分析 C650 型普通卧式车床电气原理图，并回答问题。

问题 1：C650 型普通卧式车床主电路共有几台电动机，各起到什么作用？

问题 2：C650 型普通卧式车床主要由哪些组成部分构成？

问题 3：在用电压法测量检查低压电气设备时，把万用表扳到交流电压的哪个挡位？

问题 4：主轴电动机与冷却泵电动机的电气控制的顺序是怎样的？

☞ 相关知识

一、C650 型普通卧式车床的主要结构、运动形式及控制要求

1. 主要结构和运动形式

C650 型普通卧式车床主要由床身、主轴变速箱、进给箱、溜板箱、刀架、尾架、丝杆和光杆等部分组成，其结构示意图如图 2-1-1 所示。

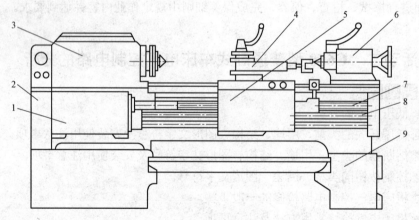

1—进给箱；2—挂轮箱；3—主轴变速箱；4—溜板与刀架；5—溜板箱；6—尾架；7—丝杆；8—光杆；9—床身。

图 2-1-1 C650 型普通卧式车床的结构示意图

车床的主运动为工件的旋转运动，它是由主轴通过卡盘带动工件旋转。车削加工时，应根据加工工件、刀具种类、工件尺寸、工艺要求等来选择不同的切削速度。C650 型普通卧式车床采用机械变速，在车削加工时，一般不要求反转，但在加工螺纹时，为避免乱扣，要反转退刀，再以正向进刀继续进行加工，所以要求主轴能够实现正反转。

车床的进给运动是溜板带动刀架的横向或纵向的直线运动。其运动方式有手动和机动两种。加工螺纹时，要求工件的切削速度与刀架横向进给速度之间应有严格的比例关系。所以，车床的主运动与进给运动由一台电动机拖动并通过各自的变速箱来改变主轴转速与进给速度。

此外，为提高效率、减轻劳动强度，C650 型普通卧式车床的溜板箱应能快速移动，称为辅助运动。

2. C650 型普通卧式车床对电气控制的要求

根据 C650 型普通卧式车床的运动情况及加工需要，共采用三台三相笼型异步电动机进行拖动，即主轴电动机 M_1、冷却泵电动机 M_2 和快速移动电动机 M_3。从车削加工工艺出发，对各电动机提出以下控制要求。

（1）主轴电动机 M_1：功率为 20 kW，对于拥有中型车床的机械厂，由于往往电力变压器容量较大，所以采用全压下的空载直接启动，能实现正反向旋转的连续运行。为便于对工件做调整运动，即对刀操作，要求电动机 M_1 能实现单方向的点动控制，同时定子串入电阻获得低速点动。M_1 停车时，由于加工工件转动惯量较大，采用反接制动。加工过程中为显示电动机工作电流，电路设有电流监视环节。

（2）冷却泵电动机 M_2：功率为 0.15 kW，用于在车削加工时提供冷却液，对工件与刀具进行冷却。M_2 由于容量较小，所以采用直接启动、单方向连续运行。

（3）刀架快速移动电动机 M_3：功率为 2.2 kW，只要求单向点动、短时运行。

（4）电路中应有必要的保护措施，包括短路保护、过载保护和联锁保护，并需提供安全可靠的照明电路。C650 型普通卧式车床的电气原理图如图 2-1-2 所示。

二、主电路分析

带脱扣器的低压断路器 QS 将三相电源引入，熔断器 FU_1 为电动机 M_1 提供短路保护，热继电器 FR_1 为 M_1 提供过载保护。R 为限流电阻，限制反接制动时的电流冲击，防止点动时连续启动电流造成电动机过载。电流互感器 TA 接入电流表串接在主电路中，用来监视主轴电动机线电流。为防止电动机启动、点动时启动电流和停车制动时制动电流对电流表产生冲击，线路中接入一个时间继电器 KT，且 KT 线圈与 KM_3 线圈并联。启动时，KT 线圈通电吸合，其延时断开的常闭触点将电流表短接，经过一段时间延时之后，KT 延时断开的常闭触点断开，正常工作电流流经电流表。KM_1、KM_2 为 M_1 正反转接触器，KM_3 为制动限流接触器。

三、控制电路分析

变压器 TC 的二次侧提供 110 V 交流电压给控制电路，提供 36 V 交流电压给照明电路。熔断器 FU_5 为控制电路提供短路保护，熔断器 FU_6 为照明电路提供短路保护，主令开关 SA 对局部照明电路进行开关控制。

1. 主轴电动机 M_1 的点动控制

M_1 的点动控制由点动按钮 SB_2 控制，按下 SB_2，接触器 KM_1 线圈通电，KM_1 主触点闭合，电动机 M_1 定子绕组经限流电阻 R 与电源接通，M_1 定子串电阻做正向降压点动。若点动时速度达到速度继电器 KS 动作值 140 r/min，KS 正转触头 KS-1 将闭合，为点动停止时的反接制动做准备。松开点动按钮 SB_2，KM_1 线圈断电，KM_1 各触头复位。若 KS 转速大于其释放值 100 r/min，触点 KS-1 仍闭合，使 KM_2 线圈通电吸合，M_1 接入反相序三相交流电源，并串入限流电阻 R 进行反接制动。当 KS 转速达到 100 r/min 时，KS-1 触头断开，反接制动结束，电动机自然停车至零。

2. 主轴电动机 M_1 的正反转控制

主轴电动机 M_1 正转由正向启动按钮 SB_3 控制，按下 SB_3，接触器 KM_3 线圈通电，KM_3 主触点闭合将限流电阻 R 短接，KM_3 常开触点闭合，使中间继电器 KA 线圈通电，KA 常开触点（13-9）闭合使接触器 KM_1 线圈通电，KM_1 主触点闭合，主轴电动机 M_1 在全压下直接启动。由于 KM_1 的常开触点（15-13）闭合，KA 常开触点（7-15）闭合，将 KM_1 和 KM_3 自锁，获得正向连续运转。

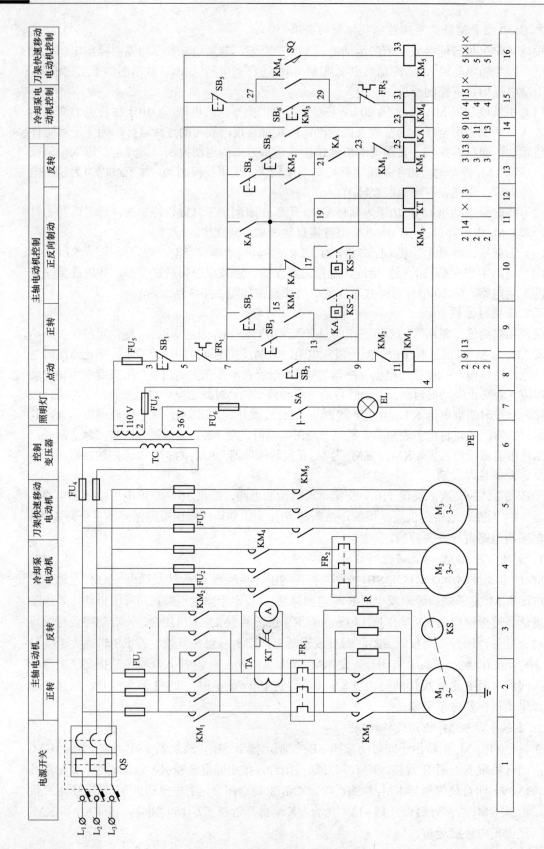

图 2-1-2　C650 型普通卧式车床的电气原理图

主轴电动机 M_1 的反转由反向启动按钮 SB_4 控制,控制过程与正转控制相同。KM_1、KM_2 的辅助常闭触点串接在对方线圈的控制支路里起互锁作用。

3. 主轴电动机 M_1 的反接制动控制

M_1 正反转运行停车时均有反接制动,制动时电动机串入限流电阻。图 2-1-2 中 KS-1 为速度继电器正转闭合触点,KS-2 为反转闭合触点。以 M_1 正转运行为例。接触器 KM_1、KM_3、中间继电器 KA 已通电吸合,当正转停车,按下停止按钮 SB_1,KM_1、KM_3、KA 线圈同时断电,其触点复位,KM_3 主触点断开,电阻 R 串入电动机定子电路,KA 常闭触点 KA(7-17)复位闭合,KM_1 主触点断开,断开电动机正相序三相交流电源。此时电动机仍以惯性沿原方向高速旋转,速度继电器触点 KS-1(17-23)仍闭合,当松开停止按钮 SB_1 时,反转接触器 KM_2 线圈经 1-3-5-7-17-23-25-4-2 线路通电吸合,电动机接入反相序三相交流电源,串入电阻进行反接制动,使转速迅速下降,当转速下降至 100 r/min 时,KS-1 触头断开,KM_2 线圈失电,反接制动结束,电动机自然停车至零。M_1 反向停车制动与上述过程类似。

4. 冷却泵电动机 M_2 的控制

由停止按钮 SB_5、启动按钮 SB_6 和接触器 KM_4 构成冷却泵电动机 M_2 单向旋转启停控制电路。按下 SB_6,KM_4 线圈通电并自锁,M_2 启动旋转;按下 SB_5,KM_4 线圈断电释放,M_2 断开三相交流电源,自然停车至零。

5. 刀架快速移动电动机 M_3 的控制

刀架快速移动是通过转动刀架手柄压动行程开关 SQ 来实现的。当手柄压下行程开关 SQ 时,接触器 KM_5 线圈通电吸合,其常开触点闭合,电动机 M_3 启动旋转,拖动溜板箱与刀架做快速移动;松开刀架手柄,行程开关 SQ 复位,KM_5 线圈断电释放,M_3 停止转动,刀架快速移动结束。刀架快速移动电动机为单向旋转,而刀架的左右移动由机械传动来实现。

6. 电路的联锁与保护

主轴电动机正反转有互锁。熔断器 $FU_1 \sim FU_6$ 实现短路保护。热继电器 FR_1、FR_2 实现电动机 M_1、M_2 的过载保护。接触器 KM_1、KM_2、KM_4 采用按钮与自锁控制方式,使 M_1 和 M_2 具有欠压与零压保护。

冷却泵电动机 M_2 通过接触器 KM_4 的控制来实现单向连续运转,熔断器 FU_2 为 M_2 提供短路保护,热继电器 FR_2 为 M_2 提供过载保护。

刀架快速移动电动机 M_3 通过接触器 KM_5 控制实现单向旋转点动短时工作,熔断器 FU_3 为 M_3 提供短路保护。

四、C650 型普通卧式车床电气控制电路特点

C650 型普通卧式车床的电气控制电路具有以下特点。

(1)采用 3 台电动机拖动,尤其是车床溜板箱的快速移动由一台电动机 M_3 拖动。

(2)主轴电动机 M_1 不但有正反转运行控制,还有单向低速的点动调整控制,且电动机的正反向停车均具有反接制动控制。

(3)设有监测主轴电动机工作电流的环节。

(4)具有完善的电路保护与联锁。

五、C650 型普通卧式车床电气控制电路的常见故障分析

(1)主轴电动机点动启动时启动电流过大,相当于全压启动时的情况,其原因是短接限流电阻及接触器 KM₃ 线圈虽未通电吸合，但由于其主触头发生粘连而不能正常分断，造成限流电阻 R 被短接，使电动机 M₁ 全压启动。应检查接触器 KM₃ 是否存在触头粘连或衔铁机械上卡住而不能释放等情况。

（2）主轴电动机正反向启动时，检测电动机定子电流的电流表读数较大，这是时间继电器 KT 的延时时间过短造成的，此时主轴电动机的启动过程尚未结束，而时间继电器的延时时间已到，电路过早地接入电流表，使电流表读数出现较大的情况。

（3）主轴电动机反接制动时制动效果差，如果这一情况每次都发生，一般来说是由于速度继电器触头反力弹簧过紧，造成弹簧的反作用力过大，使触头过早复位断开反接制动电路，导致反接制动效果差的现象。若属于偶尔发生，则往往是由于操作不当造成的（按下停止按钮 SB₁ 时间过长），只有当松开 SB₁ 后，其常闭触点复位才接入反接制动电路，对电动机 M₁ 进行反接制动。

学习活动三　项目实施

活动目标

1. 熟悉 C650 型普通卧式车床的电气设备型号规格和功能。
2. 根据机床电气控制电路图，确定所需的设备、材料和工具。
3. 熟悉 C650 型普通卧式车床的常见故障现象、故障原因、故障点和检查方法。

学习过程

1. 项目准备。
（1）了解 C650 型普通卧式车床的电气设备型号规格和功能。
（2）根据机床电气控制电路图，确定所需的设备、材料和工具（见表 2-1-1）。

表 2-1-1　所需设备、材料和工具

序号	名称	型号与规格	数量
1	卧式车床	C650 型	1 台
2	电工通用工具	验电器、钢丝钳、螺钉旋具（一字形和十字形）、电工刀、尖嘴钳、活扳手、剥线钳等	1 套
3	万用表	自定	1 块
4	绝缘电阻表	500 V、0～200 MΩ	1 台
5	钳形电流表	0～50 A	1 块
6	劳保用品	绝缘鞋、工作服等	1 套

2. 请各组制订关于"C650 型普通卧式车床控制电路分析"的工作计划。
（1）分组。
组别：＿＿＿＿＿＿＿＿
小组负责人：＿＿＿＿＿＿＿＿

（2）小组成员及分工。

姓名	分工

（3）工序及工期安排。

序号	工作内容	备注

（4）安全防护措施。

3. C650 型普通卧式车床故障分析和检修。

（1）学生分组讨论。

问题 1：如何用分段测量法正确、迅速地找出故障点？

问题 2：如何根据故障点的不同情况，采取正确的修复方法并排除故障？

（2）列出 C650 型普通卧式车床故障分析计划。

（3）对 C650 型普通卧式车床进行电路的故障检测和修复。

4. C650 型普通卧式车床常见故障检修。（分析可能的故障原因，并说出检修方法。）

（1）故障现象：主轴电动机能够点动，但不能正反转。

（2）故障现象：主轴电动机能够正转和反接制动，但不能反转。

（3）故障现象：主轴电动机正反转正常，但均不能反接制动。

（4）故障现象：主轴电动机正反转正常，但始终转速很低，电阻 R 发烫。

（5）故障现象：主轴电动机工作正常，冷却泵电动机和刀架快速移动电动机不能工作。

学习活动四　知识巩固

活动目标

1. 叙述机床电气控制电路检修的一般步骤。

2. 了解机床电气检修常用方法及注意事项。

3. 熟悉掌握 C650 型普通卧式车床电气控制电路原理，能对信号灯、指示灯和断电保护电路的典型故障进行理论分析。

4. 能对主轴电动机、冷却泵电动机、刀架快速移动电动机控制电路的典型故障进行理论分析。

5. 能按照机床电气检修的一般步骤排除一些简单控制电路故障。

6. 熟悉电工作业规程，待项目结束后，完成收尾工作。

学习过程

1. 掌握故障检测和修复方法。

2. 测试 C650 型普通卧式车床能否正常启动运转，若不能，找出 C650 型普通卧式车床的故障并修复故障。

3. 修复故障后回答下列问题。

（1）机床电气控制电路检修的一般步骤是什么？

（2）机床电气检修常用方法的原理及注意事项有哪些？

（3）C650 型普通卧式车床的典型故障有哪些？有什么现象？如何修复？

（4）描述通电试车现象。

（5）完成本任务后，你有何收获和感想？

学习活动五　工作总结与评价

👉 活动目标

1. 展示成果，培养学生的语言表达能力。
2. 总结任务完成过程中出现的优、缺点。
3. 完成教师对各组的点评、组互评及组内评。
4. 书写任务总结。

👉 学习过程

各小组可指派代表依次展示作品，并对整个任务完成情况进行总结，其他小组对展示小组的展示过程及结果进行相应的评价，各小组展示点评结束后教师进行综合点评。课余时间本组完成"自评"内容，教师完成"师评"内容。

1. 各小组对本组和其他小组的成果口头做出评价，综合各种情况，评出认为较好的前 3 个小组。

2. 教师点评整个任务完成过程中各组的优、缺点，指出亮点、需要注意的方面及改进方法。

3. 完成学习任务综合评价表。

学习任务综合评价表

考核项目	评价内容	配分	评价分数		
			自评	互评	师评
职业素养	劳动保护穿戴整洁、仪容仪表符合工作要求	5 分			
	安全意识、责任意识、服从意识强	6 分			
	积极参加教学活动，按时完成各种学习任务	6 分			
	团队合作意识强、善于与人交流和沟通	6 分			
	自觉遵守劳动纪律，尊重师长、团结同学	6 分			
	爱护公物、节约材料，管理现场符合 6S 标准	6 分			
专业能力	专业知识查找及时、准确，有较强的自学能力	10 分			
	操作积极、训练刻苦，具有一定的动手能力	15 分			
	技能操作规范、注重安装工艺，工作效率高	10 分			
工作成果	产品制作符合工艺规范，线路功能满足要求	20 分			
	工作总结符合要求、成果展示质量高	10 分			
总　分		100 分			
总评	自评×20%+互评×20%+师评×60%=	综合等级	教师（签名）：		

任务 2.2　Z3040 型摇臂钻床电气控制电路分析

工作情景描述

钻床指主要用钻头在工件上加工孔的机床。钻床工作时，钻头旋转通常为主运动，钻头轴向移动为进给运动。钻床结构简单，加工精度相对较低，可钻通孔、盲孔，若更换特殊刀具，可进行扩孔、锪孔、铰孔或攻丝等加工。加工过程中，工件不动，移动刀具，将刀具中心对正孔中心，并使刀具转动。钻床由于具有广泛用途的特点，因此成为机械制造和各种修配工厂必不可少的设备。钻床根据用途和结构的不同，主要分为立式钻床、台式钻床、摇臂钻床、深孔钻床和卧式钻床等，其中又以摇臂钻床应用最为广泛。

Z3040 型摇臂钻床是工厂中常用的金属切削机床，采用双立柱设计，其主轴的调速范围为 50：1，正转最低转速为 40 r/min，最高转速为 2 000 r/min，进给范围为 0.05～1.60 mm/r，可进行镗孔、攻丝、套丝、锪平面、钻孔、铰孔、扩孔等多种形式的加工。Z3040 型摇臂钻床因其结构简单实用、操作维修方便等优点，被广泛用于中小型企业、乡镇和个体工业的机械加工。本任务以 Z3040 型摇臂钻床为例，分析摇臂钻床的电气控制原理及特点。

任务目标

1. 根据工作情景描述明确工作任务。
2. 熟悉机床电气控制电路检修的一般步骤。
3. 了解机床电气检修常用方法及注意事项。
4. 掌握 Z3040 型摇臂钻床的主要结构及运动形式。
5. 理解 Z3040 型摇臂钻床的主电路工作原理。
6. 理解 Z3040 型摇臂钻床的控制电路的电气控制原理。
7. 理解主轴电动机的控制。
8. 理解摇臂升降及摇臂放松与夹紧的控制。
9. 理解主轴箱与立柱的夹紧、放松控制。
10. 理解 Z3040 型摇臂钻床中的联锁与保护环节。
11. 理解 Z3040 型摇臂钻床电气控制特点。
12. 对 Z3040 型摇臂钻床常见故障进行分析检修。
13. 熟悉电工作业规程，了解项目完成后的收尾工作。
14. 展示成果，总结任务完成过程中出现的优、缺点，书写任务总结并完成各项评价。

工作流程与活动

学习活动一　明确工作任务
学习活动二　Z3040 型摇臂钻床电气控制电路的分析
学习活动三　项目实施
学习活动四　知识巩固
学习活动五　工作总结与评价

学习活动一　明确工作任务

☞ **活动目标**

1. 根据工作情景描述提炼出工作任务。
2. 明确具体的工作内容。

☞ **学习过程**

回顾所学知识和技能，查找相关资料，回答下列问题。

问题 1：该项工作的具体内容是什么？

问题 2：该项工作需要具备哪些专业知识和技能？

问题 3：一般机床的电气故障分为哪些类型？

问题 4：Z3040 型摇臂钻床的主要结构包括哪些？

问题 5：Z3040 型摇臂钻床包括哪些运动形式？

👉 相关知识

一、摇臂钻床的主要结构及运动形式

Z3040 型摇臂钻床的结构示意图如图 2-2-1 所示，其结构主要由底座、内立柱、外立柱、摇臂、主轴箱及工作台等部分组成。内立柱固定在底座的一端，在它的外面套着外立柱，外立柱可绕内立柱回转 360°。摇臂的一端为套筒，套筒套在外立柱上，借助丝杆的正反方向旋转可使摇臂沿外立柱做上下移动。由于丝杆与外立柱连为一体，而升降螺母固定在摇臂套筒上，所以摇臂只能与外立柱一起绕内立柱回转。主轴箱是一个复合部件，它由主传动电动机、主轴和主轴传动机构、进给和进给传动机构及机床的操作机构等部分组成。主轴箱安装于摇臂的水平导轨上，可以通过手轮操作使主轴箱沿摇臂的水平导轨移动，通过液压夹紧机构紧固在摇臂上。

钻削加工时，主运动为主轴带动钻头的旋转运动；进给运动为主轴带动钻头做上下的纵向运动。此时要求主轴箱由夹紧装置紧固在摇臂的水平导轨上，外立柱紧固在内立柱上，摇臂紧固在外立柱上。摇臂钻床的辅助运动有：摇臂沿外立柱的上下移动；主轴箱沿摇臂的水平导轨的水平移动；摇臂与外立柱一起绕内立柱的回转运动。

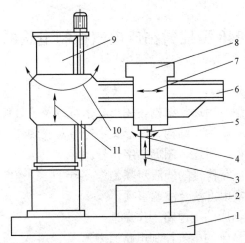

1—底座；2—工作台；3—主轴纵向进给；4—主轴旋转主运动；5—主轴；6—摇臂；
7—主轴箱沿摇臂径向运动；8—主轴箱；9—内、外立柱；10—摇臂回转运动；11—摇臂上下垂直运动。
图 2-2-1　Z3040 型摇臂钻床的结构示意图

二、摇臂钻床的电力拖动特点与控制要求

1. 摇臂钻床的电力拖动特点

（1）摇臂钻床运动部件较多，为简化传动装置，采用多电动机拖动。主轴和进给运动由主轴电动机拖动，通过机械齿轮变速。摇臂的上升、下降由摇臂升降电动机拖动。液压泵电动机拖动液压泵，供给夹紧装置所需要的压力油。由冷却泵电动机拖动冷却泵，它为刀具提供冷却液。

（2）摇臂钻床的主轴变速机构与进给变速机构均装在主轴箱内，其主运动与进给运动皆为主轴的运动，为此这两种运动由一台主轴电动机拖动，分别经主轴传动机构、进给传动机构来实现主轴的旋转和进给。

（3）摇臂钻床有两套液压控制系统。一套是操作机构液压系统，由主轴电动机拖动齿轮

泵送出压力油，通过操作机构实现主轴正反转、停车制动、空挡、变速的操作；另一套是夹紧机构液压系统，由液压泵电动机拖动液压泵送出压力油，推动活塞，带动菱形块来实现主轴箱、内、外立柱和摇臂的夹紧与松开。

2. 摇臂钻床的控制要求

（1）系统中采用的 4 台电动机的容量均较小，故都采用全压直接启动。

（2）主轴的正反转是通过机械转换来实现的，故主轴电动机只有一个旋转方向。

（3）升降电动机要求有正反转来完成摇臂的升降。

（4）液压泵电动机要求可以正反转，用来拖动液压泵送出不同流向的压力油，推动活塞，带动菱形块动作，以此来实现主轴箱、内、外立柱和摇臂的夹紧与松开。

（5）摇臂的移动要严格按照摇臂松开、摇臂移动、移动到位后摇臂夹紧的顺序进行，与此相关的液压泵电动机和摇臂升降电动机的控制应与上述过程一致。

（6）冷却泵电动机为单方向转动，它为进行钻削加工的钻头提供冷却液。

（7）具有机床安全照明电路与信号指示电路。

（8）电路应有必要的联锁与保护环节。

学习活动二　Z3040 型摇臂钻床电气控制电路的分析

👉 活动目标

1. 了解低压电器的分类。
2. 熟悉低压开关的类型、用途、结构、图形文字符号及安装使用注意事项。
3. 熟悉熔断器的类型、用途、结构、图形文字符号及安装使用注意事项。
4. 熟悉控制按钮的类型、用途、图形文字符号。
5. 熟悉机床电气控制电路检修的一般步骤。
6. 了解机床电气检修常用方法及注意事项。
7. 理解 Z3040 型摇臂钻床的主电路工作原理。
8. 理解 Z3040 型摇臂钻床的电气控制电路原理。
9. 理解主轴电动机的控制。
10. 理解摇臂升降及摇臂放松与夹紧的控制。
11. 理解主轴箱与立柱的夹紧、放松控制。
12. 理解 Z3040 型摇臂钻床中的联锁与保护环节。
13. 理解 Z3040 型摇臂钻床电气控制特点。
14. 能按照机床电气检修的一般步骤排除一些简单控制电路故障。

👉 学习过程

观摩 Z3040 型摇臂钻床，分析其电气原理图，并回答问题。

问题 1：Z3040 型摇臂钻床中用到几台电动机？各起到什么作用？

问题 2：Z3040 型摇臂钻床中的电气控制电路能完成哪些功能？

问题 3：Z3040 型摇臂钻床中用到的几个行程开关各起到什么作用？

问题 4：Z3040 型摇臂钻床电气控制电路在哪里要设置联锁保护环节？为什么？

问题 5：Z3040 型摇臂钻床在摇臂升降过程中，液压泵电动机和摇臂升降电动机应如何配合工作？

问题 6：简述电磁离合器 YC_1、YC_2、YC_3 在 XA6132 型卧式铣床电气控制电路中的作用。

☞ 相关知识

Z3040 型摇臂钻床的电气原理图如图 2-2-2 所示，图中 M_1 为主轴电动机，M_2 为摇臂升降电动机，M_3 为液压泵电动机，M_4 为冷却泵电动机。主轴箱上装有 4 个按钮，由上至下为 SB_2、SB_1、SB_3 与 SB_4，它们分别是主轴电动机启动、停止按钮与摇臂上升、下降按钮。主轴箱移动手轮上装有 2 个按钮 SB_5、SB_6，分别为主轴箱、立柱的松开按钮和夹紧按钮。扳动主轴箱移动手轮，可使主轴箱做左右水平移动。主轴移动手柄则用来操纵主轴做上下垂直移动，它们均为手动进给。主轴也可采用机动进给。

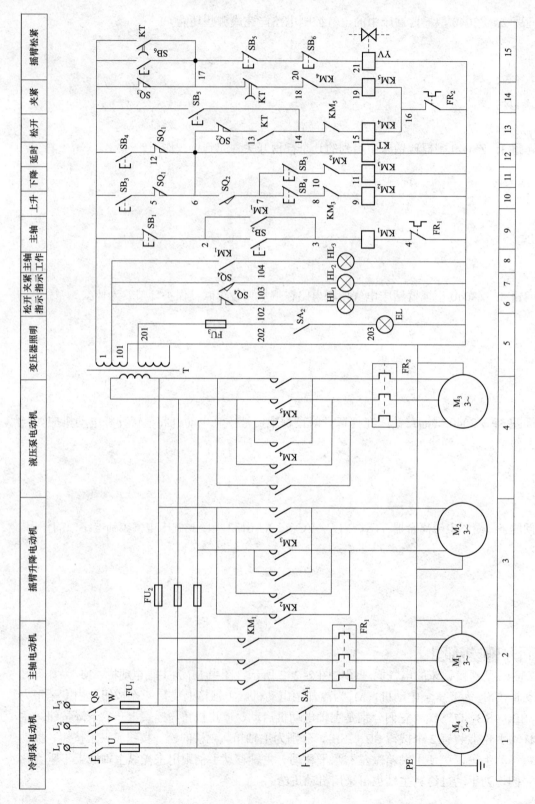

图 2-2-2 Z3040 型摇臂钻床的电气原理图

一、主电路分析

电路由低压断路器 QS 做三相交流电源的引入开关。主轴电动机 M_1 的容量为 3 kW,为单方向旋转,由接触器 KM_1 控制。主轴的正反转由机床液压系统操纵机构配合正反转摩擦离合器实现,并由热继电器 FR_1 作电动机的过载保护。摇臂升降电动机 M_2 的容量为 1.1 kW,由正反转接触器 KM_2、KM_3 控制实现正反转。在操纵摇臂升降时,电气控制电路首先使容量为 0.6 kW 的液压泵电动机 M_3 启动旋转,送出压力油,经液压系统将摇臂松开,然后才使 M_2 启动,拖动摇臂上升或下降。当摇臂移动到位后,电气控制电路首先使 M_2 停下,再自动通过液压系统将摇臂夹紧,最后液压泵电动机才停转。M_2 为短时工作,不用设置过载保护。M_3 由接触器 KM_4、KM_5 实现正反转控制,热继电器 FR_2 作过载保护。电动机 M_4 容量最小,仅为 0.09 kW,由开关 SA_1 直接控制其启动和停止。

二、控制电路分析

1. 主轴电动机 M_1 的控制

由按钮 SB_2、SB_1 与接触器 KM_1 构成主轴电动机单向启停控制电路。启动时,按下启动按钮 SB_2,接触器 KM_1 线圈通电,KM_1(3-4)闭合自锁,KM_1 主触点闭合,M_1 全压启动运行。同时,KM_1(101-104)闭合,指示灯 HL_3 亮,表明主轴电动机 M_1 已启动,并拖动齿轮泵送出压力油,此时可操作主轴操作手柄进行主轴变速、正转、反转等控制。

2. 摇臂升降及摇臂放松与夹紧的控制

摇臂钻床工作时,摇臂应夹紧在外立柱上,发出摇臂移动信号后,须先松开夹紧装置。当摇臂移动到位后,夹紧装置再将摇臂夹紧。本电路能自动完成这一过程。

摇臂升降电动机 M_2 的电气控制电路具有双重联锁的控制特点。由摇臂上升按钮 SB_3 和下降按钮 SB_4 构成机械联锁;由正反转接触器 KM_2、KM_3 的常闭按钮构成电气联锁。由于摇臂的升降控制须与夹紧机构液压系统密切配合,所以其与液压泵电动机的控制密切相关。液压泵电动机 M_3 的正反转由正反转接触器 KM_4、KM_5 控制,M_3 拖动双向液压泵,供出压力油,经二位六通阀送至摇臂夹紧机构实现夹紧与放松。下面以摇臂上升为例来分析摇臂升降及夹紧、放松的控制原理。

按下摇臂上升点动按钮 SB_3,时间继电器 KT 线圈通电吸合,瞬时常开触点 KT(13-14)闭合,使接触器 KM_4 线圈通电吸合;KT(1-17)闭合,使电磁阀 YV 线圈通电。于是液压泵电动机 M_3 正转启动,拖动液压泵送出压力油,经二位六通阀进入摇臂松开油腔,推动活塞和菱形块使摇臂松开。同时,活塞杆通过弹簧片压动行程开关 SQ_2,其常闭触点 SQ_2(6-13)断开,接触器 KM_4 线圈断电释放,KM_4 触点均复位,液压泵电动机停止旋转,摇臂维持在松开状态;同时,SQ_2 常开触点 SQ_2(6-7)闭合,使接触器 KM_2 线圈通电吸合,摇臂升降电动机 M_2 启动旋转,拖动摇臂做上升运动。

当摇臂上升到预定位置时,松开上升按钮 SB_3,则 KM_2、KT 线圈断电,电动机 M_2 由于惯性沿原方向旋转至停止,摇臂停止上升。当时间继电器 KT 延时完成之后,其延时触点 KT(17-18)闭合,接触器 KM_5 线圈通电,使液压泵电动机 M_3 反转;延时触点 KT(1-17)断开,则电磁阀 YV 断电。送出的压力油经另一条油路流入二位六通阀,再进入摇臂夹紧油腔,反方向推动活塞与菱形块,使摇臂夹紧。在此过程中,延时时间继电器 KT 的延时时间应根据电动机 M_2 断电之后到完全停止的时间来确定。这是因为在 KT 断电延时的时间内,接触器 KM_5 线圈仍处于断电状态,而电磁阀 YV 仍处于通电状态,这段时间的延时就是为了保证摇臂的夹紧动作在横梁升降电动机完全停止之后才进行,从而避免事故的发生。

摇臂升降的极限保护由组合行程开关 SQ_1 来实现。SQ_1 有两对常闭触点，当摇臂上升或下降到极限位置时，其相应触点断开，切断对应上升或下降接触器 KM_2 或 KM_3 使电动机 M_2 停止运转，摇臂停止移动，实现极限位置的保护。

摇臂自动夹紧程度由行程开关 SQ_3 控制。若夹紧机构液压系统出现故障不能夹紧，将使常闭触点 SQ_3 断不开，或者由于 SQ_3 安装位置调整不当，摇臂夹紧后仍不能压下 SQ_3，都将使电动机 M_3 长期处于过载状态，易将电动机烧毁。因此，在 M_3 主电路中采用了热继电器 FR_2 作过载保护。

3. 主轴箱与立柱的夹紧、放松控制

主轴箱和立柱的夹紧与松开是同时进行的。在按下按钮 SB_5 后，接触器 KM_4 线圈通电，液压泵电动机 M_3 反转，拖动液压泵送出压力油，这时电磁阀 YA 线圈处于断电状态，压力油经二位六通阀进入主轴箱与立柱松开油腔，推动活塞和菱形块，使主轴箱与立柱松开。由于 YA 线圈断电，压力油不能进入摇臂松开油腔，摇臂仍处于夹紧状态。当主轴箱与立柱松开时，行程开关 SQ_4 没有受压，其常闭触点 SQ_4（101-102）闭合，指示灯 HL_1 亮，表示主轴箱与立柱确已松开。此时可以手动操作主轴箱在摇臂的水平导轨上移动，也可推动摇臂使外立柱绕内立柱做回转移动。当移动到位后，按下夹紧按钮 SB_6，接触器 KM_5 线圈通电，其主触点闭合，M_3 正转，拖动液压泵送出压力油至夹紧油腔，使主轴箱与立柱夹紧。当确已夹紧时，压下行程开关 SQ_4，其常开触点 SQ_4（101-103）闭合，指示灯 HL_2 亮，而常闭触点 SQ_4（101-102）断开，指示灯 HL_1 灭，指示主轴箱与立柱已夹紧，可以进行钻削加工。

4. 冷却泵电动机 M_4 的控制

冷却泵电动机 M_4 由选择开关 SA_1 手动控制，单向旋转，可根据加工需要扳动 SA_1，控制电动机的启动或停止。

5. 联锁与保护环节

行程开关 SQ_2 实现摇臂松开到位与开始升降的联锁；摇臂完全夹紧与液压泵电动机 M_3 停止旋转的联锁由行程开关 SQ_3 来实现。时间继电器 KT 实现摇臂升降电动机 M_2 断开电源直至完全停转后再进行摇臂夹紧的顺序控制。摇臂升降电动机 M_2 的正反转控制具有双重联锁保护。在进行主轴箱与立柱夹紧、松开等操作时，压力油不允许进入摇臂夹紧油腔，电路中通过 SB_5 与 SB_6 的常闭触点接入电磁阀 YA 线圈来实现此项控制。

熔断器 FU_1 作为总电路和电动机 M_1、M_4 的短路保护；电动机 M_2、M_3 及控制变压器 T 一次侧的短路保护由熔断器 FU_2 承担；熔断器 FU_3 作为照明电路的短路保护器件。热继电器 FR_1、FR_2 为电动机 M_1、M_3 的长期过载保护器件。组合行程开关 SQ_1 为摇臂的上升与下降提供限位保护。

三、照明与信号指示灯电路分析

HL_1 为主轴箱与立柱松开指示灯，灯亮表示已松开，可以手动操作主轴箱沿摇臂水平移动或摇臂回转；HL_2 为主轴箱与立柱夹紧指示灯，灯亮表示已夹紧，可以进行钻削加工；HL_3 为主轴旋转工作指示灯。上述 3 个指示灯均由变压器供给 AC 6 V 电压。

照明灯 EL 由控制变压器 T 供给 AC 24 V 电压，经选择开关 SA_2 操作实现钻床的局部照明。

学习活动三 项目实施

活动目标

1. 熟悉 Z3040 型摇臂钻床的电气设备型号规格和功能。
2. 根据机床电气控制电路图，确定所需的设备、材料和工具等。
3. 理解 Z3040 型摇臂钻床电气控制特点。
4. 熟悉 Z3040 型摇臂钻床的常见故障现象、故障原因、故障点和检查方法。
5. 对 Z3040 型摇臂钻床常见故障进行分析检修。
6. 熟悉电工作业规程，了解项目完成后的收尾工作。

学习过程

1. 项目准备。

（1）了解 Z3040 型摇臂钻床的电气设备型号规格、功能。

（2）根据机床电气控制电路图，确定所需的设备、材料和工具等（见表 2-2-1）。

表 2-2-1 所需的设备、材料和工具

序号	名称	型号与规格	数量
1	摇臂钻床	Z3040 型摇臂钻床	1 台
2	电工通用工具	验电器、钢丝钳、螺钉旋具（一字形和十字形）、电工刀、尖嘴钳、活扳手、剥线钳等	1 套
3	万用表	自定	1 块
4	绝缘电阻表	500 V、0~200 MΩ	1 台
5	钳形电流表	0~50 A	1 块
6	劳保用品	绝缘鞋、工作服等	1 套

2. 项目实施步骤说明。

（1）电源控制说明。

① 总电源为三相电源控制，整个电源控制屏上有电源指示、启动、停止紧急开关。

② 发生紧急事故时应立即按下电源控制屏紧急按钮。

③ 合上 QS_1，电路上电，按下启动按钮，电路接通主电源，可进行正常操作；按下停止按钮，电路断电。

（2）故障设置说明。

① 人为设置的故障点，必须是模拟机床在使用过程中，由于受到振动、受潮、高温、异物侵入、电动机负载及线路长期过载运行、启动频繁、安装质量低劣和调整不当等原因造成的"自然"故障。

② 切忌设置改动线路、换线、更换电器元件等由于人为原因造成的非"自然"的故障点。

③ 故障点的设置应做到隐蔽且设置方便，除简单控制电路外，两处故障一般不宜设置在单独支路或单一回路中。

④ 对于设置一个以上故障点的线路，其故障现象应尽可能不要相互掩盖。

⑤ 应尽量不设置容易造成人身或设备事故的故障点，如有必要，教师必须在现场密切注意学生的检修动态，随时做好采取应急措施的准备。

⑥ 设置的故障点必须与学生应该具有的修复能力相适应。

（3）故障排除及故障复位排除说明。

① 根据设置的不同故障现象，分析故障原因，找出引起故障的部位，按下故障排除按钮，故障排除盒便自动记下结果。

② 学生在排除故障时，出现错排的结果也全部记录在故障排除盒中，学生不能自行复位，而应由教师进行复位（只须断开故障设置盒上的电源控制开关，再合上即可）。

（4）实施步骤说明。

① 先熟悉原理，再进行正确的通电试车操作。

② 熟悉电器元件的安装位置，明确各电器元件的作用。

③ 教师示范故障分析检修过程（故障可人为设置）。

④ 教师设置让学生知道的故障点，指导学生如何从故障现象着手进行分析，逐步引导到采用正确的检查步骤和检修方法。

⑤ 教师设置人为的自然故障点，由学生检修。

（5）对操作的要求。

① 学生应根据故障现象，先在电气原理图中正确标出最小故障范围的线段，然后采用正确的检查和排故方法在定额时间内排除故障。

② 排除故障时，必须修复故障点，不得采用更换电器元件、借用触点及改动线路的方法，否则，作不能排除故障点扣分。

③ 检修时，严禁扩大故障范围或产生新的故障，并不得损坏电器元件。

3. 请各组制订关于"Z3040 型摇臂钻床电气控制电路分析"的工作计划。

（1）分组。

组别：＿＿＿＿＿＿＿＿

小组负责人：＿＿＿＿＿＿＿＿

（2）小组成员及分工。

姓名	分工

（3）工序及工期安排。

序号	工作内容	备注

（4）安全防护措施。

4. Z3040 型摇臂钻床常见故障检修。（分析可能的故障原因，并说出检修方法。）

（1）故障现象：操作时一点反应也没有。

（2）故障现象：主轴电动机不能启动。

（3）故障现象：摇臂升降后不能夹紧。

（4）故障现象：立柱能放松，但主轴箱不能放松。

（5）故障现象：按下 SB_3，KM 不能吸合，但操作 SA_6 后，KM_6 能吸合。

学习活动四　知识巩固

👉 活动目标

1. 掌握机床电气控制电路检修的一般步骤。

2. 了解机床电气检修常用方法及注意事项。

3. 熟悉掌握 Z3040 型摇臂钻床电气控制电路原理。

4. 能对摇臂升降及摇臂放松与夹紧的控制中的典型故障进行检修。

5. 能对主轴箱与立柱的夹紧、放松控制中的典型故障进行检修。

6. 能对联锁与保护控制环节中的典型故障进行检修。

7. 熟悉电工作业规程，了解项目完成后的收尾工作。

👉 学习过程

1. 掌握故障检测和修复的方法。

2. 测试 Z3040 型摇臂钻床能否正常启动运转，若不能，找出 Z3040 型摇臂钻床的故障并修复故障。

3. 修复故障后回答下列问题。

（1）Z3040 型摇臂钻床的典型故障有哪些？有什么现象？如何修复？

（2）描述通电试车现象。

（3）在设置故障进行练习时，应注意哪些事项？

（4）完成本任务后，你有何收获和感想？

学习活动五　工作总结与评价

👉 活动目标

1. 展示成果，培养学生的语言表达能力。

2. 总结任务完成过程中出现的优、缺点。

3. 完成教师对各组的点评、组互评及组内评。

4. 书写任务总结。

☞ 学习过程

各小组可指派代表依次展示作品，并对整个任务完成情况进行总结，其他小组对展示小组的展示过程及结果进行相应的评价，各小组展示点评结束后教师进行综合点评。课余时间本组完成"自评"内容，教师完成"师评"内容。

1. 各小组对本组和其他小组的成果口头做出评价，综合各种情况，评出认为较好的前 3 个小组。

2. 教师点评整个任务完成过程中各组的优、缺点，指出亮点、需要注意的方面及改进方法。

3. 完成学习任务综合评价表。

学习任务综合评价表

考核项目	评价内容	配分	评价分数		
			自评	互评	师评
职业素养	劳动保护穿戴整洁、仪容仪表符合工作要求	5 分			
	安全意识、责任意识、服从意识强	6 分			
	积极参加教学活动，按时完成各种学习任务	6 分			
	团队合作意识强、善于与人交流和沟通	6 分			
	自觉遵守劳动纪律，尊重师长、团结同学	6 分			
	爱护公物、节约材料，管理现场符合 6S 标准	6 分			
专业能力	专业知识查找及时、准确，有较强的自学能力	10 分			
	操作积极、训练刻苦，具有一定的动手能力	15 分			
	技能操作规范、注重安装工艺，工作效率高	10 分			
工作成果	产品制作符合工艺规范，线路功能满足要求	20 分			
	工作总结符合要求、成果展示质量高	10 分			
总　分		100 分			
总评	自评×20%+互评×20%+师评×60%=	综合等级	教师（签名）：		

任务 2.3　XA6132 型卧式万能铣床电气控制电路分析

工作情景描述

铣床是一种用途广泛的机床，在机械行业的机床设备中占有相当大的比重。铣床可用来加工平面（水平面、垂直面）、沟槽（键槽、T 形槽、燕尾槽等）、分齿零件（齿轮、花键轴、链轮）、螺旋形表面（螺纹、螺旋槽）及各种曲面。此外，铣床还可用于加工回转体表面、内孔及进行切断工作等。铣床在工作时，工件装在工作台上或分度头等附件上，铣刀旋转为主运动，辅以工作台或铣头的进给运动，即可获得所需的加工表面。由于铣床是多刃断续切削，因而其生产率较高。简单来说，铣床是可以对工件进行铣削、钻削和镗孔加工的机床。铣床按结构形式和加工性能的不同，分为台式铣床、滑枕式铣床、平面铣床、龙门铣床和仿形铣床等，其中又以卧式和立式万能铣床应用最为广泛。

XA6132 型卧式万能铣床是一种通用机床，可与各种圆柱铣刀、圆片铣刀、角度铣刀、成型铣刀和端面铣刀配合使用，可以加工各种平面、斜面、沟槽和齿轮等。如果它与万能铣头、圆工作台、分度头等铣床附件配合使用，还可以扩大其加工范围。本任务以 XA6132 型卧式万能铣床为例，分析中小型铣床的电气控制原理及特点。

任务目标

1. 根据工作情景描述明确工作任务。
2. 熟悉机床电气控制电路检修的一般步骤。
3. 了解机床电气检修常用方法及注意事项。
4. 掌握 XA6132 型卧式万能铣床的主要结构及运动形式。
5. 熟悉低压电器的工作原理及构造。
6. 理解 XA6132 型卧式万能铣床的主电路工作原理。
7. 理解 XA6132 型卧式万能铣床的控制电路的电气控制原理。
8. 掌握 XA6132 型卧式万能铣床故障排除方法。
9. 对 XA6132 型卧式万能铣床常见故障进行分析检修。
10. 熟悉电工作业规程，了解项目完成后的收尾工作。
11. 展示成果，总结任务完成中出现的优、缺点，书写任务总结并完成各项评价。

工作流程与活动

学习活动一　明确工作任务
学习活动二　XA6132 型卧式万能铣床电气控制电路的分析
学习活动三　项目实施
学习活动四　知识巩固
学习活动五　工作总结与评价

学习活动一　明确工作任务

活动目标
1. 根据工作情景描述提炼出工作任务。
2. 明确具体的工作内容。

学习过程
回顾所学知识和技能，查找相关资料，回答下列问题。
问题 1：电气故障检修的一般步骤是什么？

问题 **2**：电气故障检修的一般方法有哪些？具体如何进行？

问题 **3**：描述 XA6132 型卧式万能铣床的作用及其结构。

问题 **4**：XA6132 型卧式万能铣床的运动形式包括哪些？

问题 **5**：XA6132 型卧式万能铣床中的电磁离合器起到什么作用？

☞ **相关知识**

一、XA6132 型卧式万能铣床的主要结构及运动形式

XA6132 型卧式万能铣床的结构示意图如图 2-3-1 所示，其结构主要由底座、床身、悬梁、刀杆支架、工作台、升降台和溜板等部分组成。箱型的床身 13 固定在底座 1 上，在床身内装有主轴传动机构和主轴变速机构，在床身的顶部有水平导轨，其上装着带有一个或两个刀杆支架的悬梁。刀杆支架用来支撑安装铣刀芯轴的一端，而芯轴的另一端则固定在主轴上。在床身的前方有垂直导轨，一端悬持的升降台可沿其做上下移动。在升降台上面的水平导轨上，装有可平行于主轴轴线方向移动（横向移动）的溜板 5。工作台 7 可沿溜板上部的转动工作台 6 的导轨在垂直于主轴轴线的方向上移动，即纵向移动。因此，安装在工作台上的工件可以在 3 个方向上调整位置或完成进给运动。此外，由于转动部分对溜板 5 可绕垂直轴线转动一个角度，通常这个角度为±45°，这样工作台在水平面上除能平行或垂直于主轴轴线方向进给外，还可以在倾斜方向进给，从而完成铣螺旋槽的加工。为扩大铣床的铣削能力，还可以在铣床上加装圆工作台。

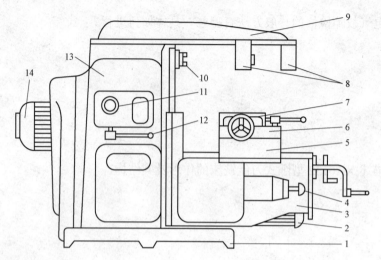

1—底座；2—进给电机；3—升降台；4—进给变速手柄；5—溜板；6—转动工作台；7—工作台；

8—刀杆支架；9—悬梁；10—主轴；11—主轴变速盘；12—主轴变速手柄；13—床身；14—主电动机。

图 2-3-1　XA6132 型卧式万能铣床的结构示意图

由上述分析可知，XA6132 型卧式万能铣床的运动形式有主运动、进给运动和辅助运动。其中铣刀的旋转运动即主轴的旋转运动为主运动；工件夹持在工作台上在垂直于铣刀轴线方向做直线运动，称为进给运动，包括工作台上下、前后、左右 3 个相互垂直方向上的进给运动；辅助运动指的是工件与铣刀相对位置的调整运动，包括工作台在上下、前后、左右 3 个相互垂直方向上的快速直线运动及工作台的回转运动。

二、XA6132 型卧式万能铣床的电力拖动特点与控制要求

XA6132 型卧式万能铣床的主轴传动系统装在床身内部，进给传动系统装在升降台内，而且主运动与进给运动之间没有速度比例协调的要求，因此系统采用单独传动，即主轴由主轴电动机拖动，工作台由进给电动机拖动。而工作台的工作进给和快速移动皆由进给电动机拖动，经电磁离合器传动来获得。使用圆工作台时，圆工作台的旋转也由进给电动机拖动。在进行铣削加工时，设有冷却泵电动机为铣刀提供冷却液进行冷却。

1. 主轴拖动对电气控制的要求

（1）为适应铣削加工的需求，主轴要求调速，因此主轴电动机选用法兰盘式三相笼型异步电动机，经主轴变速箱拖动主轴，利用主轴变速箱使主轴获得多种速度输出。

（2）主轴电动机处于空载下启动，为能分别进行顺铣和逆铣，需配备顺铣刀和逆铣刀，要求主轴能正反转，但旋转方向不需经常变换，仅在加工前预选主轴的旋转方向，而在加工过程中不变换。因此，主轴电动机应能正反转，并由转向选择开关选择电动机的转动方向。

（3）铣削加工是多刀多刃不连续切削，切削时负载有波动。为减轻负载波动的影响，往往在主轴传动系统中加入飞轮，使转动惯量加大，但为实现主轴快速停车，主轴电动机在停车时应设有停车制动环节。同时，为了保证安全，主轴在上刀时也应使主轴制动。为此，XA6132 型卧式万能铣床采用电磁离合器控制主轴停车制动和主轴上刀制动。

（4）由于 XA6132 型卧式万能铣床采用机械变速，通过改变变速箱内齿轮的传动比来实现变速，为使主轴变速时齿轮顺利啮合，减小齿轮端面的冲击，主轴电动机在变速时应有主轴变速冲动环节。

（5）为适应铣削加工时操作者的正面与侧面的操作要求，机床应对主轴电动机的启动和停止及工作台的快速移动加以控制，具有两地启、停控制的操作功能。

2．进给拖动对电气控制的要求

（1）XA6132 型卧式万能铣床工作台的运动方式有手动、进给运动和快速移动 3 种。操作者可通过摇动手柄使工作台移动，即手动；而进给运动和快速移动两种方式均由进给电动机拖动，是在工作进给电磁离合器与快速移动电磁离合器的控制下完成的动作。

（2）进给电动机的控制采用电气开关、机构挂挡相互联动的手柄操作，在扳动操作手柄的同时压合相应的电气开关，挂上相应传动机构的挡位，并且将操作手柄的扳动方向与运动的方向设为一致，这样可以减少按钮的数量，并且增强操作的直观性。

（3）工作台的垂直、横向和纵向 3 个方向的运动均由 1 台进给电动机拖动，而 3 个方向的选择通过操作手柄改变传动链来实现。每个方向有正、反两个方向的运动，要求进给电动机能实现正反转。采用的操作手柄有 2 个，一个是纵向操作手柄，有左、右、中间 3 个挡位；另一个为垂直与横向操作手柄，有上、下、前、后、中间 5 个挡位。

（4）由于同一时间工作台的运动方向只有 1 个，故在左右、前后、上下等方向应设有联锁保护，并且 6 个方向上应有相应的限位保护。

（5）为适应铣削加工时操作者的正面与侧面的操作要求，机床应对进给运动的控制要求有两地操作的功能，所以纵向操作手柄、垂直与横向操作手柄需各配 2 套。

（6）进给运动由进给电动机拖动，经进给变速机构可获得多种变速输出，为使变速后齿轮顺利啮合，减小齿轮端面的撞击，进给电动机应在变速后做瞬时点动。

（7）为使铣床安全可靠的工作，铣床工作时，主轴旋转和工作台进给应有先后顺序控制，即进给运动要在铣刀旋转之后进行，加工结束时必须在铣刀停转之前停止进给运动。

3．电磁离合器

XA6132 型卧式万能铣床主轴电动机停车制动、主轴上刀制动及进给系统的工作进给和快速移动皆由电磁离合器来实现。电磁离合器又称电磁联轴节，它是利用表面摩擦和电磁感应原理，在两个做旋转运动的物体间传递转矩的执行电器。电磁离合器便于远距离控制，能耗小，动作迅速、可靠，结构简单，广泛应用于机床的电气控制。电磁离合器根据结构形式不同，分为摩擦片式电磁离合器、牙嵌式电磁离合器、磁粉式电磁离合器和涡流式电磁离合器等，铣床上采用的是摩擦片式电磁离合器。

摩擦片式电磁离合器的结构示意图如图 2-3-2 所示。主动摩擦片 6 装在主动轴 1 的花键轴端，可以沿轴向做自由移动，但由于是通过花键连接，所有主动摩擦片将随同主轴一起转动。从动摩擦片 5 与主动摩擦片 6 交替叠装，它们外缘的凸起部分卡在与从动齿轮 2 固定在一起的套筒 3 内，因此电磁离合器可以随从动齿轮转动，并在主动轴转动时保持不转。当线圈 8 通电之后，在铁心 9 周围产生磁场，吸引衔铁 4 克服弹簧的反作用力移向铁心，位于两者之间的各摩擦片被压紧，主动摩擦片与从动摩擦片之间产生摩擦力，从而使得从动齿轮随主动轴一起转动，实现转矩的传递。当电磁离合器线圈电压达到其额定电压值的 85%～105% 时，它可以保持这种工作状态进行可靠工作。当线圈断电时，装在内、外摩擦片之间的圈状弹簧使衔铁复位，同时摩擦片复原，离合器便失去传递转矩的作用。

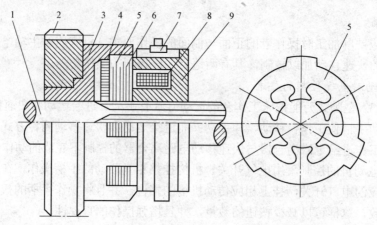

1—主动轴；2—从动齿轮；3—套筒；4—衔铁；5—从动摩擦片；6—主动摩擦片；7—电刷与滑环；8—线圈；9—铁心。

图 2-3-2　摩擦片式电磁离合器的结构示意图

学习活动二　XA6132 型卧式万能铣床电气控制电路的分析

☞ 活动目标

1. 了解低压电器的分类。
2. 熟悉低压开关的类型、用途、结构、图形文字符号及安装使用注意事项。
3. 熟悉熔断器的类型、用途、结构、图形文字符号及安装使用注意事项。
4. 熟悉控制按钮的类型、用途、图形文字符号。
5. 熟悉机床电气控制电路检修的一般步骤。
6. 了解机床电气检修常用方法及注意事项。
7. 熟悉低压电器的工作原理及构造。
8. 理解 XA6132 型卧式万能铣床的主电路工作原理。
9. 理解 XA6132 型卧式万能铣床的电气控制电路原理。
10. 理解 XA6132 型卧式万能铣床的电气控制特点。
11. 能按照机床电气检修的一般步骤排除一些简单控制电路故障。

☞ 学习过程

分析 XA6132 型卧式万能铣床电气原理图，回答下列问题。

问题 1：XA6132 型卧式万能铣床中用到几台电动机？各起到什么作用？

问题 2：XA6132 型卧式万能铣床中的控制电路能完成哪些功能？

问题 3： 在 XA6132 型卧式万能铣床电气控制电路中，设置了哪些联锁与保护环节？

问题 4： XA6132 型卧式万能铣床主轴变速能否在主轴停止或主轴旋转时进行？为什么？

问题 5： 简述 XA6132 型卧式万能铣床进给变速时的操作顺序及电路工作情况。

问题 6： XA6132 型卧式万能铣床电气控制具有哪些特点？

👉 相关知识

XA6132 型卧式万能铣床的电气原理图如图 2-3-3 所示，图中 M_1 为主轴电动机，M_2 为工作台进给电动机，M_3 为冷却泵电动机。万能铣床的控制不仅采用了机械操作与电气开关动作密切配合的关系，而且还采用了电磁离合器作为相应动作的控制器件，因此，在分析电气原理图时，应对机械手柄与相应电器开关的动作关系，各开关的作用及各指令开关的状态有一个清晰的掌握。比如：与纵向机构操作手柄有机械联系的纵向行程开关 SQ_1、SQ_2；与垂直、横向机构操作手柄有机械关系的垂直、横向进给行程开关 SQ_3、SQ_4；控制主轴变速冲动的开关 SQ_5；控制进给变速冲动的开关 SQ_6；冷却泵的选择开关 SA_1；主轴上刀制动的开关 SA_2；圆工作台的转换开关 SA_3；主轴电动机转向的预选开关 SA_4；冷却泵电动机的开关 SA_5 等。在掌握了各电器用途之后再分析其电气原理图。

一、主电路分析

如图 2-3-3 所示，在主电路中，三相交流电源由低压断路器 QF 作电源的引入开关。主轴电动机 M_1 由接触器 KM_1、KM_2 的主触点实现正反转的控制，热继电器 FR_1 对其进行过载保护。进给电动机 M_2 由接触器 KM_3、KM_4 的主触点实现正反转控制，其过载保护由热继电器 FR_2 承担，熔断器 FU_1 对其进行短路保护。冷却泵电动机 M_3 由于容量较小，由中间继电器 KA_3 控制其单向旋转，热继电器 FR_3 对其进行过载保护。低压断路器 QF 实现整个电气控制电路的过电流、欠电压等保护。

二、控制电路分析

控制电路电源由控制变压器 TC_1 将 AC 380 V 变压成 AC 110 V，其变压电路由熔断器 FU_2 进行短路保护。电磁离合器的电路电源由整流变压器 TC_2 将 AC 380 V 变压成 AC 28 V，再经桥式整流器全波整流成 24 V 直流电，由熔断器 FU_3、FU_4 做整流桥交流侧与直流侧的短路保护。局部照明电路电源由照明变压器 TC_3 将 AC 380 V 变压成 AC 24 V 获得，其变压电路由熔断器 FU_5 进行短路保护。

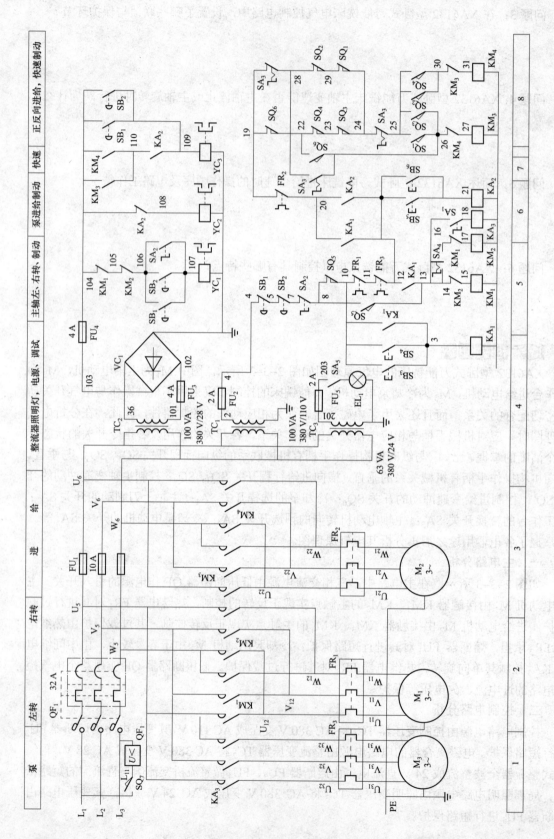

图 2-3-3 XA6132 型卧式万能铣床的电气原理图

1. 主拖动控制电路分析

（1）主轴电动机的启动控制。主轴电动机 M_1 由正反转接触器 KM_1、KM_2 来实现其正反转的全压启动，而由主轴换向开关 SA_4 来预选电动机的正反转。由停止按钮 SB_1 或 SB_2，启动按钮 SB_3 或 SB_4 与接触器 KM_1、KM_2 构成主轴电动机正反转的两地操作控制电路。启动时，应将电源引入开关 QF_1 闭合，再把换向开关 SA_4 扳到主轴所需的旋转方向，然后按下启动按钮 SB_3 或 SB_4，中间继电器 KA_1 线圈通电并自锁，触头 KA_1（12–13）闭合，使 KM_1 或 KM_2 线圈通电吸合，其相应主触头接通主轴电动机，M1 实现全压启动。而 KM_1 或 KM_2 的一对常闭触头 KM_1（104–105）或 KM_2（105–106）断开，切断主轴电动机制动离合器线圈 YC_1 电路。中间继电器的另一触头 KA_1（20–12）闭合，为工作台的进给与快速移动做好准备。

（2）主轴电动机的制动控制。由主轴停止按钮 SB_1 或 SB_2，正转接触器 KM_1 或反转接触器 KM_2 及主轴制动离合器 YC_1 构成主轴制动停车控制环节。电磁离合器 YC_1 安装在主轴传动链中与主轴电动机相连的第一根传动轴上。当主轴停车时，按下停止按钮 SB_1 或 SB_2，KM_1 或 KM_2 线圈断电释放，主轴电动机 M_1 三相交流电源被切除；同时 YC_1 线圈通电，产生磁场，在电磁吸力的作用下，电磁离合器内部各摩擦片被压紧产生制动力，使主轴转速迅速下降。当松开停止按钮 SB_1 或 SB_2 时，YC 线圈断电，电磁离合器内部摩擦片松开，制动结束。这种制动方式迅速、平稳，其制动时间不超过 0.5 s。

（3）主轴上刀、换刀时的制动控制。为避免发生严重的人身事故，在主轴上刀或更换铣刀时，主轴电动机不得旋转。为此，电路设有主轴上刀制动环节，它由主轴上刀制动开关 SA_2 控制。在主轴上刀、换刀前，将选择开关 SA_2 扳到"接通"挡位，触头 SA_2（7–8）断开，使主轴启动控制电路断电，主轴电动机不能启动旋转；而另一触头 SA_2（106–107）闭合，接通主轴制动电磁离合器 YC_1 线圈，使主轴处于制动状态。上刀、换刀结束后，再将 SA_2 扳至"断开"挡位，触头 SA_2（106–107）断开，解除主轴制动状态，同时另一触头 SA_2（7–8）闭合，为主电动机启动做准备。

（4）主轴变速冲动控制。主轴变速操纵箱装在床身左侧窗口上，变换主轴转速时，将主轴变速手柄压下，使手柄的榫块自槽中滑出，然后拉动手柄，使榫块落到第二道槽内为止。随后转动变速刻度盘，把所需转速对准指针，最后将变速手柄推回原来位置，使榫块落进槽内。同时，推回原位的变速手柄瞬时将主轴变速行程开关 SQ_1 压下，使触头 SQ_5（8–13）闭合，触头 SQ_5（8–10）断开。于是接触器 KM_1 线圈瞬间通电吸合，其主触头 KM_1 瞬间接通主轴电动机做瞬时点动，这种点动方式有利于齿轮的啮合。当变速手柄榫块落入槽内时，SQ_5 不再受压，其触头 SQ_5（8–13）断开，切断主轴电动机瞬时电动电路，主轴变速冲动结束。

主轴变速行程开关 SQ_5 的常闭触头 SQ_5（8–10）是为主轴旋转时进行变速而设置的，此时无须按下主轴停止按钮，只须将主轴变速手柄拉出，压下 SQ_5，使常闭触头 SQ_5（8–10）断开，由此断开主轴电动机正转或者反转接触器的线圈电路，电动机自然停车，而后再进行主轴变速操作，电动机进行变速冲动，完成变速。变速完成后尚须再次启动电动机，主轴将在新选择的转速下启动旋转。

2. 进给拖动控制电路分析

工作台进给方向的左右纵向运动、前后的横向运动与上下的垂直运动，都是由进给电动机 M_2 的正反转来实现的。而正反转接触器 KM_3、KM_4 是由行程开关 SQ_1、SQ_3、SQ_2、SQ_4 分别通过两个机械操作手柄来进行控制的。这两个机械操作手柄，一个是纵向机械操作手柄，另一个是垂直于横向的机械操作手柄。扳动机械操作手柄后，在完成相应的机械挂挡的同时，压合相应的行程开关，从而接通接触器，启动进给电动机，拖动工作台按预定方向运动。在工作进给时，由于快速引动继电器 KA_2 线圈处于断电状态，而进给移动电磁离合器 YC_2 线圈通电，工作台运动时工作进给。

纵向机械操作手柄有左、中、右 3 个挡位，垂直于横向机械操作手柄有上、下、前、后、中 5 个挡位。SQ_1、SQ_2 为与纵向机械操作手柄有机械联系的行程开关；SQ_3 和 SQ_4 为与垂直、横向机械操作手柄有机械联系的行程开关。当这两个机械操作手柄处于中间位置时，SQ_1、SQ_2、SQ_3、SQ_4 等行程开关都处在未被压下的原始状态，当扳动机械操作手柄时，相应的行程开关被压下，执行相关动作。

SA_3 为圆工作台转换开关，有"接通"和"断开"2 个挡位、3 对触头。当使用圆工作台时，将 SA_3 置于"接通"挡位，此时触头 SA_3（24-25）、SA_3（28-19）断开，SA_3（28-26）闭合。当不需要圆工作台时，将 SA_3 置于"断开"挡位，此时触头 SA_3（24-25）、SA_3（28-19）闭合，SA_3（28-26）断开。

在启动进给电动机之前，应先启动主轴电动机，即合上电源开关 QF_1，按下主轴启动按钮 SB_3 或 SB_4，中间继电器 KA_1 线圈通电并自锁，其常开触头 KA_1（20-12）闭合，为启动进给电动机做准备。

（1）工作台纵向进给运动的控制。若需工作台向右做工作进给，将纵向进给操作手柄扳向右侧，通过联动机构接通纵向进给离合器，压下行程开关 SQ_1，其触头 SQ_1（25-26）闭合，使进给电动机 M_2 的接触器 KM_3 线圈通电吸合，电动机 M_2 正向启动旋转，拖动工作台向右进行工作进给；SQ_1（29-24）断开，切断通往 KM_3、KM_4 的另一条通路。当向右工作进给结束时，将纵向进给机械操作手柄由右位扳到中间位置，行程开关 SQ_1 不再受压，触头 SQ_1（25-26）断开，KM_3 线圈断电释放，电动机 M_2 停转，工作台向右进给运动停止。

工作台向左进给运动的控制电路与向右进给运动的相仿。向左进给运动是将纵向进给机械操作手柄扳向左侧，在机械挂挡的同时，压下行程开关 SQ_2，反转接触器 KM_4 线圈通电，进给电动机反转，拖动工作台作向左进给运动。当将纵向操作手柄由左侧扳回中间位置时，工作台向左进给运动结束。

（2）工作台向前与向下进给运动的控制。将垂直于横向进给操作手柄扳到"向前"挡位，接通横向进给离合器，压下行程开关 SQ_3，常开触头 SQ_3（25-26）闭合，常闭触头 SQ_3（23-24）断开，正转接触器 KM_3 线圈通电吸合，进给电动机 M_2 正向转动，拖动工作台作向前进给运动。当向前进给结束时，将垂直与横向进给操作手柄扳回中间位置，SQ_3 不再受压，接触器 KM_3 线圈断电释放，电动机 M_2 停止旋转，工作台向前进给停止。

工作台向下进给运动时的电路工作情况与向前进给运动时的完全一致，只是将垂直与横向进给操作手柄扳到"向下"挡位，接通垂直进给离合器，压下行程开关 SQ_3，KM_3 线圈通电吸合，电动机 M_2 正转，拖动工作台作向下进给运动。

（3）工作台向后与向上进给运动的控制。其电路情况与向前与向下进给运动的控制相仿。只是将垂直与横向进给操作手柄扳到"向后"或者"向上"的挡位，接通垂直或横向进给离合器，压下行程开关 SQ_4，此时，反向接触器 KM_4 线圈通电吸合，进给电动机 M_2 反向启动旋转，拖动工作台实现向后或向上的进给运动。当操作手柄扳回中间位置时，相应的进给运动结束。

（4）进给变速冲动控制。进给变速冲动只有在主轴启动后，纵向进给操作手柄，垂直、横向操作手柄均置于中间位置时才可进行。进给变速箱是一个独立部件，其装在升降台的左边，进给速度的变换是由进给操纵箱来控制的，进给操纵箱位于进给变速箱的前方。在进行进给变速时，首先将蘑菇形手柄拉出，转动手柄，把刻度盘上所需的进给速度值对准指针。然后把蘑菇形手柄向前拉到极限位置，借变速孔盘推压行程开关 SQ_6，触头 SQ_6（22-26）闭合，触头 SQ_6（19-22）断开。此时，正向接触器 KM_3 线圈瞬时通电吸合，进给电动机瞬时正向旋转，获得变速冲动。控制结束后，将蘑菇形手柄推回原位，此时 SQ_6 不再受压，其相关触点复位。

如果一次瞬间点动时齿轮仍未进入啮合状态，此时变速手柄不能复原，可以再次拉出手柄并再次推回，实现再次瞬间点动，直至齿轮啮合为止。

（5）进给方向快速移动的控制。快速移动的控制本质上是一种点动控制，进给方向的快速移动是由电磁离合器改变传动链获得的。主轴开动后，将进给操作手柄扳到所需移动方向相对应的挡位，则工作台按操作手柄的选择方向以选定的进给速度做工作进给。此时如按下快速移动按钮 SB_5 或 SB_6，则接通快速移动继电器 KA_2 电路，KA_2 线圈通电吸合，其触头 KA_2（104-108）断开，切断工作进给电磁离合器 YC_2 线圈电路；而触头 KA_2（110-109）闭合，快速移动电磁离合器 YC_3 线圈通电，工作台按原运动方向做快速移动。松开按钮 SB_5 或 SB_6，快速移动立即停止，仍以原进给速度继续进给。

3. 圆工作台控制分析

圆工作台的回转运动是由进给电动机经传动机构驱动的，在使用圆工作台时，首先把圆工作台转换开关 SA_3 扳到"接通"挡位。按下主轴启动按钮 SB_3 或 SB_4，此时 KA_1、KM_1 或 KM_2 线圈通电吸合，主轴电动机启动旋转。接触器 KM_3 线圈经 SQ_1、SQ_2、SQ_3、SQ_4 行程开关的常闭触头和 SA_3（28-26）触头通电吸合，进给电动机启动运转，拖动圆工作台作单向回转运动。此时控制工作台进给的两个机械操作手柄均处于中间位置，因此工作台不运动，只拖动圆工作台回转。

4. 冷却泵控制分析

冷却泵电动机 M_3 用在铣削加工时，通常由冷却泵转换开关 SA_1 控制。当 SA_1 扳到"接通"挡位时，冷却泵启动继电器 KA_3 线圈通电吸合，电动机 M_3 启动旋转。电路由热继电器 FR_3 做长期过载保护。

5. 机床照明控制分析

机床照明由照明变压器 TC_3 供给 24 V 安全电压，并由控制开关 SA_5 控制照明灯 EL_1。

6. 控制电路的联锁与保护

XA6132 型卧式万能铣床运动较多，电气控制电路较为复杂，为安全可靠地工作，电路应具有完善的联锁与保护。

（1）主运动与进给运动的顺序联锁。进给电气控制电路接在中间继电器 KA_1 的触头 KA_1（20-12）之后，这就保证了只有在启动主轴电动机之后才可以启动进给电动机，而当主轴电动机停止时，进给电动机也立即停止。

（2）工作台 6 个运动方向的联锁。当铣床工作时，只允许工作台在一个方向运动。为此，工作台上下、左右、前后 6 个方向之间都应有联锁保护。其中工作台纵向操作手柄实现工作台左右运动方向的联锁；垂直与横向进给操作手柄实现上下、前后 4 个方向的联锁。同时电路中接线点 22 和 24 之间由 SQ_3、SQ_4 常闭触头串联组成，接线点 28 和 24 之间由 SQ_1、SQ_2 常闭触头串联组成，然后在 24 接线点并接后串联于 KM_3、KM_4 线圈电路中，以控制进给电动机的正反转，以此设计实现垂直、横向操作手柄与纵向操作手柄两个操作手柄之间的联锁。这样，当扳动纵向操作手柄时，SQ_1 或 SQ_2 行程开关压下，断开 28-24 支路，但 KM_3 或 KM_4 仍可经 22-24 支路供电。若此时再扳动垂直与横向操作手柄，又将 SQ_3 或 SQ_4 行程开关压下，将 22-24 支路断开，使 KM_3 或 KM_4 电路断开，进给电动机无法启动，从而实现了工作台 6 个方向之间的联锁控制。

（3）长工作台与圆工作台的联锁。圆工作台的运动与长工作台的 6 个方向的运动之间必须要有可靠的联锁保护，否则将造成刀具与机床的损坏。这里由选择开关 SA_3 来实现它们相互之间的联锁。当使用圆工作台时，选择开关 SA_3 置于"接通"挡位，此时触头 SA_3（24-25）、SA_3（19-28）断开，SA_3（28-26）闭合。进给电动机启动接触器 KM_3 经由行程开关 SQ_1、SQ_2、SQ_3、SQ_4 常闭触头串联电路接通，若此时又操作纵向或垂直与横向进给操作手柄，则会压下行程开关 SQ_1、SQ_2、SQ_3、SQ_4 的某一个触头，于是 KM_3 线圈的电路被切断，进给电动机立即停车，圆工作台也停止了运行。

若长工作台正在运动，可扳动圆工作台的选择开关 SA_3 至"接通"挡位，此时触头 SA_3（24-25）断开，于是断开了 KM_3 或 KM_4 线圈电路，进给电动机也立即停止，长工作台也停止了运动。

（4）工作台进给运动与快速运动的联锁。工作台工作进给与快速运动分别由电磁离合器 YC_2 和 YC_3 传动，而 YC_2 和 YC_3 是由快速进给继电器 KA_2 控制，利用 KA_2 的常开触头与常闭触头实现工作台工作进给与快速运动的控制。

（5）其他保护。万能铣床的电气控制系统采用熔断器 FU_1、FU_2、FU_3、FU_4、FU_5 实现相应电路的短路保护；采用热继电器 FR_1、FR_2、FR_3 实现相应电动机的长期过载保护；采用低压断路器 QF 实现整个电路的过电流、欠电压等保护。

工作台 6 个运动方向的限位保护采用机械与电气相配合的方法来实现。当工作台左右运动到达极限位置时，安装在工作台前面的挡铁将撞动纵向操作手柄，使其从左位或右位返回到中间位置，使工作台运动停止，从而实现了工作台左右运动的限位保护。在铣床床身导轨旁设置了上、下两块挡铁，当升降台上下运动到达极限位置时，挡铁撞动垂直与横向进给操作手柄，使其回到中间位置，从而实现了工作台上下运动的限位保护。工作台横向运动的限位保护由安装在工作台左侧底部的挡铁来撞动垂直与横向进给操作手柄，使其回到中间位置，从而实现了工作台横向运动的限位保护。

系统在机床左壁龛上设置了行程开关 SQ_7，SQ_7 的常开触头与断路器 QF_1 的失压线圈串联。当打开控制箱门时，SQ_7 触头分断，使断路器 QF_1 失压线圈断电，QF_1 跳闸，从而达到打开电气控制箱门时系统自动断电的目的。

学习活动三   项目实施

活动目标

1. 熟悉 XA6132 型卧式万能铣床的电气设备型号规格和功能。
2. 根据机床电气控制电路图，确定所需的设备、材料和工具等。
3. 理解 XA6132 型卧式万能铣床的电气控制特点。
4. 熟悉 XA6132 型卧式万能铣床的常见故障现象、故障原因、故障点和检查方法。
5. 对常见故障进行分析检修。
6. 熟悉电工作业规程，了解项目完成后的收尾工作。

学习过程

1. 项目准备。

（1）了解 XA6132 型卧式万能铣床的电机参数（见表 2-3-1）、基本元件（见表 2-3-2）。

表 2-3-1   XA6132 型卧式万能铣床的电机参数参照表

符号	名称	型号	规格	件数	作用
M_1	主轴电动机	Y132M—4—B3	7.5 kW，380 V，1 450 r/min	1	主轴传动
M_2	进给电动机	Y90L-4	1.5 kW，380 V，1 400 r/min	1	进给传动
M_3	冷却泵电动机	JCB—22	0.125 kW，380 V，2 790 r/min	1	冷却泵传动

表 2-3-2   XA6132 型卧式万能铣床的基本元件一览表

符号	名称	型号	规格	件数	作用
KM_1	接触器	CJO-20	10 A，110 V	1	主轴正传
KM_2	接触器	CJO-10	10 A，110 V	1	主轴反转
KM_3	接触器	CJO-10	10 A，110 V	1	进给正转
KM_4	接触器	CJO-10	10 A，110 V	1	进给反转
KA_1	中间继电器	JZ7-44	10 A，110 V	1	主电动机启停控制
KA_2	中间继电器	JZ7-44	10 A，110 V	1	工步进给与快速进给转换控制
KA_3	中间继电器	JZ7-44	10 A，110 V	1	冷却泵电动机控制
SB_1、SB_2	按钮	LA2	绿色	2	M_2 启动按钮
SB_3、SB_4	按钮	LA2	黑色	2	快速进给按钮
SB_5、SB_6	按钮	LA2	红色	2	M_2 停止按钮
SA_1	转换开关	HZ1-10/E16	三极	1	M_2 换向开关
SA_2	转换开关	HZ1-10/E16	三极	1	换刀开关
SA_3	转换开关	HZ1-10/E16	三极	1	冷却泵开关
SQ_1	限位开关	LX1-11K	开启式	1	向右进给
SQ_2	限位开关	LX1-11K	开启式	1	向左进给
SQ_3	限位开关	LX2-131	单轮，自动复位	1	向后、向上进给
SQ_4	限位开关	LX2-131	单轮，自动复位	1	向前、向下进给
FR_1	热继电器	JR10-10	3 A，5 A	1	M_3 过载保护
FR_2	热继电器	JRQ-40	11 A，3 A	1	M_1 过载保护

符号	名称	型号	规格	件数	作用
FR_3	热继电器	JR10-10	0.415 A	1	M_2 过载保护
FU_1	熔断器	RL1	30 A	3	总电源短路保护
FU_2	熔断器	RL1	10 A	3	进给短路保护
FU_3	熔断器	RL1	6 A	2	控制电路短路保护
FU_4、FU_5	熔断器	RL1	4 A	2	照明电源短路保护
QF	低压断路器	—	—	1	低压断路保护
VC	整流器	ZCZX4	5 A，50 V	1	整流作用
TC_1	变压器	BK-150	380/127 V	1	控制电路变压器
TC_2	变压器	BK-50	380/36 V	1	照明变压器
YC_1	电磁离合器	B1DL—III	—	1	工步进给控制电磁铁线圈
YB	电磁离合器	—	—	1	主轴制动控制电磁铁线圈
EL	照明灯	JC6-Z	—	1	工作照明

（2）根据机床电路图，确定所需的设备、材料和工具等（见表 2-3-3）。

表 2-3-3　所需的设备、材料和工具等

序号	名称	型号与规格	数量
1	卧式万能铣床	XA6132 型卧式万能铣床	1 台
2	电工通用工具	验电器、钢丝钳、螺钉旋具（一字形和十字形）、电工刀、尖嘴钳、活扳手、剥线钳等	1 套
3	万用表	自定	1 块
4	绝缘电阻表	500 V、0～200 MΩ	1 台
5	钳形电流表	0～50 A	1 块
6	劳保用品	绝缘鞋、工作服等	1 套

2. 请各组制订关于"XA6132 型卧式万能铣床电气控制电路分析"的工作计划。

（1）分组。

组别：_____

小组负责人：_____

（2）小组成员及分工。

姓名	分工

（3）工序及工期安排。

序号	工作内容	备注

（4）安全防护措施。

3. XA6132 型卧式万能铣床电气控制特点及常见故障分析。
（1）XA6132 型卧式万能铣床的电气控制特点。

（2）常见故障分析。
① 主电动机不能启动。

② 主轴不能制动。

③ 主轴制动不明显。

④ 主轴变速与进给变速时无变速冲动。

⑤ 工作台左右移动正常，但无法垂直于横向运动。

⑥ 工作台不能快速移动。

学习活动四　知识巩固

☞ 活动目标

1. 掌握机床电气控制电路检修的一般步骤。

2. 掌握机床电气检修常用方法及注意事项。

3. 熟悉掌握 XA6132 型卧式万能铣床电气控制电路原理。

4. 能对摇臂升降及摇臂放松与夹紧的控制中的典型故障进行检修。

5. 能对主轴箱与立柱的夹紧、放松控制中的典型故障进行检修。

6. 能对联锁与保护控制环节中的典型故障进行检修。

7. 熟悉电工作业规程，了解项目完成后的收尾工作。

☞ 学习过程

1. 掌握故障检测和修复方法。

2. 测试 XA6132 型卧式万能铣床能否正常启动运转，若不能，找出 XA6132 型卧式万能铣床的故障并修复故障。

3. 修复故障后回答下列问题。

（1）主轴电动机 M_1 不能启动，分析其原因。

（2）主轴电动机 M_1 不能变速冲动或冲动时间过长，分析其原因。

（3）进给不能变速冲动，分析其原因。

（4）工作台能够向左、右和前、下运动而不能向后、上运动，分析其原因。

（5）工作台能够向左、右和前、后运动而不能向上、下运动，分析其原因。

（6）工作台不能快速移动，分析其原因。

（7）完成本任务后，你有何收获和感想？

学习活动五　工作总结与评价

👉 活动目标

1. 展示成果，培养学生的语言表达能力。
2. 总结任务完成过程中出现的优、缺点。
3. 完成教师对各组的点评、组互评及组内评。
4. 书写任务总结。

学习过程

各小组可指派代表依次展示作品，并对整个任务完成情况进行总结，其他小组对展示小组的展示过程及结果进行相应的评价，各小组展示点评结束后教师进行综合点评。课余时间本组完成"自评"内容，教师完成"师评"内容。

1. 各小组对本组和其他小组的成果口头做出评价，综合各种情况，评出认为较好的前 3 个小组。

2. 教师点评整个任务完成过程中各组的优、缺点，指出亮点、需要注意的方面及改进方法。

3. 完成学习任务综合评价表。

学习任务综合评价表

考核项目	评价内容	配分	评价分数		
			自评	互评	师评
职业素养	劳动保护穿戴整洁、仪容仪表符合工作要求	5 分			
	安全意识、责任意识、服从意识强	6 分			
	积极参加教学活动，按时完成各种学习任务	6 分			
	团队合作意识强、善于与人交流和沟通	6 分			
	自觉遵守劳动纪律，尊重师长、团结同学	6 分			
	爱护公物、节约材料，管理现场符合 6S 标准	6 分			
专业能力	专业知识查找及时、准确，有较强的自学能力	10 分			
	操作积极、训练刻苦，具有一定的动手能力	15 分			
	技能操作规范、注重安装工艺，工作效率高	10 分			
工作成果	产品制作符合工艺规范、线路功能满足要求	20 分			
	工作总结符合要求、成果展示质量高	10 分			
总 分		100 分			
总评	自评×20%+互评×20%+师评×60%=	综合等级	教师（签名）：		

PLC 技术

任务 3.1　车床照明控制系统的 PLC 设计

工作情景描述

在实际生产中，有些机械设备需要有照明系统。例如图 3-1-1 所示的 CA6140 型车床，它就需要电气控制电路对照明系统进行控制。若采用继电器控制系统来控制照明系统，所用的继电器较多，电气控制电路也比较复杂，加上行业生产环境等方面的因素限制，将导致车床故障率较高，且不便维修。为此，需要设计一种以 PLC 为核心的照明控制系统对其进行改造。CA6140 型车床的照明系统控制要求为：

（1）可以点动控制，即按下按钮灯亮，松开按钮灯灭（供调试用）；

（2）可以持续亮。

图 3-1-1　CA6140 型车床

任务目标

1. 阅读工作任务单，明确个人工作任务要求，服从工作安排。

2. 分清 PLC 输入/输出口（I/O）带负载的类型。

3. 根据控制要求列写 I/O 分配表，绘制 PLC 外部硬件接线图。

4. 使用 GX Developer 编程软件编写简单的程序，并进行编译、下载和程序状态监控。

5. 学会 PLC 基本指令 LD、LDI、AND、ANI、OR、ORI、OUT、END 的使用，按照梯形图的编程规则设计程序。

6. 按照电工操作规程，在确保人身和设备安全的前提下根据 PLC 外部硬件接线图接线并进行系统检测、调试、验收。

  7. 按照 6S 管理制度自觉清理场地、归置物品。

工作流程与活动

  学习活动一 明确工作任务
  学习活动二 制订工作计划，分配输入/输出口
  学习活动三 相关指令和硬件的学习
  学习活动四 绘制 PLC 外部硬件接线图，安装接线
  学习活动五 程序的编写与调试及项目验收
  学习活动六 工作总结与评价

学习活动一 明确工作任务

👉 活动目标

1. 阅读工作任务单，明确工时、工作任务等信息，并能用语言进行复述。
2. 进行人员工时分配。
3. 填写工作任务单。

👉 学习过程

  1. 根据工作情景描述对控制要求进行分析，然后用自己的语言描述该项工作的具体内容及要求。

  2. 认真阅读工作情景描述，查阅相关资料，依据教师的任务描述自行填写下面的工作任务单。

  3. 设计一种能实现这种控制的继电器–接触器控制电路图并画出来。

工作任务单

流水号：_____

任务等级	一般	重要	紧急	非常重要	非常紧急
安装地点					
安装内容					
申报单位			安装单位		
申报时间			预计工时		
申报负责人电话			安装负责人电话		
验收人			验收人电话		

任务实施情况描述

验收单位意见

安装单位 负责人签字	年 月 日	申报单位领导 签字、盖章	年 月 日

学习活动二　制订工作计划，分配输入/输出口

👉 活动目标

1. 按照控制要求制订工作计划。
2. 分析控制要求并进行 I/O 分配。
3. 根据控制要求列出所需元件清单。

👉 学习过程

1. 小组讨论：如果你负责这项工作，应该如何完成？制订工作计划并完成下表。

工作计划表

_____工作计划

一、人员分工

1. 小组负责人_____

2. 小组成员及分工

姓名	分工

二、工具及材料清单

序号	工具或材料名称	型号规格	数量	备注

三、工序及工期安排

序号	工作内容	完成时间	备注

四、安全防护措施

2. 根据工作情景描述，对控制要求进行分析，制作 I/O 分配表。

引导问题 1：在此工作任务中，输入设备有哪些？它们各起什么作用？它们对应 PLC 的哪些输入点？

引导问题 2：在此工作任务中，输出设备有哪些？它们各起什么作用？它们对应 PLC 的哪些输出点？

引导问题 3：请为本工作任务制作一个 I/O 分配表。

I/O 分配表

输入			输出		
元件代号	作用	输入继电器	元件代号	作用	输出继电器

3. 完成工作计划评价表。

工作计划评价表

组别：_____

评价内容	分值	评分		
		自评（10%）	组评（20%）	师评（70%）
计划制订是否有条理	2 分			
计划是否全面、完善	2 分			
人员分工是否合理	2 分			
工作清单是否正确、完善	1 分			
材料清单是否正确、完善	1 分			
团队协作	1 分			
其他方面（6S、安全、美工）	1 分			
得分				
合计				

教师评语	
	教师签名： 日　期：

4. 现有一台型号为 FX2N–48MR 的 PLC，型号中的每个字母、数字代表的意义是什么？它内部有没有 CPU?能不能接交流负载?

5. 什么是 I/O 点数？

6. PLC 按照结构形式分为哪两类？

7. PLC 由哪几部分组成？各部分有什么作用？

一、PLC 简介及其常用的输入/输出量

1. PLC 简介

可编程控制器（programmable logic controller）简称 PLC。图 3–1–2 为某款 PLC 实物图。PLC 是 20 世纪 70 年代以来，在集成电路、计算机技术基础上发展起来的一种新型工业控制设备。它由于具有功能强、可靠性高、配置灵活、使用方便及体积小、重量轻等特点，在国外已被广泛应用于自动化控制的各个领域，并已成为实现工业生产自动化的支柱产品。近年来，国内在 PLC 技术与产品开发应用方面发展很快，除有许多从国外引进的设备、自动化生产线外，国产的机床设备已越来越多地采用 PLC 控制系统取代传统的继电器–接触器控制系统。国产的小型 PLC 的性能现已基本达到国外同类产品的技术指标。因此，作为一名电气工程技术人员，必须掌握 PLC 及其控制系统的基本原理和应用技术，以适应当前电气技术的发展需要。

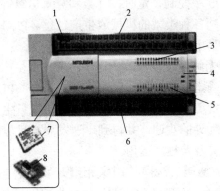

1—电源输入端子；2—输入端子；3—输入 LED 指示灯；4—PLC 状态指示灯；
5—输出指示灯；6—输出端子；7—存储器；8—串行通信口。
图 3–1–2 PLC 实物图

2. PLC 常用的输入/输出量

1）输入量

（1）数字量：包括各种开关信号（如按钮开关信号、转换开关信号、接近开关信号）、传感器发信号（如光纤传感器信号、接触器信号）、继电器触点信号及触摸屏里的开关信号等。

（2）模拟量：包括传感器、变送器信号（如温度传感器信号、流量传感器信号），各类仪表的模拟量输出，以及触摸屏里的模拟信号等。

2）输出量

（1）数字量：包括各种继电器线圈信号、各种指示类信号（如指示灯、蜂鸣器），以及驱动器信号（如步进驱动器信号、伺服驱动器等信号）等。

（2）模拟量：将 PLC 输出的数字量信号转换为模拟量信号，作为各类驱动器的输入信号，如变频器信号、软启动器信号。

二、PLC 的产生与定义

PLC 是 20 世纪 60 年代末在美国首先出现的，当时叫可编程逻辑控制器，其作用是取代继电器，以执行逻辑判断、计时、计数等顺序控制功能。首次提出 PLC 概念的是美国通用汽车公司。1968 年，美国通用汽车公司根据汽车制造生产线的需要，希望用电子化的控制器替代继电器控制柜，以减少汽车改型时重新设计、制造继电器控制盘的成本和时间，并要求把计算机控制的优点和继电器–接触器控制的优点结合起来，设想将继电器–接触器控制的硬接线逻辑转变为计算机的软件逻辑编程，且要求编程简单，使不熟悉计算机的人员也能很快掌握其使用技术。针对上述要求，1969 年，美国数字设备公司（DEC 公司）研制出了世界上第一台 PLC（PDP-14），并在美国通用汽车公司的自动装配线上试用成功，取得了满意的效果，PLC 也由此诞生。

随着半导体技术，尤其是微处理器和微型计算机技术的发展，到 20 世纪 70 年代中期以后，在 PLC 中已广泛使用微处理器作为中央处理器，输入/输出模块和外围电路也都采用了中、大规模甚至是超大规模的集成电路。这时的 PLC 已不再是仅具有逻辑判断功能，还同时具有数据处理、PID 调节和数据通信功能。

国际电工委员会（IEC）颁布的 PLC 标准草案中对 PLC 做了如下定义：PLC 是一种数字运算操作的电子系统，专为在工业环境下应用而设计。它采用了可编程序的存储器，用来在其内部存储执行逻辑运算、顺序控制、定时、计数和算术运算等操作的指令，并通过数字式和模拟式的输入与输出，控制各种类型的机械或生产过程。PLC 及其有关外围设备易于与工业控制系统连成一个整体，易于扩充其功能的设计。

PLC 对用户来说是一种无触点设备，改变程序即可改变生产工艺。因此可在初步设计阶段选用 PLC，在实施阶段再确定工艺过程。另外，从制造生产 PLC 的厂商角度看，PLC 在制造阶段不需要根据用户的订货要求专门设计控制器，适用批量生产。由于这些特点，PLC 自问世以后就很快受到工业控制界的欢迎，并得到迅速发展。目前，PLC 已成为工厂自动化的强有力工具，得到了广泛的普及及推广运用。

自 PLC 诞生后，日本、德国、法国等国家相继开发了各自的 PLC，受到工业界的欢迎。20 世纪 70 年代末和 80 年代初，PLC 已成为工业控制领域中占主导地位的基础自动化设备。目前在世界先进工业国家，PLC 已成为工业控制的标准设备，PLC 的应用几乎覆盖了所有工业企业。显然，应用 PLC 技术已成为当今世界潮流，作为工业自动化的三大支柱（PLC 技术、机器人、计算机辅助设计和制造）之一的 PLC 技术，将会跃居主导地位。

近 10 年来，我国的 PLC 研制、生产、应用也发展很快，特别是在应用方面，在引进一些成套设备的同时，也配套引进不少 PLC。例如：上海宝钢第一期工程中就采用了 250 台 PLC，第二期也采用了 108 台 PLC。又如天津化工厂、秦川电站、北京吉普车生产线、西安的彩电和冰箱生产线等，都采用了 PLC。总之，我国的 PLC 应用已获得令人瞩目的经济效益和社会效益。我国在研制、生产自己的 PLC 产品的同时，也引进国外的 PLC，不少公司或替国外的公司推销质量与档次较高的 PLC 产品，并负责售后服务，或与国外公司合资，生产各种档次的 PLC，既返销国外，也向国内销售。可以预见，PLC 的应用将会越来越广泛，我国的工业自动化程度必将提高到一个新的水平。

近年来，国外 PLC 发展的明显特征是产品的集成度越来越高，工作速度越来越快，功能越来越强，使用越来越方便，工作越来越可靠。PLC 可进行模拟量控制和位置控制。特别是远程通信功能的实现及易于实现柔性加工和制造系统，使得 PLC 如虎添翼。PLC 现已广泛应用于冶金、矿业、机械、轻工等领域，为工业自动化提供了有力的工具，加速了机电一体化的进程。国外一些著名大公司每年即可推出一种新产品。对于各种紧凑型、微型 PLC，它们不仅体积小，功能大有提高，将原来大、中型 PLC 才有的功能（如模拟量处理、数据通信等）移植到小型 PLC 上，而且价格不断下降，真正成为继电器的替代物。大、中型 PLC 更是向大容量、增加新的功能、提高运算速度发展，以适应不同控制系统的要求，并采用多种功能的编程语言和先进指令系统，如 BASIC 等高级语言，实现 PLC 之间和 PLC 与管理计算机之间的通信网络，形成多层次分布控制系统或整个工厂的自动化网络。

三、PLC 的特点

1. 编程方法简单易学

梯形图语言的电路符号和表达方式与继电器控制系统电路原理图非常接近，而且某些仅有开关量逻辑控制功能的 PLC 只有十几条指令。通过阅读 PLC 的使用手册或短期培训，电气技术人员或技术工人只要几天的时间就可以熟悉梯形图语言，并用来编制用户程序。

2. 硬件配套齐全，用户使用方便

PLC 配备有品种齐全的各种硬件装置供用户选用，用户不必自己设计和制作硬件装置。用户在硬件方面的设计工作只是确定 PLC 的硬件配置和外部接线。PLC 的安装接线也很方便。

3. 通用性强，适应性强

PLC 的生产具有系列化和模块化特点，硬件配置相当灵活，可以很方便地组成能满足各种控制要求的控制系统。组成系统后，如果工艺变化，可以通过修改用户程序方便快速地适应变化。

4. 可靠性高，抗干扰能力强

绝大多数用户都将可靠性作为选择控制装置的首要条件。PLC 采取了一系列硬件和软件抗干扰措施，可以直接用于有强烈干扰的工业生产现场。PLC 的平均无故障间隔时间高，如日本三菱公司的 F1、F2 系列 PLC 的平均无故障间隔时间长达 30 万 h，这是一般微机所不能比拟的。

5. 系统的设计、安装、调试工作量少

PLC 用软件功能取代了继电器控制系统中大量的中间继电器、时间继电器、计数器等器件，控制柜的设计、安装、接线工作量大大减少。PLC 的梯形图程序很容易被掌握，设计和调试梯形图所花的时间比设计继电器控制系统电路图花的时间要少得多。

6. 维修工作量小，维修方便

PLC 的故障率很低，并且有完善的诊断和显示功能。当 PLC 或外部的输入装置和执行机构发生故障时，可以根据 PLC 上的指示灯或编程器提供的信息迅速地查明故障原因。用更换模块的方法可以迅速地排除 PLC 的故障。

7. 体积小，能耗低

由于 PLC 采用半导体大规模集成电路，因此整个产品结构紧凑、体积小、重量轻、功耗低，以 FX$_{2N}$–80MTD 型 PLC 为例，其外形尺寸为 285 mm×90 mm×87 mm，功耗小于 25 VA。由于体积小，PLC 很容易装入机械设备内部，是实现机电一体化的理想的控制设备。

四、PLC 的分类

目前，PLC 应用广泛，国内外生产厂家众多，所生产的 PLC 产品更是品种繁多，其型号、规格和性能也各不相同。通常，PLC 可以按照结构形式及功能等进行大致的分类。

1. 按结构形式分

按照结构形式的不同，PLC 可以分为整体式和模块式两种。

（1）整体式 PLC 是将 CPU、存储器、I/O 部件等组成部分集中于一体，安装在一块或少数几块印刷电路板上，并连同电源一起装在一个金属或塑料的机壳内，形成一个整体，通常称为主机或基本单元。I/O 接线端子及电源进线分别在机箱的两侧，并有相应的发光二极管显示 I/O 状态。这种结构的 PLC 具有结构紧凑、体积小、重量轻、价格低的优点，易于装置在工业设备的内部，通常适合于单机控制。一般小型和超小型 PLC 多采用这种结构，如日本三菱公司（日本三菱商事株式会社的简称）的 FX 系列 PLC。

（2）模块式 PLC 是把各个组成部分做成独立的模块，如 CPU 模块、I/O 模块、电源模块等。各模块被做成插件式，然后以搭积木的方式将它们组装在一个具有标准尺寸并带有若干插槽的机架内。PLC 厂家备有不同槽数的机架供用户选择。用户可以根据需要选用不同档次的 CPU 模块、I/O 模块和其他特殊模块插入相应的机架底板的插槽中，组成不同功能的控制系统。这种结构的 PLC 配置灵活，装配和维修方便，功能易于扩展。其缺点是结构较复杂，造价也较高。一般大、中型 PLC 都采用这种结构，如日本三菱公司的 A2N、A3N 系列，日本立石公司（日本立石产业株式会社的简称）C 系列的 C1000H、C2000H 及通用电气公司的 90TM–70、90TM–30。

2. 按功能、I/O 点数和存储器容量分

按功能、I/O 点数和存储器容量不同，PLC 可分为小型、中型和大型三类。

（1）小型 PLC：I/O 点数在 256 点以下的为小型 PLC。它可以连接开关量和模拟量 I/O 模块及其他各种特殊功能模块，能执行逻辑运算、计时、计数、算术运算、数据处理和传送、通信联网等功能。如西门子公司的 S7–200，东芝公司的 EX20、EX40，日本三菱公司的 F1、FX0 系列都属于小型机。

（2）中型 PLC：I/O 点数在 512～2 048 点的为中型 PLC。它除了具有小型机所能实现的功能外，还具有更强大的通信联网功能、更丰富的指令系统、更大的内存容量和更快的扫描速度。如西门子公司的 S7–300、日本三菱公司的 A1S 系列都属于中型机。

（3）大型 PLC：I/O 点数在 2 048 点以上的为大型 PLC。它具有极强的软件和硬件功能、自诊断功能、通信联网功能，可以构成三级通信网，实现工厂生产管理自动化。另外，大型 PLC 还可以采用 3 个 CPU 构成表决式系统，使机器具有更高的可能性。如日本立石公司的

C2000、GE 公司的 GE–Ⅳ、日本三菱公司的 A3N 系列都属于大型机。

五、PLC 的功能

（1）控制功能：逻辑控制、定时控制、计数控制、顺序控制。

（2）数据采集、存储与处理功能：数学运算功能、数据处理、模拟数据处理。

（3）I/O 接口调理功能：具有 A/D、D/A 转换功能，通过 I/O 模块完成对模拟量的控制和调节；位数和精度可以根据用户要求选择；具有温度测量接口，直接连接各种热电阻或热电偶。

（4）通信、联网功能。

（5）人机界面功能。

（6）编程、调试等，使用复杂程度不同的手持、便携和桌面式编程器、工作站和操作屏进行编程、调试、监视、试验和记录，并通过打印机打印出程序文件。

六、FX₂N 系列 PLC 的认识

FX$_{2N}$ 系列 PLC 是日本三菱公司推出的 FX 系列 PLC 家族中最先进的系列，其高度为 90 mm，深度为 87 mm，很适合于在机电一体化产品中使用。FX$_{2N}$ 系列具备如下特点：最大范围内包容了标准特点、程式执行更快、全面补充了通信功能、适合世界各国不同的电源及满足单个需要的大量特殊功能模块，可以为工厂自动化应用提供最大的灵活性和控制能力。

FX$_{2N}$ 系列 PLC 的基本指令执行时间为 0.08 μs/指令，内置的用户存储器为 8 KB 步，可扩展到 16 KB 步，可实现多轴定位控制，最多可达 16 轴。机内有实时时钟，PID 指令可实现模拟量闭环控制；有功能很强的数学指令集，如浮点数运算、开平方和三角函数等。每个 FX$_{2N}$ 系列 PLC 的基本单元可扩展 8 个特殊功能模块，其通过通信扩展板或特殊适配器可实现多种通信和数据连接，如连接到世界上最流行的开放式网络 CC–Link、PROFIBUS–DP 和 DeviceNet 或者采用传感器层次的网络解决通信需要。其在机内配备了内置式 24 V、400 mA 直流电源，可用于外围设备（如传感器等）。其采用优良的可维护快速断开端子块，即使接着电缆也可以更换单元。其远程维护功能的实现可以让远处的编程软件通过调制解调器通信来监测、上载或卸载程序和数据。同时为保护客户程序，其系统增加了密码保护功能，用户可使用一个 8 位数字密码保护程序的安全。FX$_{2N}$ 系列 PLC 的基本性能指标见表 3–1–1。

表 3–1–1   FX₂N 系列 PLC 的基本性能指标

项目		基本性能指标
运算控制方式		存储程序，反复运算
I/O 控制方式		批处理方式（在执行 END 指令时），可以使用 I/O 刷新
运算处理速度	基本指令	0.08 μs/指令
	应用指令	1.25 μs/指令到数百 μs/指令
程序语言		逻辑梯形图和指令表，可以用步进指令来生成顺序控制指令
程序容量（EEPROM）		内置 8 KB 步，用存储卡可达 16 KB 步
指令容量	基本指令、步进指令	基本指令 27 条，步进指令 2 条
	应用指令	128 条
I/O 设置		最多 256 点

1. FX$_{2N}$ 系列 PLC 型号命名方式

FX 系列 PLC 的型号含义如图 3-1-3 所示。

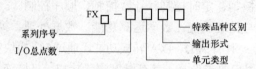

图 3-1-3   FX 系列 PLC 的型号含义

（1）系列序号：0、0S、0N、2、2C、1S、2N、2NC。

（2）单元类型：M——基本单元；E——输入/输出混合扩展单元及扩展模块；EX——输入专用扩展模块；EY——输出专用扩展模块。

（3）输出形式：R——继电器输出；T——晶体管输出；S——晶闸管输出。

（4）特殊品种区别：D——DC 电源，DC 输入；A1——AC 电源，AC 输入；H——大电流输出扩展模块（1A/1 点）；V——立式端子排的扩展模块；C——接插口输入/输出方式；F——输入滤波器 1 ms 的扩展模块；L——TTL 输入扩展模块；S——独立端子（无公共端）扩展模块。

若特殊品种区别一项无符号,说明通指 AC 电源,DC 输入,横排端子排；继电器输出 2 A/1 点；晶体管输出 0.5 A/1 点；晶闸管输出 0.3 A/1 点。

例如，FX$_{2N}$-48MRD 的含义为 FX$_{2N}$ 系列，I/O 总点数为 48 点，继电器输出，DC 电源，DC 输入基本单元。

FX 系列 PLC 还有一些特殊的功能模块，如模拟量 I/O 模块、通信接口模块及外围设备等，使用时可以参照 FX 系列 PLC 产品手册。

2. 常用 FX$_{2N}$ 系列 PLC 的型号规格

常用 FX$_{2N}$ 系列 PLC 的型号规格如表 3-1-2 所示。

表 3-1-2   常用 FX$_{2N}$ 系列 PLC 的型号规格

分类	型号	I/O 点数		备注
		I	O	
基本单元（BU）	FX$_{2N}$-16M	8	8	后缀：R——继电器输出；T——晶体管输出；S——晶闸管输出 有内部电源、CPU、I/O、存储器，能单独使用（FX$_{2N}$-16M、FX$_{2N}$-128M 无可控硅输出型）
	FX$_{2N}$-32M	16	16	
	FX$_{2N}$-48M	24	24	
	FX$_{2N}$-64M	32	32	
	FX$_{2N}$-80M	40	40	
	FX$_{2N}$-128M	64	64	
扩展单元（EU）	FX$_{2N}$-32ER/ET	16	16	有内部电源、I/O，无 CPU，不能单独使用，只能和 BU 合并使用
	FX$_{2N}$-48ER/ET	24	24	
扩展模块（EB）	FX$_{2N}$-8ER	4	4	无电源、CPU，仅提供 I/O，不能单独使用，电源从 BU 或 EU 处获得
	FX$_{2N}$-8EX	8	—	
	FX$_{2N}$-8EYR/T	—	8	
	FX$_{2N}$-16EX	16	—	
	FX$_{2N}$-16EYR/T	—	16	

分类	型号	I/O 点数		备注
		I	O	
特殊功能模块 （SEB）	FX$_{2N}$–CNV–IF	8		FX$_{2N}$ 与 FX$_2$ 系列 SEB 连接的转换电缆
	FX$_{2N}$–4DA	8		模拟量输出模块（4 路）
	FX$_{2N}$–4DA–PT	8		温度控制模块（铂电阻）
	FX$_{2N}$–4DA–TC	8		温度控制模块（热电偶）
	FX$_{2N}$–1HC	8		50 kHz 两相高速计数单元
	FX$_{2N}$–1PG	8		50 kpps 脉冲输出模块
	FX$_{2N}$–232IF	8		RS–232 通信接口
特殊功能板	FX$_{2N}$–8AV–BD	—		容量适配器
	FX$_{2N}$–422–BD	—		RS–422 通信板

七、PLC 的工作方式

PLC 虽具有微机的许多特点，但它的工作方式却与微机有很大不同。微机一般采用等待命令的工作方式，如常见的键盘扫描方式或 I/O 扫描方式，有键按下或 I/O 动作则转入相应的子程序，无键按下则继续扫描。PLC 则采用循环扫描的工作方式，在 PLC 中，用户程序按先后顺序存放，CPU 从第一条指令开始执行程序，直至遇到结束符后又返回第一条，如此周而复始不断循环。这种工作方式是在系统软件控制下，顺次扫描各输入点的状态，按用户程序进行运算处理，然后顺序向输出点发出相应的控制信号。PLC 正常工作所要完成的任务包括：PLC 内部各工作单元的自诊断；PLC 与外围设备间的通信；用户程序的完成这 3 部分。

1. PLC 内部各工作单元的自诊断

PLC 在每次扫描用户程序之前都先执行故障自诊断程序。自诊断对象包括 I/O 部分、存储器、CPU 等。若发现异常，则停机显示出错。若自诊断正确，则继续向下扫描。

2. PLC 与外围设备间的通信

PLC 检查是否有与编程器和计算机的通信请求。若有与编程器的通信请求，则进行相应处理，如接收由编程器送来的程序、命令和各种数据，并把要显示的状态、数据、出错信息等发送给编程器进行显示。如果有与计算机的通信请求，也在这段时间完成数据的接收和发送任务。

3. 用户程序的完成

用户程序的完成可分为输入处理、程序执行及输出处理 3 个阶段。

（1）输入处理阶段：PLC 顺序读入所有输入端子的状态，并将读入的信息存入内存中所对应的输入映像寄存器。

（2）程序执行阶段：根据 PLC 梯形图程序的扫描原则，按先左后右、先上后下的步序逐句扫描，执行程序。

（3）输出处理阶段：将输出映像寄存器中寄存器的状态转存到输出锁存器，通过隔离电路、驱动功率放大电路使输出端子向外界输出控制信号，驱动外部负载。

PLC 工作过程如图 3–1–4 所示。

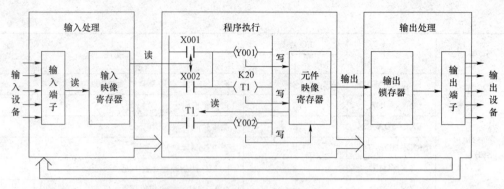

图 3-1-4　PLC 工作过程

PLC 经过的以上 3 阶段的工作过程称为一个扫描周期。PLC 完成一个扫描周期后，又重新执行上述过程，周而复始地进行扫描。扫描周期是 PLC 的重要指标之一，在不考虑与编程器等的通信时间时，扫描周期 T 为

$$T= 读入 1 点时间×输入点数+运算速度×程序步数+$$
$$输出 1 点时间×输出点数+故障诊断时间$$

显然，扫描时间主要取决于程序的长短。一般每秒钟可扫描数十次以上，这对于工业设备通常没有什么影响，但对控制时间要求较严格。响应速度要求快的系统，就应该精确地计算响应时间，细心编排程序，合理安排指令的顺序，以尽可能减少扫描周期造成的响应延时等不良影响。

PLC 控制与继电器-接触器控制的重要区别之一就是工作方式不同。继电器-接触器是按"并行"方式工作的，也就是说，它是按同时执行的方式工作的，只要形成电流通路，就可能有几个继电器同时动作。而 PLC 是以反复扫描的方式工作的，它是循环、连续地逐条执行程序，任一时刻它都只能执行一条指令，即 PLC 是以串行方式工作的。这种串行工作方式可以避免继电器-接触器控制的触点竞争和时序失配等问题。而 PLC 循环扫描的工作方式也是 PLC 区别于微机的最大特点。

八、PLC 的组成

PLC 种类繁多，但其基本结构基本相同，图 3-1-5 为 PLC 硬件结构实物图。PLC 的基本结构一般由 CPU、存储器（ROM、RAM）、I/O 单元、电源和编程工具等几部分组成。对于整体式 PLC，所有部件都装在同一机壳内，其组成如图 3-1-6 所示；对于模块式 PLC，各部件独立封装成模块，各模块通过总线连接，安装在机架上，其组成如图 3-1-7 所示。无论是哪种结构类型的 PLC，都可根据用户需要进行配置与组合。尽管整体式与模块式 PLC 的结构不太一样，但各部分的功能作用是相同的。

图 3-1-5　PLC 硬件结构实物图

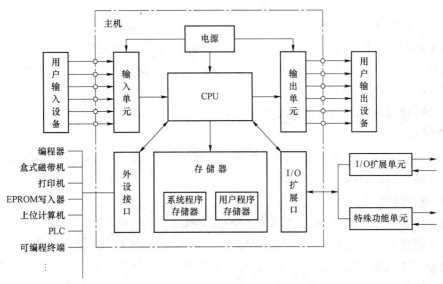

图 3-1-6　整体式 PLC 组成示意图

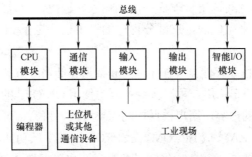

图 3-1-7　模块式 PLC 组成示意图

1. CPU

与一般计算机一样，CPU 是 PLC 的核心，它按 PLC 中系统程序赋予的功能指挥 PLC 有条不紊地进行工作，其主要功能有：

（1）接收并存储从编程器输入的用户程序和数据。

（2）诊断 PLC 内部电路的工作故障和编程中的语法错误。

（3）用扫描的方式通过 I/O 部件接收现场的状态或数据，并存入输入映像存储器或数据存储器中。

（4）PLC 进入运行状态后，从存储器逐条读取用户指令，解释并按指令规定的任务进行数据传送、逻辑或算术运算等；根据运算结果，更新有关标志位的状态和输出映像存储器的内容，再经输出部件实现输出控制、制表打印或数据通信等功能。

PLC 中常用的 CPU 主要采用通用微处理器（如 8080、8086、80286、80386 等）、单片机（如 8031、8096 等）和位片式微处理器（如 AMD29W 等）3 种类型。小型 PLC 大多采用 8 位通用微处理器和单片机；中型 PLC 大多采用 16 位通用微处理器和单片机；大型 PLC 大多采用高速位片式微处理器。

目前，小型 PLC 为单 CPU 系统，而中、大型 PLC 则大多为双 CPU 系统，甚至有些 PLC 有多达 8 个 CPU。对于双 CPU 系统，一般其中一个为字处理器，一般采用 8 位或 16 位处理器；另一个为位处理器，采用由各厂家设计制造的专用芯片。字处理器为主处理器，用于执行编程器接口功能，监视内部定时器和扫描时间，处理字节指令及对系统总线和位处理器进行控制等。位处理器为从处理器，主要用于处理位操作指令和实现 PLC 编程语言向机器语言的转换。位处理器的采用提高了 PLC 的速度，使 PLC 能更好地满足实时控制要求。

2. 存储器

在 PLC 主机内部配有两种存储器：系统存储器和用户存储器。存储器是用来存放系统程序、用户程序和运行数据的单元。

1）系统存储器

系统存储器用来存放由 PLC 厂家编写的系统程序，并固化在只读存储器（ROM）内，用户不能直接更改。它使 PLC 具有基本的功能，能够完成 PLC 设计者规定的各项工作。系统程序内容主要包括 3 部分：第一部分为系统管理程序，主要控制 PLC 的运行，使整个 PLC 按部就班地工作；第二部分为用户指令解释程序，通过用户指令解释程序将 PLC 的编程语言变为机器语言指令，再由 CPU 执行这些指令；第三部分为标准程序模块与系统调用程序，包括许多不同功能的子程序及其调用管理程序，如输入、输出及特殊运算等的子程序。PLC 的具体工作都是由系统程序来完成的，这部分程序的多少也决定了 PLC 性能的高低。

2）用户存储器

用户存储器包括用户程序存储器（程序区）和数据存储器（数据区）两种，前者用于存放用户程序，后者用来存放或记忆用户程序执行过程中使用 ON/OFF 的状态量或数值量，以生成用户数据区。用户存储器的内容由用户根据控制需要可读、可写，可任意修改、删减，可采用高密度、低功耗的 CMOS RAM 或 EPROM、EEPROM。其中低功耗的 CMOS RAM 由锂电池实现断电保护，一般能保持 5～10 年，经常带负载运行也可保持 2～5 年。用户存储器容量是 PLC 的一项重要技术指标，其容量一般以"步"为单位（16 位二进制数为 1"步"或称为"字"）。

3. I/O 单元

I/O 单元是 PLC 与外界连接的接口，是使过程状态和参数输入到 PLC 的通道及实时控制信号输出的通道。输入接口用来接收和采集两种类型的输入信号：一类是从按钮、选择开关、数字拨码开关、限位开关、接近开关、光电开关、压力继电器等输入的开关量信号；另一类是由电位器、热电偶、测速电机和各种变送器等输入的连续变化的模拟量信号。输出接口用来连接被控对象中的各种执行元件，如接触器、电磁阀、指示灯、调节阀、调速装置等。

1）输入单元

通常 PLC 的开关量输入接口按使用的电源不同分 3 种类型：直流 12～24 V 输入接口、交流 100～120 V 或 200～240 V 输入接口、交直流 12～24 V 输入接口。外界输入器件可以是无源触点或者是有源传感器的集电极开路的晶体管。

（1）直流输入接口电路。

如图 3-1-8 所示，由于各输入端口的输入电路都相同，因此图中只绘制了 2 个输入端口的输入电路。图 3-1-8 中点划线框中的内部电源、输入指示灯、光耦合器都属于 PLC 内部电路，点划线框外的开关属于用户接线。R1、R2 分压，R1 起限流作用，R2 及 C 构成滤波电路。输入电路采用光耦合器实现输入信号与机内电路的耦合，COM 为公共端子。当输入端的开关接通时，光耦合器导通，直流输入信号转换成 TTL 标准信号送入 PLC 的输入电路，同时输入指示灯亮，表示输入端接通。

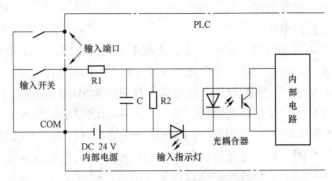

图 3-1-8 直流输入接口电路

（2）交流输入接口电路。

图 3-1-9 为交流输入接口电路，为减小高频信号串入，电路中设有隔直电容 C。

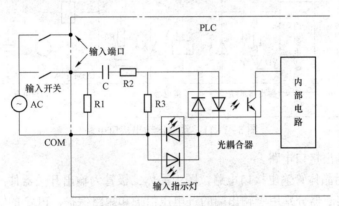

图 3-1-9 交流输入接口电路

（3）交直流输入接口电路。

图 3-1-10 为交直流输入接口电路，其内部电路结构与直流输入接口电路基本相同，所不同的是外接电源除直流电源外，还可用 12～24 V 交流电源。

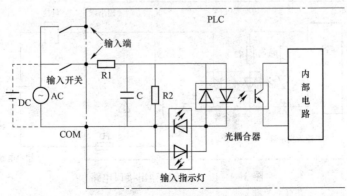

图 3-1-10 交直流输入接口电路

2）输出单元

按输出电路所用开关器件的不同，PLC 的输出单元分继电器输出、晶体管输出、晶闸管输出 3 种形式。其中晶闸管输出只能带交流负载；晶体管输出只能带直流负载；继电器输出既可带直流负载也可带交流负载。

（1）继电器输出接口电路。

图 3-1-11 为继电器输出接口电路，点划线框中的内部电路、输出指示灯、继电器属于 PLC 内部电路，点划线框外的负载和用户电源属于 PLC 的驱动负载电路。图 3-1-11 中只画了一个输出端的输出电路，这是因为各个输出端所对应的输出电路均相同。在图 3-1-11 中，继电器既是输出开关器件，又是隔离器件，电阻 R1 和输出指示灯组成输出状态显示器；电阻 R2 和 C 组成 RC 灭弧电路。当需要某一输出端产生输出时，由 CPU 控制，将输出信号输出，接通输出继电器线圈，输出继电器的触点闭合，使外部负载电路接通，同时输出指示灯亮，指示该路输出端有输出。负载所需交直流电源由用户提供。

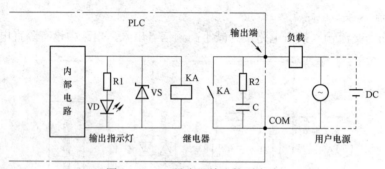

图 3-1-11　继电器输出接口电路

（2）晶体管输出接口电路。

图 3-1-12 为晶体管输出接口电路，图中晶体三极管为输出开关器件，光耦合器为隔离器件。稳压管和熔断器分别用于输出端的过电压保护和短路保护。PLC 的输出由用户程序决定。当需要某一输出端产生输出时，由 CPU 控制，将输出信号经光耦合器输出，使晶体管导通，相应的负载接通，同时输出指示灯亮，指示该路输出端有输出。负载所需直流电源由用户提供。

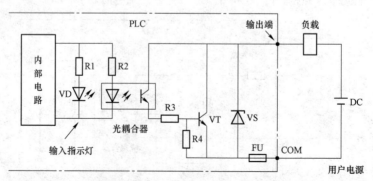

图 3-1-12　晶体管输出接口电路

（3）晶闸管输出接口电路。

图 3-1-13 为晶闸管输出接口电路，图中双向晶闸管为输出开关器件，由它组成的固态继电器具有光电隔离作用，作为隔离元件。电阻 R2 和电容 C 组成高频滤波电路，减少高频信号干扰。在输出回路中还设有阻容过压保护和浪涌吸收器，可承受严重的瞬时干扰。当需要某一输出端产生输出时，由 CPU 控制，将输出信号经光耦合器使输出回路中的双向晶闸管导通，相应的负载接通，同时输出指示灯亮，指示该路输出端有输出。负载所需交流电源由用户提供。

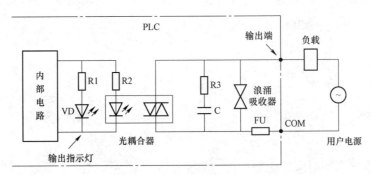

图 3-1-13　晶闸管输出接口电路

在各输出单元中，继电器输出最常用，但是由于继电器触点的电气寿命一般为 10 万～30 万次，因此在需要输出点频繁通断的场合，应选用采用晶体管或晶闸管输出的 PLC。PLC 的输出单元也有共点式、分组式、隔离式之分，可参阅随机使用手册。

4. 电源

PLC 的供电电源是一般市电，即 220 V 单相交流电源，也有用直流 24 V 供电的。PLC 对电源稳定度要求不高，一般允许电源电压额定值在-15%～+10%的范围内波动。PLC 内有一个稳压电源，用于对 PLC 的 CPU 和 I/O 单元电源供电。小型 PLC 电源往往和 CPU 合为一体，中、大型 PLC 都有专门电源。有些 PLC 电源部分还有 24 V 直流输出，用于对外部传感器供电，但电流往往是毫安级。所有输出电路的负载电源由外部提供，通常采用熔断器进行保护。

5. 编程工具

PLC 的编程工具主要有专用编程器和计算机辅助编程两类。专用编程器由 PLC 制造厂家提供，分为简易编程器和图形编程器。其中简易编程器只能输入语句表程序，而图形编程器则可用多种编程语言编写程序。计算机辅助编程是根据 PLC 制造厂家提供的计算机辅助编程软件，在计算机上用多种编程语言完成编程工作，然后通过通信电缆将程序下载到 PLC。

除了上面介绍的这几个主要部分外，PLC 上还配有和各种外围设备连接的接口，均用插座引出到外壳上，可配接计算机、打印机、录音机及 A/D、D/A、串行通信模块等，可以用电缆进行连接。

学习活动三　相关指令和硬件的学习

活动目标

1. 掌握 PLC 基本指令（LD、LDI、OUT、AND、ANI、OR、ORI、OUT、END）。

2. 画出三相电源、两相电源、PLC 模块、按钮、指示灯、接触器的图形文字符号，知道其作用并学会接线。

☞ 学习过程

1. 说明输入继电器 X 和输出继电器 Y 的工作原理，它们和传统继电器有什么区别？

2. 根据画出的继电器–接触器控制电气原理图学习基本逻辑指令，然后完成以下配对。

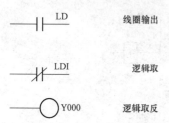

——ㅓㅏ—— LD	线圈输出
——ㅓ/ㅏ—— LDI	逻辑取
——◯ Y000	逻辑取反

3. 写出下面梯形图对应的指令。

```
  ┤ X000 ├──────┤/ X002 ├────◯ Y000
  ┤ Y000 ├
```

4. 试画出 PLC 控制 CA6140 型车床照明系统的梯形图，并列写指令表。

☞ 相关知识

一、输入继电器 X 和输出继电器 Y

PLC 的 CPU 所能处理的信号只能是标准电平，因此现场的输入信号如按钮、行程开关、限位开关及传感器输出的开关信号，需要通过 PLC 的输入单元的转换和处理才可以传递给CPU。

同样，PLC 的输出信号也只有通过输出单元的转换和处理，才能驱动电磁阀、接触器和继电器等执行机构的线圈。

1. 输入继电器 X

PLC 的输入端子是 PLC 接收外部开关信号的窗口。PLC 内部与 PLC 输入端子相连的输入继电器 X，是采用光电隔离的电子继电器，它们将外部信号的状态读入并存储在输入映像寄存器中。PLC 控制系统示意图如图 3-1-14 所示。线圈的吸合或释放只取决于 PLC 外部触点的状态，其内部有常开触点和常闭触点供编程时随时使用，且使用次数不限。

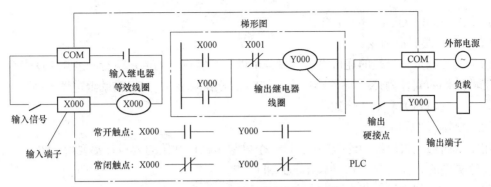

图 3-1-14 PLC 控制系统示意图

FX$_{2N}$ 系列 PLC 的输入继电器采用八进制编号，与接线端子编号一致，如 X000～X007、X010～X017，其编号范围为 X000～X267，最多可达 184 点。通过 PLC 编程软件输入时，会自动生成 3 位八进制的编号，因此在标准梯形图中输入继电器的编号是 3 位编号，但在非标准梯形图中，习惯写作 X0～X7、X10～X17 等。输出继电器的写法与此类似。

如图 3-1-14 所示，X000 端子外接的输入信号接通时，它对应的输入映像寄存器状态为 "1"，断开时状态为 "0"。输入继电器的状态唯一地取决于外部输入信号的状态，不受用户程序的控制，因此在梯形图中绝对不可能出现输入继电器的线圈。

2. 输出继电器 Y

PLC 的输出继电器 Y 与 PLC 的输出端子相连，是 PLC 向外部负载发送信号的窗口。输出继电器用来将 PLC 的输出信号传送给输出单元，再由输出单元驱动外部负载。

如图 3-1-14 所示，当梯形图中 Y000 线圈 "通电" 时，继电器型输出单元中对应的硬件继电器的常开触点闭合，使外部负载工作。输出单元中的每一个硬件继电器仅有一个对应的常开触点，但是在梯形图中，每一个输出继电器的常开触点与常闭触点都可以无限次使用。

FX$_{2N}$ 系列 PLC 的输出继电器采用八进制编号，与接线端子编号一致，如 Y000～Y007、Y010～Y017，其编号范围为 Y000～Y267，最多可达 184 点，但输入、输出继电器点数总和不能超过 256 点。扩展单元和扩展模块的输入、输出继电器的元件号是从基本单元开始，按从左到右、从上到下的顺序采用八进制编号。表 3-1-3 给出 FX$_{2N}$ 系列 PLC 输入/输出继电器的元件号。

表 3-1-3 FX$_{2N}$ 系列 PLC 输入/输出继电器的元件号

型号	FX$_{2N}$-16M	FX$_{2N}$-32M	FX$_{2N}$-48M	FX$_{2N}$-64M	FX$_{2N}$-80M	FX$_{2N}$-128M	扩展时
输入	X000～X007	X000～X017	X000～X027	X000～X037	X000～X047	X000～X077	X000～X267
输出	Y000～Y007	Y000～Y017	Y000～Y027	Y000～Y037	Y000～Y047	Y000～Y077	Y000～Y267

二、基本指令

PLC 的基本指令是最常用的指令。FX 系列 PLC 有基本指令 20 或 27 条、步进指令 2 条、应用指令 100 多条（不同系列有所不同）。FX$_{2N}$ 系列 PLC 共有 27 条基本指令，其中包含了有些子系列 PLC 的 20 条基本指令。

1. LD、LDI、OUT、END 指令

（1）LD，逻辑取指令。

用于常开触点与母线的连接指令。每一个以常开触点开始的逻辑行都要用 LD 指令。LD 指令能够操作的元件为 X（输入继电器）、Y（输出继电器）、M（辅助继电器）、S（状态继电器）、T（定时器）和 C（计数器）。

（2）LDI，取反指令。

用于常闭触点与母线的连接指令。每一个以常闭触点开始的逻辑行都要用 LDI 指令。LDI 指令能够操作的元件为 X、Y、M、S、T 和 C。

（3）OUT，线圈驱动指令。

用于线圈的驱动，也称输出指令，用于将逻辑运算的结果驱动一个指定的线圈。OUT 指令能够操作的元件为 Y、M、S、T 和 C。

（4）END，程序结束指令。

用于程序的结束，是一条没有目标元件的指令。若在程序中写入 END 指令，则 END 指令之后的程序就不再执行，将强制结束当前的扫描过程，直接进行输出处理。在调试过程中，可以按段插入 END 指令进行分段调试，逐渐扩大对各种程序动作的检查。该段程序调试完以后必须把插入的 END 指令删掉。

（5）应用举例。

LD、LDI、OUT、END 指令的使用说明如图 3-1-15 所示。

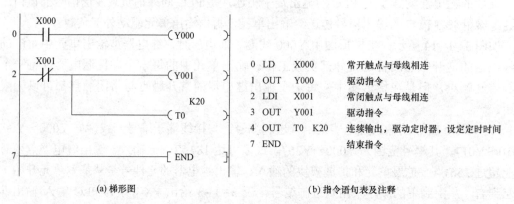

(a) 梯形图　　　　　　　　　(b) 指令语句表及注释

图 3-1-15　LD、LDI、OUT、END 指令的使用说明

（6）指令使用说明。

LD、LDI 指令还可以与 ANB、ORB 指令配合使用，用于分支回路开头。

OUT 指令不能驱动输入继电器。OUT 指令可以连续使用多次，对应的被驱动线圈并联输出。

当 OUT 指令的驱动对象为 T 或 C 时，必须设置定时时间或计数值。

2. AND、ANI、OR、ORI 指令

（1）AND，与指令。

用于一个常开触点与另一个触点的串联连接，完成逻辑"与"运算。AND 指令能够操作的元件为 X、Y、M、S、T 和 C。

（2）ANI，与非指令。

用于一个常闭触点与另一个触点的串联连接,完成逻辑"与非"运算。ANI 指令能够操作的元件为 X、Y、M、S、T 和 C。

(3) OR,或指令。

用于一个常开触点与另一个触点的并联连接,完成逻辑"或"运算。OR 指令能够操作的元件为 X、Y、M、S、T 和 C。

(4) ORI,或非指令。

用于一个常开触点与另一个触点的并联连接,完成逻辑"或非"运算。ORI 指令能够操作的元件为 X、Y、M、S、T 和 C。

(5) 应用举例。

AND、ANI、OR、ORI 指令的使用说明如图 3-1-16 所示。

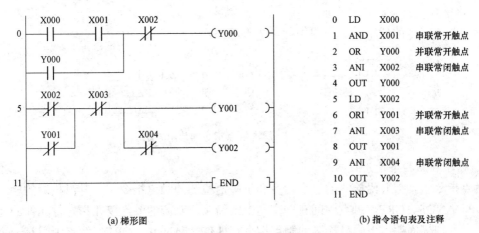

(a) 梯形图   (b) 指令语句表及注释

图 3-1-16 AND、ANI、OR、ORI 指令的使用说明

(6) 指令使用说明。

AND 和 ANI 是单个触点串联连接指令,该指令可以多次连续使用,即几个触点串联在一起,且串联 T 的次数没有限制。

OR 和 ORI 是单个触点并联连接指令,并联触点的左侧接到该指令所在电路块的起始点 LD 处,右端则与前一条指令对应的触点右端相连。该指令可以多次连续使用,即几个触点并联在一起,且并联的次数没有限制。

三、脉冲触点指令

脉冲触点指令如表 3-1-4 所示。

表 3-1-4 脉冲触点指令

符号与名称	功能	电路表示
LDP(取脉冲上升沿)	上升沿检出运算开始	———↑├———┤├———(M1)—
LDF(取脉冲下降沿)	下降沿检出运算开始	———↓├———┤├———(M1)—
ANDP(与脉冲上升沿)	上升沿检出串联连接	———┤├———↑├———(M1)—

续表

符号与名称	功能	电路表示
ANDF（与脉冲下降沿）	下降沿检出串联连接	⊢⊢⊢ ⊢↓⊦————（ M1 ）⊣
ORP（或脉冲上升沿）	上升沿检出并联连接	⊢⊢⊢ ⊢⊢————（ M1 ）⊣ ⊢↑↑⊦
ORF（或脉冲下降沿）	下降沿检出并联连接	⊢⊢⊢ ⊢⊢————（ M1 ）⊣ ⊢↓↓⊦

1. 脉冲触点指令的使用方法

脉冲触点指令的使用方法如图 3-1-17 所示。

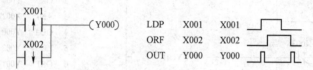

图 3-1-17　脉冲触点指令的使用方法

2. 脉冲触点指令使用说明

触点指令包括上升沿检测的触点指令和下降沿检测的触点指令。上升沿检测的触点指令有 LDP、ANDP、ORP，触点中间有一个向上的箭头，对应的触点仅在指定位元件的上升沿时接通一个扫描周期；下降沿检测的触点指令有 LDF、ANDF、ORF，触点中间有一个向下的箭头，对应的触点仅在指定位元件的下降沿时接通一个扫描周期。其中各脉冲触点指令的操作元件均为 X、Y、M、S、T、C，其程序步为 2 步。

四、用继电转换法改造继电器-接触器控制系统的方法

在根据继电器电路图来改造设计 PLC 的梯形图时，关键是要抓住它们的一一对应关系，即控制功能的对应、逻辑功能的对应及继电器硬件元件和 PLC 软件元件的对应。

在分析 PLC 控制系统功能时，可以将 PLC 想象成一个继电器控制电路中的控制箱。PLC 中的 I/O 接线图描述的是这个控制箱的外部接线，PLC 的梯形图是这个控制箱的内部"接线图"。用继电转换法改造继电器-接触器控制系统的方法如下所述。

（1）了解和熟悉被控设备的工艺过程和机械的动作情况，根据继电器控制电路图分析和掌握控制系统的工作原理。

（2）确定 PLC 的输入信号和输出负载，以及对应的梯形图中的输入继电器和输出继电器的元件号，画出 PLC 外部硬件接线图。

（3）确定与继电器电路图的中间继电器、时间继电器分别对应的梯形图中的辅助继电器（M）和定时器（T）的元件号。

① 控制系统：继电器-接触器控制系统中的 PLC 控制系统。

② 输入端：按钮、控制开关、限位开关、接近开关。

③ 输出端：交流接触器、电磁阀交流接触器、电磁阀。

④ 其他：T、中间继电器、M。

（4）根据上述对应关系画出 PLC 的梯形图。

第（2）步和第（3）步建立了继电器控制电路图中的硬件元件和梯形图中的软件之间的对应关系，将继电器控制电路图转换成对应的梯形图。

（5）根据被控设备的工艺过程、机械的动作情况及梯形图编程的基本规则，优化梯形图，使梯形图既符合控制要求，又具有合理性和可靠性。

（6）根据梯形图写出其对应的指令程序。

学习活动四　绘制 PLC 外部硬件接线图，安装接线

☞ 活动目标

1. 绘制 PLC 外部硬件接线图。

2. 按 PLC 外部硬件接线图，在保证人身和设备安全的情况下进行安装接线。

☞ 学习过程

1. 查阅相关资料，绘制本任务系统 PLC 外部硬件接线图。

2. 按照 PLC 外部硬件接线图纸完成安装。

引导问题 1： 安装接线的过程中都需要注意什么？

引导问题 2： 安装过程中遇到哪些问题，如何解决？

所遇问题	解决方法

3. 系统线路安装完毕后，组内进行自检和互检（相关内容记录在下表中）。

断电检查情况记录表

测试内容	自检情况记录	互检情况记录
用万用表对 PLC 输出电路进行断电测试		
用万用表对 PLC 输入电路进行断电测试		
用万用表对主电路进行断电测试		

相关知识

PLC 接线中输入接口的主要作用是完成外部信号到 PLC 内部信号的转换。PLC 的输入接口连接输入信号，主要包括开关、按钮、传感器等触点类型的元件，每个触点的两个接头分别连接一个输入点及输入公共端 COM。如图 3-1-18 所示，按钮 SB$_1$、行程开关 SQ$_1$ 和接近开关 SP$_1$ 接到输入继电器 X 上面。

PLC 接线中输出接口的主要作用是完成 PLC 内部信号到外部信号的转换。PLC 输出接口上连接的元件主要是继电器、接触器、电磁阀的线圈或其他负载，这些元件均采用 PLC 机外的专用电源供电。接线时，负载的一端接输出点，另一端经电源接输出公共端，由 PLC 输出点的 ON/OFF 进行驱动控制。由于输出接口连接的负载所需的电源种类及电压不同，输出口公共端分为许多组，而且组间是隔离的。如图 3-1-18 所示，接触器线圈 KM$_1$ 和电磁阀线圈 YV$_1$ 接到输出继电器 Y 上面。

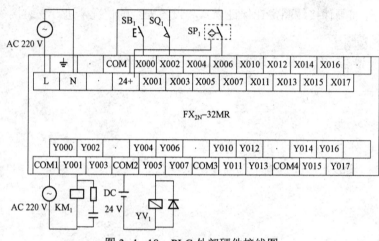

图 3-1-18 PLC 外部硬件接线图

1. 输入接线

PLC 外部电路的外部节点输入形式共分为以下 3 种：无源节点输入即开关节点输入；NPN 和 PNP 节点输入；串二极管输入。

（1）无源节点输入（开关节点输入）。

此种节点形式是 PLC 输入用得最多的一种形式。使用此种形式时，只要注意 PLC 的输入公共端是共阳极还是共阴极就行了。如图 3-1-19 所示，如 PLC 的输入公共端为共阳极，则通过开关节点引入的应该是负极；如为共阴极，则经过开关节点引入的应该是正极。

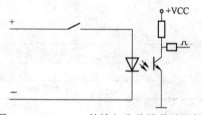

图 3-1-19 PLC 的输入公共端是共阳极

（2）NPN 和 PNP 节点输入。

一些传感器或接近开关的输出节点是 NPN 或 PNP 节点形式，这时，作为 PLC 的输入，是选 NPN 节点还是 PNP 节点，一方面要看 PLC 的接线形式，另一方面还要看传感器或接近开关的接线形式。下面举例来说明。如图 3-1-20 所示，传感器的输出是 NPN 节点形式的，从图中负载接线可知，传感器动作时，输出 0 V（黑色线④处）。这就要求 PLC 的输入公共端是正极。因此，对于此线路，当 PLC 的输入公共端接正极时，PLC 的输入就只能用 NPN 节点形式。

图 3-1-21 与图 3-1-20 正好相反，当传感器动作时，其输出为正极（黑色线④处），此时，就要求 PLC 的输入公共端接负极。因此，对于此线路，当 PLC 的输入公共端接负极时，PC 的输入就只能用 PNP 节点形式。PLC 的输入节点到底是采用 PNP 节点还是 NPN 节点，只要明白 PLC 输入内部的电路原理就行了。无论是采用 PNP 节点，还是采用 NPN 节点，都必须保证 PLC 输入电路内部光耦合部分的发光二极管得电。以上两例是以西门子 PLC 为例，西门子 PLC 输入电路内部光耦合的公共端可以是共阴极或共阳极，因此，在考虑使用 NPN 或 PNP 节点输入时，可以改变公共端的正极或负极来分别使用。而对于日本三菱公司 FX 系列的 PLC，因光耦合的公共端是固定采用共阳极的，因此其输入公共端只能接正极，输入也就只能使用 NPN 节点输入方式。

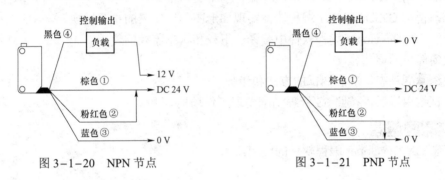

图 3-1-20　NPN 节点　　　　　　　图 3-1-21　PNP 节点

（3）串二极管输入。

有时，需要在 PLC 的输入节点中串入一个发光二极管来作为指示，一般 PLC 都会规定串入二极管的允许压降及允许串入的二极管的个数。比如 FX 系列 PLC 规定，发光二极管允许压降为 4 V，最多允许串入 2 个。

（4）PLC 输入信号的常用电源。

PLC 经常使用内置 DC 24 V 电源，除此之外，还可以使用 DC 24 V、AC 100～120 V 或 200～240 V 的工业电源。

2. 输出接线

（1）输出端与负载的连接。

输出端接线分为独立输出和公共输出。当 PLC 的输出继电器或晶闸管动作时，同一号码的两个输出端接通。在不同组中，可采用不同类型电压等级的输出电压，但在同一组中的输出只能用同一类型、同一电压等级的电源。

（2）输出端的保护。

PLC 的输出端经常连接的是感性输出设备（感性负载），为了抑制感性电路断开时产生的电压使 PLC 内部输出元件损坏，当 PLC 与感性输出设备连接时，如果是直流感性负载，应在其两端并联续流二极管（如图 3-1-22（a）所示）；如果是交流感性负载，应在其两端并联阻容吸收电路（如图 3-1-22（b）所示）。续流二极管可选用额定电流为 1 A、额定电压大于 3 倍电源电压的二极管；电阻值可取 50～1 209 Ω，电容值可取 0.1～0.47 F，电容的额定电压应大于电源的峰值电压。此外，接线时要注意续流二极管的极性。

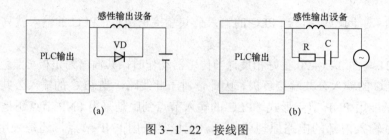

图 3-1-22　接线图

学习活动五　程序的编写与调试及项目验收

☞ 活动目标

1. 熟练使用 GX Developer 编程软件输入基本逻辑指令。
2. 熟悉使用 GX Developer 编程软件实现梯形图和语句表的相互转换。
3. 熟悉 GX Developer 编程软件中编译、下载和状态监控的使用。
4. 读懂简单的语句程序。
5. 熟练掌握动态、静态调试的方法和步骤。
6. 调试结束以后,按照 6S 管理制度整理工作场地。

☞ 学习过程

1. 熟悉 GX Developer 编程软件的应用。

2. 项目程序设计:用 GX Developer 编程软件输入工作台自动往返控制的梯形图或指令表。

3. 进行系统运行调试,并完成下表。

测试内容	能否正向启动运行	能否逆向启动运行	能否过载保护	能否短路保护	测试结果(合格/不合格)	
					自检	互检
工作台						

4. 项目验收。

(1) 在验收阶段,各小组派代表交叉验收,并填写验收结果。

验收问题记录	整改措施	完成时间	备注

（2）以小组为单位填写本项目验收情况，并结合"学习活动一"中的工作任务单将项目验收报告填写完整。

工作台自动往返控制系统的 PLC 设计项目验收报告

工程建设名称			
工程完成概况及现存问题			
改进措施			
建设单位		联系人	
地址		电话	
施工单位		联系人	
地址		电话	
项目负责人		施工周期	
验收结果	完成时间	施工质量	材料移交

5. 进行现场施工评价，并完成现场施工评价表。

现场施工评价表

班级：＿＿＿＿＿　　组别：＿＿＿＿＿　　组长：＿＿＿＿＿

组员：＿＿＿＿＿＿＿＿＿＿＿＿＿＿＿＿＿＿＿＿＿＿＿＿＿＿＿＿＿＿＿＿＿＿＿＿＿＿

类别	考核内容	配分	评分标准		考核记录	考核方式	得分
现场施工	作业练习	10 分	1. 作业是否按时完成	2 分			
			2. 系统各环节功能是否实现	2 分			
			3. 作业是否卷面干净整洁、书写规范合理	4 分			
			4. 作业是否按时上交	2 分			
	外部硬件接线图	10 分	1. 图形文字符号是否正确	2 分			
			2. 图形文字符号是否标齐	2 分			
			3. 输入/输出电源是否正确	2 分			
			4. PLC 型号是否正确完整	2 分			
			5. 能说出输入/输出所接电源的性质及大小	2 分			
	安装电路	14 分	1. 主电路、控制电路导线颜色是否区分	2 分			
			2. 元件安装布局是否合理、牢固	2 分			
			3. 所装电路输入/输出口是否与 I/O 分配表相符	4 分			
			4. 所接电路是否与外部硬件接线图相符	2 分			
			5. 是否采用万用表自检线路	2 分			
			6. 安装过程中注意安全，悬挂警示语，不带电作业	2 分			
	编程	20 分	1. 是否在主程序中编写程序	4 分			
			2. 是否会编译、下载	4 分			
			3. 程序编写是否与安装电路的输入/输出口、I/O 分配表相符（三对照）	4 分			
			4. 是否会使用监控观看元件的动作状态	2 分			
			5. 编写完程序是否进行静态调试	4 分			
			6. 是否会设置 RS-485 下载导线的参数	2 分			
验收	功能	6 分	1. 按下启动按钮系统开始启动	2 分			
			2. 按下停止按钮系统停止工作	2 分			
			3. 无损坏元件、设备	2 分			
合计							

👉 相关知识

1. GX Developer 编程软件的功能特点

编程软件是指在个人计算机上运行的由 PLC 厂家提供的用于 PLC 编程的工具软件。

GX Developer 是一款由日本三菱公司开发的用于三菱 A 系列、$Q_n A$ 系列、Q 系列、FX 系列 PLC 的编程软件，是一个功能强大的通用性编程软件。

1）GX Developer 的主要功能

（1）创建程序。

（2）与 PLC 进行通信，写入或读出程序。

（3）监视：梯形图监视、软元件批量监视、软元件登录监视等。

（4）调试：将所创建的顺控程序写入 PLC 后，对顺控程序能否进行正常动作进行调试。

（5）PLC 诊断：显示当前出错状态、故障记录和故障处理情况等。

2）GX Developer 的特点

（1）软件具有通用性。GX Developer 能够制作 Q 系列、Q_nA 系列、A 系列、FX 系列的数据，能够将其转换成 GPPQ、GPPA 格式的文档。此外，在选择 FX 系列的情况下，还能将数据转换成 FXGP（DOS）、FXGP（WIN）格式的文档。

（2）软件具有兼容性。GX Developer 能够将 Windows 系统中的 Excel、Word 等做成说明数据并加以复制、粘贴和利用，充分利用 Windows 系统的优势使操作性能大幅度提高。

（3）程序标准化。

① 标签编程。若用标签编程制作 PLC 程序的话，不需要认识软元件的号码就能够根据标示制作成标准程序。用标签编程做成的程序能够依据汇编从而作为实际的程序来使用。

② 功能块（以下简称"FB"）。FB 是以提高顺序程序的开发效率为目的而开发的一种功能，它把开发顺序程序时反复使用的顺序程序回路块零件化，使得顺序程序的开发变得容易。此外，零件化能够防止将其运用到别的顺序程序时出现顺序输入错误。

③ 宏。只要在任意的回路模式上加上名字（宏定义名）并登录（宏登录）到文档，然后输入简单的命令，就能够读出登录过的回路模式，变更软元件就能够灵活利用了。

（4）具有丰富的编程语言。可以通过继电器符号语言、逻辑符号语言、顺序功能图创建功能块。此外，该软件还新增了结构化文本（ST 语言）。

（5）可以与 PLC 的 CPU 以各种方式进行连接。可经由串行通信口、USB、MELSECNET/10（H）计算机插板、MELSECNET（Ⅱ）计算机插板、CC–Link 计算机插板、Ethernet 计算机插板、CPU 计算机插板和 AF 计算机插板与 PLC 的 CPU 连接。

（6）具有丰富的调试功能。

① 由于运用了梯形图逻辑测试功能，能够更加简单地进行调试作业。

② 在帮助中有 CPU 错误/特殊继电器/特殊寄存器的说明，这对解决在线发生的错误及程序制作中了解特殊继电器/特殊寄存器的内容提供了非常大的便利。

③ 若在数据制作中发生错误，会显示是什么原因，这能够大幅度缩短数据制作的时间。

2. GX Developer 的安装

1）软件运行环境安装

安装编程软件之前，先要安装软件运行环境，即先进入文件夹里的环境包 GX\EnvMEL，双击"SETUP.EXE"程序进行安装，如图 3–1–23 所示，一直到提示安装结束。日本三菱公司出品的大部分软件都需要先安装软件运行环境，否则不能继续安装。如果没有安装软件运行环境，系统会主动提醒用户安装。

图 3-1-23　软件运行环境安装

2）软件安装

（1）进入文件夹 GX\GX8C，双击"SETUP.EXE"开始安装。注意，在安装的时候，最好把其他应用程序关掉，包括杀毒软件、防火墙、办公软件等，因为这些软件可能会调用系统的其他文件，影响安装的正常进行。

（2）输入各种注册信息后，输入序列号，如图 3-1-24 所示。注意，不同软件的序列号可能会不相同，序列号可以在下载的压缩包里得到。

（3）安装时不要选择监控模式，如果有不清楚的，就用默认的，直接单击【下一步】就可以了，如图 3-1-25 所示。若出现如图 3-1-26 所示的窗口，说明软件安装完毕。

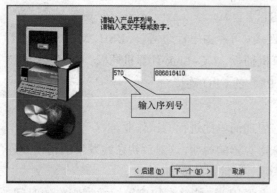

图 3-1-24　序列号输入对话框

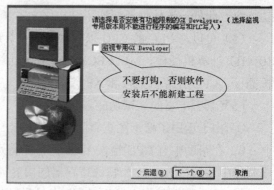

图 3-1-25　监控模式安装过程

图 3-1-26　安装完毕

3. GX Developer 的使用

1）打开软件，选择 PLC 类型

打开软件→新建项目→选择 PLC 类型→确定，进入程序编辑界面。PLC 类型选择界面如图 3-1-27 所示。

图 3-1-27　选择 PLC 类型

2）创建梯形图

建完新工程后，会弹出梯形图编辑画面，如图 3-1-28 所示。图 3-1-28 的上部是菜单栏及快捷操作图标区；下部左边是参数区，主要设置 PLC 的各种参数；下部右边是编程区，PLC 程序在这里编写输入。编程区的两端有两条竖线，是两条模拟的电源线，左边的称为左母线，右边的称为右母线。程序从左母线开始，到右母线结束。图 3-1-29 所示为写程序时的常用符号及快捷键。

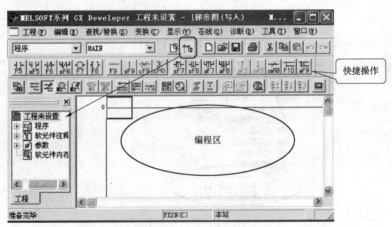

图 3-1-28　软件功能区

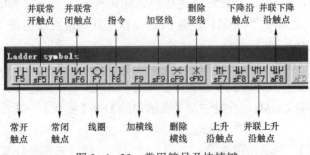

图 3-1-29　常用符号及快捷键

3）程序的变换

在写完一段程序后，程序显示为灰色，此时若不对其进行变换，则程序是无效的，如图 3-1-30 所示，变换的快捷键为 F4。通过变换，灰色的程序自动变白，说明程序变换成功。若程序格式有错误，则变换后会提示无法变换。

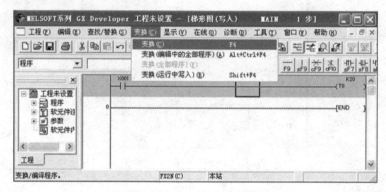

图 3-1-30　程序的变换

4）程序的传输（上传及下载）

（1）传输设置。

单击【在线】，选择【传输设置】，在弹出的界面中主要设置串口类型及通信测试等，如图 3-1-31 所示。PLC 与计算机通过三菱编程电缆线进行连接，三菱编程电缆线分为串口的和 USB 接口的两种。

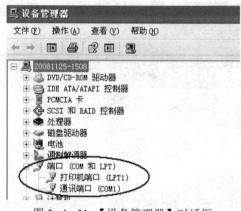

图 3-1-31　【设备管理器】对话框

① SC09 为串口的电缆线，只可以连接台式计算机。在用一般的串口通信线连接计算机和 PLC 时，串口一般都是"COM1"，而 PLC 串口在默认情况下也是"COM1"，所以不需要更改设置就可以直接与 PLC 通信。

② USB-SC09 为 USB 接口的电缆线，可以连接台式计算机，也可以连接笔记本计算机，但在使用前必须要安装编程电缆的驱动程序。当使用 USB 通信线连接计算机和 PLC 时，通常计算机侧的串口不是 COM1，此时选择【我的电脑】→【属性】→【设备管理器】，查看所连接的 USB 串口。

单击【传输设置】，弹出如图 3-1-32 所示的窗口，然后选择与计算机 USB 串口一致的串口，然后单击【确认】。

　　设置完端口，单击【通信测试】。若出现"与 FXPLC 连接成功"提示，则说明可以与 PLC 进行通信。若出现"不能与 PLC 通信，可能原因……"提示，则说明计算机和 PLC 不能建立通信，此时需要确认 PLC 电源有没有接通或编程电缆有没有正确连接等事项。

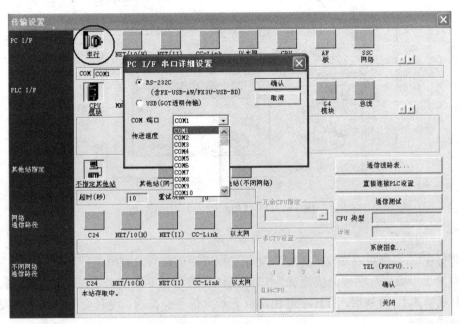

图 3-1-32　【传输设置】对话框

（2）程序的写入与读取。

　　当写完程序并且编译过之后，要把所写的程序传输到 PLC 里面，或者要把 PLC 中原有的程序读出来，可进行如下操作：单击【在线】，选择【PLC 写入】或【PLC 读取】，如图 3-1-33 所示。

图 3-1-33　PLC 程序的写入与读取

不管是选择【PLC 写入】，还是选择【PLC 读取】，选择后都会出现如图 3-1-34 所示的对话框。一般读取或写入的是程序及一些参数，其操作过程如下：选择【参数+程序】，然后单击【执行】，最后单击【是】。

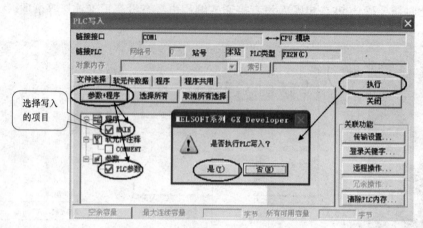

图 3-1-34 【PLC 写入】对话框

5）程序的监控

连接好 PLC，则可以通过"监视"功能对程序中的信号及数据进行监控，如图 3-1-35 所示，对应于"监控"功能的快捷键为 F3。其操作过程如下：单击【在线】，选择【监视】，单击【监视模式】。监视后，程序中蓝色部分表示此信号能流通，没有变蓝的部分则表示此信号不能流通。

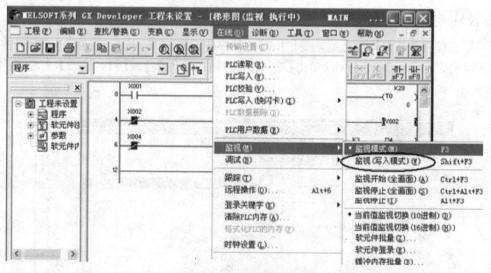

图 3-1-35 程序的监控

提示：若要监控 PLC 程序的状态，一定要在通信成功后才能执行，即若没有与 PLC 通信成功，不能监控 PLC。

6）程序的在线修改（在线编辑）

程序的【监视（写入）模式】对话框如图 3-1-36 所示，可以直接在 PLC 中修改程序（在线编辑），修改后无须再把程序写入 PLC，其快捷键为 Shift+F3。

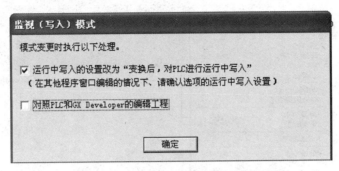

图 3-1-36　程序的监视（写入）模式确认

修改完成后，被修改的对象会显示灰色，此时同样要对程序进行编译，编译方法与前面所述的相同，编译完成后，即程序在线修改完成。

注意：程序的在线修改是直接对 PLC 里面的程序进行修改，不需要再进行 PLC 写入操作。而普通的修改（没有在线修改），则只是修改计算机软件中的程序，而 PLC 内部的程序并没有被修改，所以要使修改后的程序写入 PLC，还需进行 PLC 写入操作。

7）输入注释

若要对一些信号做一些标签，以便看程序或写程序时知道每个信号的用途，可对每个信号输入注释，输入注释的操作过程如下。

（1）选择【工具】→【选项】，弹出如图 3-1-37 所示的对话框。在"指令写入时，继续进行"前面的方框中打钩，完成输入注释确认。

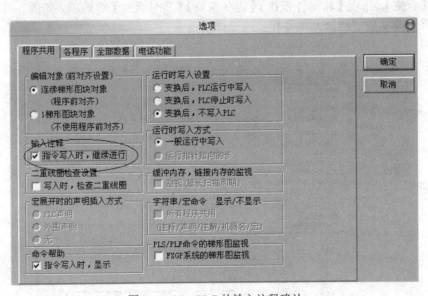

图 3-1-37　PLC 的输入注释确认

（2）选择【编辑】→【文档生成】→【注释编辑】，即可看到编辑的注释，如图 3-1-38 所示。

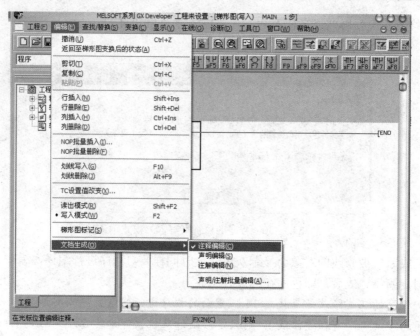

图 3-1-38　查看编辑的注释

4. GX Developer 的功能要点

1）软元件的查找与替换

若要查找（替换）程序中的输入/输出及内部继电器，则可选择【编辑】→【写入模式】或【读出模式】。注意：在"读出模式"，只能查找一些软元件但不能替换，而在"写入模式"，既可以查找软元件又可以替换软元件。

单击【查找】，出现【软元件查找】【指令查找】【步号查找】等选项，如图 3-1-39 所示，可在所选择的菜单里直接输入待查的软元件及指令。

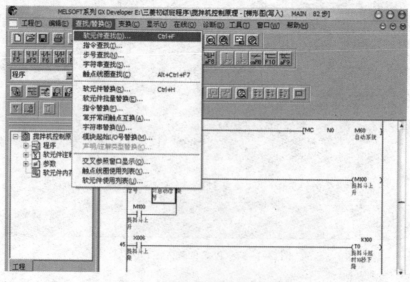

图 3-1-39　软原件的查找与替换

如果要替换程序中的软元件或指令，可单击图 3-1-39 中的【软元件替换】或【指令替换】。注意：在程序中有的软元件输入不止用了一次，所以在替换时根据需要选择批量替换或单独替换，如图 3-1-40 所示。

例如：在实际工作中，因 PLC 输入/输出经常受外界的频繁动作及有时短路，I/O 点会烧坏，此时只需要在 PLC 上面找一个闲置的点替换一下，然后在程序中查找出故障点，最后全部替换即可。

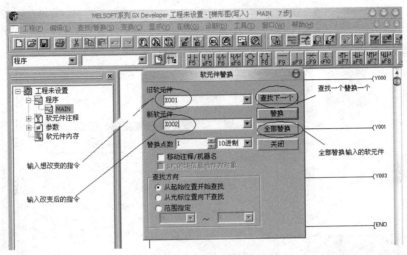

图 3-1-40　软元件的替换

选择【查找/替换】→【软元件使用列表】，即可以快速查找软元件使用的次数，如图 3-1-41 所示。

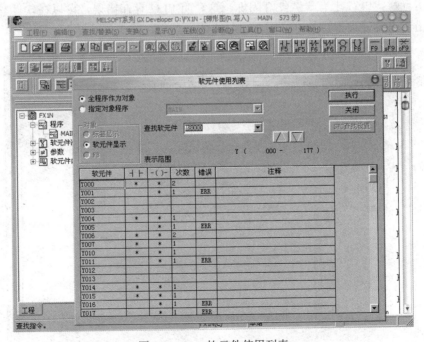

图 3-1-41　软元件使用列表

2）密码设置

写完一个程序后，在软件里可以对所写的程序添加读保护和写保护，密码长度为 8 位，如图 3-1-42 所示。（提示：这个功能只有在与 PLC 通信中才能执行。）

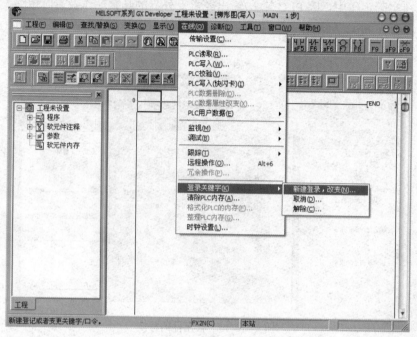

图 3-1-42　PLC 程序的密码设置

3）PLC 的诊断功能

如在运行时，PLC 上有一盏红灯闪烁，这表明 PLC 存在错误，可以在软件与 PLC 通信后查找出错误内容并进行排除，如图 3-1-43 所示。

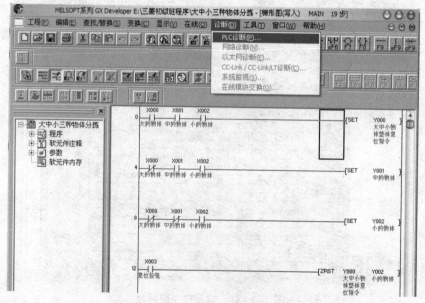

图 3-1-43　PLC 的诊断功能

4）软件的帮助功能

单击【帮助】，可查看 PLC 出错的代号及解决方法、应用指令及特殊指令的讲解及用途，以及快捷键的使用列表，如图 3-1-44 所示。

图 3-1-44 软件的帮助功能

5）仿真软件的应用

该软件在安装了 GX Simulator6-C 软件后，能够在没有 PLC 的情况下仿真程序运行，从而可以调试、监控所编写的程序，其使用步骤如下所述。

（1）程序输入，再转换。

（2）梯形图逻辑测试启动。

选择【工具】→【梯形图逻辑测试启动】，或直接按下快捷键 F5，此时程序写入，待参数写入完成以后，光标变成蓝块，程序已处于监控状态，如图 3-1-45 所示。

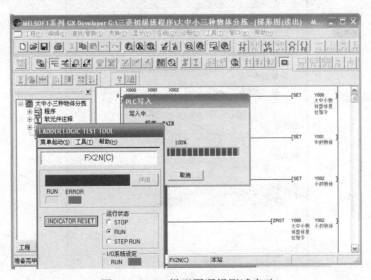

图 3-1-45 梯形图逻辑测试启动

此时在状态栏出现 LADDER LOGIC TEST TOOL，单击该状态栏，即可出现梯形图逻辑测试对话框，如图 3-1-46（a）所示，图中【RUN】是黄色，表明程序已正常运行。如程序有错误或出现未支持指令，则出现如图 3-1-46（b）所示的对话框，双击绿色的【未支持指令】，就可显示未支持指令一览表。

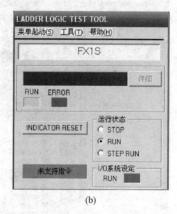

(a)　　　　　　　　　　(b)

图 3-1-46　梯形图逻辑测试

（3）强制位元件"ON"或"OFF"，监控程序的运行状态。

选择【在线】→【调试】→【软元件测试】或者直接按下软元件测试快捷键，弹出【软元件测试】对话框（如图 3-1-47 所示）。在该对话框的【位软元件】栏中输入要强制的位元件，如 X000。如需要把该元件置"ON"，就单击【强制 ON】；如需要把该元件置"OFF"，就单击【强制 OFF】。同时在【执行结果】栏中显示刚强制的状态。此时程序已运行，运行的可能结果如图 3-1-48、图 3-1-49 所示。接通的触点和线圈都用蓝色表示，同时可以看到字元件的数据在变化。

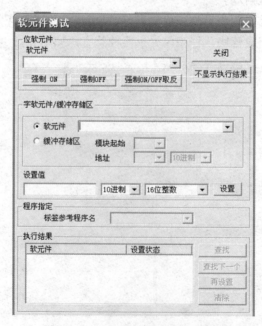

图 3-1-47　【软元件测试】对话框

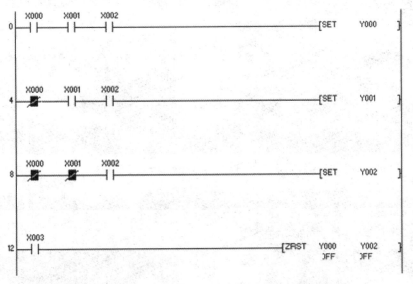

图 3-1-48 X000 处于 "OFF" 时的梯形图状态

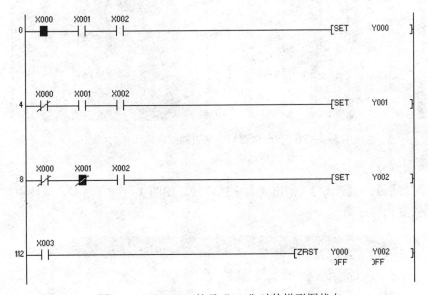

图 3-1-49 X000 处于 "ON" 时的梯形图状态

（4）监控各位元件的状态和时序图。

① 位元件监控。

单击状态栏的 LADDER LOGIC TEST TOOL，弹出如图 3-1-50 所示的对话框，选择【菜单起动】→【继电器内存监视】→【软元件】→【位元件窗口】→【Y】，即可监视到所有输出 Y 的状态，置 "ON" 的为黄色，处于 "OFF" 的不变色。用同样的方法可以监视到 PLC 内所有元件的状态，如图 3-1-51 所示。对于位元件，用鼠标双击，可以强置 "ON"，再双击可以强置 "OFF"。对于数据寄存器 D，可以直接置数。对于 T、C 也可以修改当前值。因此调试程序非常方便。

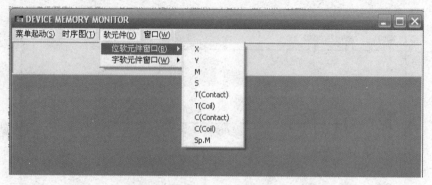

图 3-1-50　位元件监控

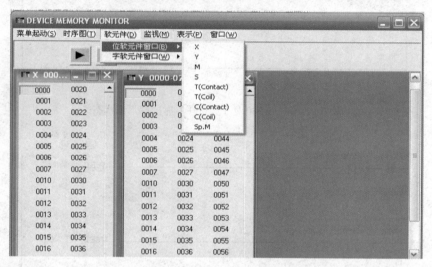

图 3-1-51　在一个窗口中同时监控多种元件的状态

② 时序图监控。

选择【时序图】→【起动】，则出现时序图监控，如图 3-1-52 所示，从图中可以看到程序中各元件的变化时序图。

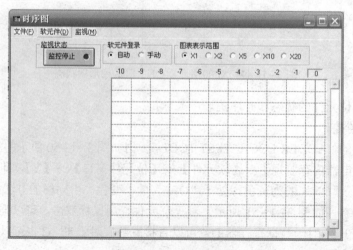

图 3-1-52　时序图监控

（5）PLC 停止运行。

单击状态栏的【LADDER LOGIC TEST TOOL】按钮，弹出对话框，选择【STOP】，PLC 停止运行，再选择【RUN】，PLC 又运行。

（6）退出 PLC 仿真运行。

在对程序进行仿真测试时，通常需要对程序进行修改，这时需要退出 PLC 仿真运行，重新对程序进行编辑修改。退出方法如下：选择快捷键图标 ▣ ，弹出退出梯形图逻辑测试窗口，单击【确定】即可退出 PLC 仿真运行（如图 3-1-53 所示）。但此时的光标还是蓝块，程序处于监控状态，不能对程序进行编辑，此时单击快捷图标 ，光标变成方框，即可对程序进行编辑。

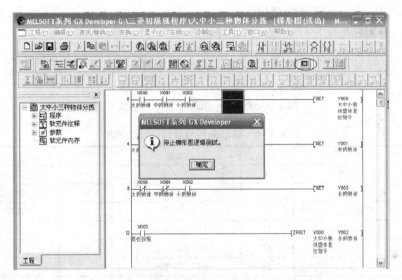

图 3-1-53　退出 PLC 仿真运行

（7）梯形图和指令表的转换。

选择快捷键 ，即可进行梯形图和指令表之间的转换。

（8）基本操作。

① 新建：新建一个 PLC 程序文件，可以通过【工程】→【创建新工程】命令来完成。

② 打开：打开一个已有的 PLC 程序，可以通过【工程】→【打开工程】命令来完成。

③ 关闭：关闭一个已有的 PLC 程序，可以通过【工程】→【关闭工程】命令来完成。

④ 保存：保存 PLC 程序文件，可以通过【工程】→【保存工程】命令来完成。

（9）常用快捷键按钮介绍。

① 标准工具快捷按钮。

为便于说明各标准工具快捷按钮的功能，对其从左往右依次进行了编号，如图 3-1-54 所示。表 3-1-5 为标准工具快捷按钮注释表。

图 3-1-54　标准工具快捷按钮编号

表 3-1-5　标准工具快捷按钮注释表

序号	功能	序号	功能	序号	功能
1	创建新工程	7	粘贴	13	PLC 写入
2	打开工程	8	操作返回	14	PLC 读出
3	保存工程	9	重做	15	软元件登录监视
4	打印	10	软元件查找	16	软元件成批监视
5	剪切	11	指令查找	17	软元件测试
6	复制	12	字符串查找	18	参数检查

② 梯形图符号快捷按钮。

为便于说明各梯形图符号快捷按钮的功能，对其从左往右依次进行了编号，如图 3-1-55 所示。表 3-1-6 为梯形图符号快捷按钮注释表。

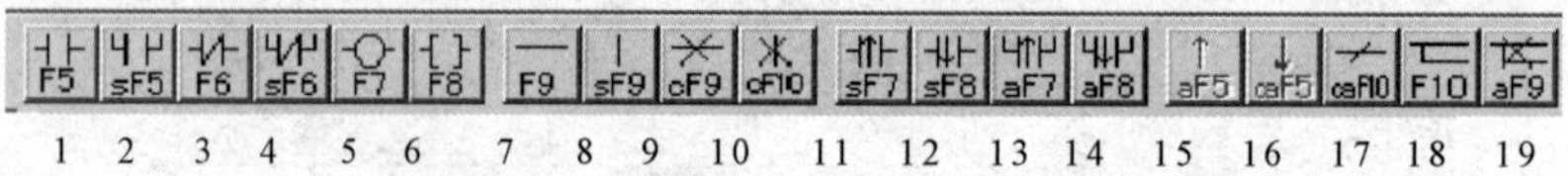

图 3-1-55　梯形图符号快捷按钮编号

表 3-1-6　梯形图符号快捷按钮注释表

序号	功能	序号	功能	序号	功能
1	常开触点	8	加竖线	15	取运算结果的脉冲上升沿
2	并联常开触点	9	横线删除	16	取运算结果的脉冲下降沿
3	常闭触点	10	竖线删除	17	运算结果取反
4	并联常闭触点	11	上升沿触点	18	划线输入
5	线圈	12	下降沿触点	19	划线删除
6	指令	13	并联上升沿触点		
7	加横线	14	并联下降沿触点		

③ 程序执行快捷按钮。

为便于说明各程序执行快捷按钮的功能，对其从左往右依次进行了编号，如图 3-1-56 所示。表 3-1-7 为程序执行快捷按钮注释表。

图 3-1-56　程序执行快捷按钮编号

表 3-1-7　程序执行快捷按钮注释表

序号	功能	序号	功能	序号	功能
1	梯形图/指令列表切换	8	注释编辑	15	放大显示
2	读出模式	9	声明编辑	16	缩小显示
3	写入模式	10	注解项编辑	17	程序检查
4	监视模式	11	梯形图登录监视	18	步执行
5	监视（写入）模式	12	触点线圈查找	19	部分执行
6	监视开始	13	程序批量变换	20	跳跃执行
7	监视结束	14	程序变换	21	梯形逻辑图测试

6）"PLC 梯形图经验法"的编程方法及步骤

（1）"PLC 梯形图经验法"的要点。

① PLC 的编程。从梯形图来看，其根本点是找出系统中符合控制要求的各个输出的工作条件，这些条件又总是用编程元件按一定的逻辑关系进行组合来实现的。

② 梯形图的基本模式为启—保—停电路。每个启—保—停电路一般只针对一个输出，这个输出可以是系统的实际输出，也可以是中间变量。

③ 梯形图编程中有一些约定俗成的基本环节，它们都有一定的功能，可以像摆积木一样应用在许多地方。

（2）"PLC 梯形图经验法"的编程步骤。

① 在准确了解控制要求后，合理地为控制系统中的事件分配 I/O 口。选择必要的机内编程元件，如定时器、计数器、辅助继电器。

② 对于一些控制要求较简单的输出，可直接写出它们的工作条件，依启—保—停电路模式完成相关的梯形图支路。对于工作条件稍复杂的，可借助辅助继电器。

③ 对于较复杂的控制要求，为了能用启—保—停电路模式绘出各输出口的梯形图，要正确分析控制要求，并确定组成总控制要求的关键点。在空间类逻辑为主的控制中，关键点为影响控制状态的点（如抢答器例中主持人是否宣布开始，答题是否到时），在时间类逻辑为主的控制中（如交通灯），关键点为控制状态转换的时间。

④ 将关键点用梯形图表达出来。关键点总是用编程元件来表达的，需要合理安排编程元件。绘制关键点的梯形图时，可以使用常见的基本环节，如定时器计时环节、振荡环节、分频环节。

⑤ 在完成关键点梯形图的基础上，针对系统最终的输出进行梯形图的绘制。使用关键点综合出最终输出的控制要求。

⑥ 审查草图，补充遗漏的功能，更正错误，进行最后的完善。

拓展与创新

1. 目标：为进一步挖掘学生们的创新能力，提高同学们对 PLC 的学习兴趣。
2. 拓展任务：用 PLC 控制两台电动机顺序启动。
3. 要求：
（1）列写 I/O 分配表；
（2）画出 PLC 外部硬件接线图；
（3）梯形图设计；
（4）系统安装，通电调试。

学习活动六　工作总结与评价

活动目标
1. 真实评价学生的学习情况。
2. 培养学生的语言表达能力。
3. 展示学生学习成果，树立学生学习的信心。

学习过程

1. 每组选一名学生作为代表对自己组的成果进行展示，通过演示文稿、展板、海报、录像等形式，向全班展示、汇报学习成果。

2. 学生结合自己与别人的成果进行自评、互评，总结经验。

工作总结乃是整个工作过程的一种体会、一种分享、一种积累，它可以充分检查你在整个制作过程中的点点滴滴。建议工作总结应包含以下主要因素：

（1）通过电动机的工作台自动往返 PLC 控制安装与调试，你学到了什么？

（2）根据你最终完成的成果，展示并说明它的优点。

（3）你对自己的展示过程满意吗？如果不满意，那你还需要从哪几个方面努力？对接下来的学习有何打算？

（4）学习过程经验记录与交流（组内）。

（5）对于这个项目，你觉得哪里最有趣，哪里最提不起精神？

（6）对这种工学结合的一体化教学方式、教学内容，你有何意见和建议？

（7）你在做此项目中的快乐与忧愁。

3. 教师点评（教师根据各组展示分别做出有的放矢的评价）。

（1）找出各组的优点点评。

（2）整个任务完成过程中各组的缺点点评，改进方法。

（3）整个活动完成中出现的亮点和不足。

4. 书写本任务工作总结，总结学习心得。

5. 完成综合评价表。

综合评价表

班级		姓名		学号		得分	
评价项目	评价内容	评价标准			配分	评价方式	
						自评(10%)	组评(20%)	师评(70%)

评价项目	评价内容	评价标准	配分	自评(10%)	组评(20%)	师评(70%)
职业素养	安全意识、责任意识	1. 是否作风严谨、遵守纪律、出色完成本次任务 2. 是否是在断电情况下安装接线 3. 安装过程是否节约材料、爱惜设备 4. 是否按 6S 管理制度对书籍、工具、材料、工装、桌椅进行整理	4分			
	学习参与度、互动性	1. 是否按时出勤 2. 一体化实训时是否着工装 3. 课堂上是否积极回答问题 4. 作业是否按时保质完成 5. 图纸是否按规范绘制 6. 是否在规定时间积极查阅有效资料	3分			
	团队合作意识	1. 组员是否相互协助 2. 组员之间是否相互监督检查 3. 组内分工是否明确，是否按照分工协作	3分			
专业能力	学习活动一、明确工作任务	1. 工作任务单填写是否字迹清楚，内容是否完整规范 2. 是否按时完成工作页填写，问题回答正确 3. 学生叙述工作任务是否语言流畅，内容正确、充实	10分			
	学习活动二、制订工作计划，分配输入/输出口	制订工作计划表	10分			

续表

班级		姓名		学号		得分		
评价项目	评价内容	评价标准			配分	评价方式		
						自评（10%）	组评（20%）	师评（70%）
专业能力	学习活动三、相关指令和硬件的学习	根据各自的学习活动自行分配			10 分			
	学习活动四、绘制 PLC 外部硬件接线图，安装接线	根据各自的学习活动自行分配			30 分			
	学习活动五、程序的编写与调试及项目验收	根据各自的学习活动自行分配			20 分			
	学习活动六、工作总结与评价	1. 工作总结内容是否充实深刻，是否有真实体会 2. 工作总结卷面是否干净、整洁 3. 工作总结字迹是否工整			10 分			
总计					100 分			

教师评语：

签名： 日期：

任务 3.2 工作台自动往返控制系统的 PLC 设计

工作情景描述

在实际生产中，有些机械设备需要在一定的行程内做自动的往返运动。例如图 3-2-1 所示平面磨床矩形工作台的往返加工运动，就需要电气控制线路对电动机实现自动正反转控制。若采用继电器控制系统来控制，所用的继电器较多、控制线路也比较复杂，加上行业生产环境等方面的因素限制，其故障率较高，且不便维修，为此需要设计一种以 PLC 为核心的自动控制系统对其进行改造。

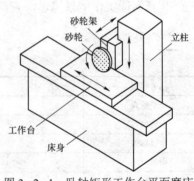

图 3-2-1 卧轴矩形工作台平面磨床

任务目标

1. 阅读工作任务单，明确个人工作任务要求。

2. 分清 PLC 的输入/输出口带负载的类型。

3. 根据控制要求列写 I/O 分配表，绘制 PLC 外部硬件接线图。

4. 熟练使用 GX Developer 编程软件编写简单的程序，并进行编译、下载和程序状态监控。

5. 熟练掌握 PLC 基本控制指令 LD、LDI、AND、ANI、OR、ORI、ANB、ORB、OUT、END 的使用，按照梯形图的编程规则设计程序。

6. 按照电工操作规程，在确保人身和设备安全的前提下根据 PLC 外部硬件接线图接线并进行系统检测、调试、验收。

7. 按照 6S 管理制度自觉清理场地、归置物品。

工作流程与活动

学习活动一　明确工作任务

活动目标

1. 阅读工作任务单，明确工时、工作任务等信息，并能用语言进行复述。
2. 进行人员工时分配。
3. 填写工作任务单。

学习过程

1. 根据工作情景描述，对控制要求进行分析，然后用自己的语言描述该项工作的具体内容及要求。

2. 认真阅读工作情景描述，查阅相关资料，依据教师的任务描述自行填写工作任务单。

工作任务单

流水号：_____

任务等级	一般	重要	紧急	非常重要	非常紧急
安装地点					
安装内容					
申报单位			安装单位		
申报时间			预计工时		
申报负责人电话			安装负责人电话		
验收人			验收人电话		

任务实施情况描述

验收单位意见

安装单位 负责人签字		年　月　日	申报单位领导 签字、盖章		年　月　日

3. 工作台的左右移动是怎么实现的？设计一种能实现控制台左右移动的继电器控制电路图并画出来。（有相应的保护措施）

学习活动二　制订工作计划，分配输入/输出口

☞ 活动目标

1. 按照控制要求制订工作计划。
2. 分析控制要求并进行 I/O 分配。
3. 根据控制要求列出所需元件清单。

☞ 学习过程

1. 小组讨论：如果你负责这项工作，应该如何完成？请制订工作计划。

工作计划表

_____工作计划

一、人员分工

1. 小组负责人_____

2. 小组成员及分工

姓名	分工

二、工具及材料清单

序号	工具或材料名称	型号规格	数量	备注

三、工序及工期安排

序号	工作内容	完成时间	备注

四、安全防护措施

2. 根据工作情景描述对控制要求进行分析，制作 I/O 分配表。

引导问题 1：在此工作任务中，输入设备有哪些？它们各起什么作用？它们对应 PLC 的哪些输入点？

引导问题 2：在此工作任务中，输出设备有哪些？它们各起什么作用？它们对应 PLC 的哪些输出点？

引导问题 3：请为本工作任务制作一个 I/O 分配表。

I/O 分配表

输入			输出		
元件代号	作用	输入继电器	元件代号	作用	输出继电器

3. 完成工作计划评价表。

工作计划评价表

组别：_____

评价内容	分值	评分		
		自评（10%）	组评（20%）	师评（70%）
计划制订是否有条理	2分			
计划是否全面、完善	2分			
人员分工是否合理	2分			
工作清单是否正确、完善	1分			
材料清单是否正确、完善	1分			
团队协作	1分			
其他方面（6S、安全、美工）	1分			
得分				
合计				

教师评语

教师签名：

日　　期：

学习活动三　相关指令和硬件的学习

活动目标

1. 掌握 PLC 基本控制指令（LD、LDI、OUT、AND、ANI、OR、ORI、ANB、ORB、OUT、END）。

2. 画出三相电源、两相电源、PLC 模块、按钮、指示灯、接触器的图形文字符号，熟悉其作用并学会接线。

学习过程

1. 说明输入继电器 X 和输出继电器 Y 的工作原理，它们和传统继电器有什么区别？

2. 写出下面梯形图对应的指令。

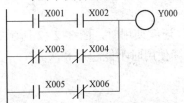

3. 写出下面梯形图对应的指令。

4. 怎么实现工作台的左右移动？当工作台向左移动时，按下向右移动开关，工作台继续左移；同理，当工作台向右移动时，按下向左移动开关，工作台继续右移。这怎么实现呢？试设计梯形图。

5. 当工作台向右移动时，想通过手动左移开关让工作台直接向左移动；同理，当工作台向左移动时，想通过手动右移开关让工作台直接向右移动。这怎么实现呢？试设计梯形图。

6. 试画出工作台自动往返控制的梯形图并列写指令表。

👉 **相关知识**

一、块指令 ORB

ORB：串联电路块的并联连接指令。ORB 指令使用说明如图 3-2-2 所示。

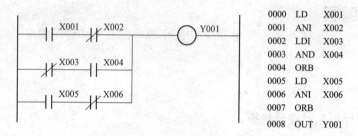

```
0000  LD   X001
0001  ANI  X002
0002  LDI  X003
0003  AND  X004
0004  ORB
0005  LD   X005
0006  ANI  X006
0007  ORB
0008  OUT  Y001
```

图 3-2-2　ORB 指令使用说明

ORB 指令使用注意事项如下所述。

（1）几个串联电路块并联连接时，每个串联电路块开始时应该用 LD 或者 LDI 指令。

（2）并联多个电路块时，如果对每个电路块都使用 ORB 指令，则并联电路块的数量不受限制。

（3）多个电路块并联时，也可以连续使用 ORB 指令，连续使用时，图 3-2-2 所示的梯形图可以变成如下指令表，但不推荐这种使用方法，且连续使用时不能超过 8 次。

```
0000  LD   X001
0001  ANI  X002
0002  LDI  X003
0003  AND  X004
0004  LD   X005
0005  ANI  X006
0006  ORB
0007  ORB
0008  OUT Y001
```

二、块指令 ANB

ANB：并联电路块的串联连接指令。ANB 指令使用说明如图 3-2-3 所示。

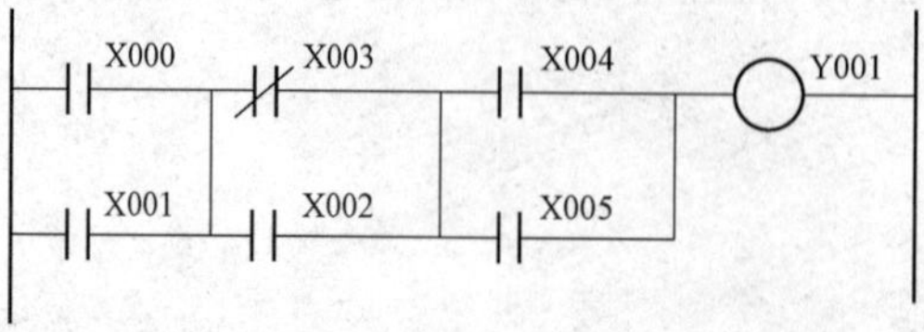

```
0000  LD   X000
0001  OR   X001
0002  LDI  X003
0003  OR   X002
0004  ANB
0005  LD   X004
0006  OR   X005
0007  ANB
0008  OUT  Y001
```

图 3-2-3　ANB 指令使用说明

ANB 指令使用注意事项如下所述。

（1）几个并联电路块串联连接时，每个并联电路块开始时应该用 LD 或者 LDI 指令。

（2）串联多个电路块时，如果对每个电路块都使用 ANB 指令，则串联电路块的数量不受限制。

（3）和 ORB 指令相同，多个电路块串联时，也可以连续使用 ANB 指令，连续使用时图 3-2-3 所示的梯形图可以转换成如下指令表，但连续使用时不能超过 8 次。

```
0000    LD     X000
0001    OR     X001
0002    LDI    X003
0003    OR     X002
0004    LD     X004
0005    OR     X005
0006    ANB
0007    ANB
0008    OUT Y001
```

学习活动四　绘制 PLC 外部硬件接线图，安装接线

活动目标

1. 绘制 PLC 外部硬件接线图。

2. 在保证人身和设备安全的情况下，按 PLC 外部硬件接线图进行接线。

学习过程

1. 查阅相关资料，绘制本任务系统 PLC 外部硬件接线图。

2. 按照 PLC 外部硬件接线图纸完成安装。

引导问题：安装接线的过程中需要注意什么？

3. 安装过程中遇到哪些问题？如何解决？请将相关内容记录在下表中。

所遇问题	解决方法

4. 系统电路安装完毕后，组内进行自检和互检。将断电检查情况记录在下表中。

断电检查情况记录表

测试内容	自检情况记录	互检情况记录
用万用表对 PLC 输出电路进行断电测试		
用万用表对 PLC 输入电路进行断电测试		
用万用表对主电路进行断电测试		

学习活动五　程序的编写与调试及项目验收

活动目标

1. 熟练使用 GX Developer 编程软件输入的基本控制指令。
2. 熟悉使用 GX Developer 编程软件实现梯形图和指令表相互转换的方法。
3. 熟悉 GX Developer 编程软件中编译、下载和状态监控的使用。
4. 读懂简单的语句程序。
5. 熟练掌握动态、静态调试的方法和步骤。
6. 调试结束以后，按照 6S 管理制度整理工作场地。

学习过程

1. 熟练使用 GX Developer 编程软件。
2. 项目程序设计：用 GX Developer 编程软件输入工作台自动往返控制的梯形图或指令表。

3. 进行系统运行调试，并完成下表。

测试内容	能否正向启动运行	能否逆向启动运行	能否过载保护	能否短路保护	测试结果（合格/不合格）	
					自检	互检
工作台						

4. 项目验收。

（1）在验收阶段，各小组派代表交叉验收，并填写验收结果。

验收问题记录	整改措施	完成时间	备注

（2）以小组为单位填写本项目验收情况，并结合"学习活动一"中的工作任务单将项目验收报告填写完整。

工作台自动往返控制系统的 PLC 设计项目验收报告

工程建设名称			
工程完成概况及现存问题			
改进措施			
建设单位		联系人	
地址		电话	
施工单位		联系人	
地址		电话	
项目负责人		施工周期	
验收结果	完成时间	施工质量	材料移交

5. 进行现场施工评价，并完成现场施工评价表。

现场施工评价表

班级：_____ 组别：_____ 组长：_____

组员：_____

类别	考核内容	配分	评分标准		考核记录	考核方式	得分
现场施工	作业练习	10 分	1. 作业是否按时完成	2 分			
			2. 系统各环节功能是否实现	2 分			
			3. 作业是否卷面干净整洁、书写规范合理	4 分			
			4. 作业是否按时上交	2 分			
	外部硬件接线图	10 分	1. 图形文字符号是否正确	2 分			
			2. 图形文字符号是否标齐	2 分			
			3. 输入/输出电源是否正确	2 分			
			4. PLC 型号是否正确完整	2 分			
			5. 能说出输入/输出所接电源的性质及大小	2 分			
	安装电路	14 分	1. 主电路、控制电路导线颜色是否区分	2 分			
			2. 元件安装布局是否合理、牢固	2 分			
			3. 所装电路输入/输出口是否与 I/O 分配表相符	4 分			
			4. 所接电路是否与外部硬件接线图相符	2 分			
			5. 是否采用万用表自检线路	2 分			
			6. 安装过程中注意安全，悬挂警示语，不带电作业	2 分			
	编程	20 分	1. 是否在主程序中编写程序	4 分			
			2. 是否会编译、下载	4 分			
			3. 程序编写是否与安装电路的输入/输出、I/O 分配表相符（三对照）	4 分			
			4. 是否会使用监控观看元件的动作状态	2 分			
			5. 编写完程序是否进行静态调试	4 分			
			6. 是否会设置 RS-485 下载导线的参数	2 分			
验收	功能	6 分	1. 按下启动按钮系统开始启动	2 分			
			2. 按下停止按钮系统停止工作	2 分			
			3. 无损坏元件、设备	2 分			
合计							

☞ 拓展与创新

1. 目标：为进一步挖掘学生的创新能力，提高学生对 PLC 的学习兴趣。

2. 拓展任务：用 PLC 改造三相异步电动机正反转控制。

3. 要求：

（1）列写 I/O 分配表；

（2）画出 PLC 外部硬件接线图；

（3）梯形图设计；

（4）系统安装，通电调试。

学习活动六　工作总结与评价

☞ 活动目标

1. 真实评价学生的学习情况。

2. 培养学生的语言表达能力。

3. 展示学生的学习成果，树立学生学习的信心。

☞ 学习过程

1. 每组选一名学生作为代表对自己组的成果进行展示，通过演示文稿、展板、海报、录像等形式，向全班展示、汇报学习成果。

2. 学生结合自己的成果与别人的成果进行自评、互评，总结经验，并完成综合评价表的填写工作。建议工作总结包含以下主要因素。

（1）通过本任务的完成，你学到了什么？

（2）展示你最终完成的成果，并说明它的优点。

（3）你对自己的展示过程满意吗？如果不满意，说说你还需要从哪几个方面努力？你对接下来的学习有何打算？

（4）学习过程经验记录与交流（组内）。

（5）你觉得这个项目哪里最有趣，哪里最让人提不起精神？

（6）对这种工学结合的一体化教学方式、教学内容，你有何意见和建议？

（7）你在做此项目中的快乐与忧愁。

3. 教师点评（教师根据各组展示分别做出有的放矢的评价）。

（1）找出各组的优点点评。

（2）整个任务完成过程中各组的缺点点评，提出改进方法。

（3）整个任务完成过程中出现的亮点和不足。

4. 书写本任务工作总结，总结学习心得。

5. 完成综合评价表。

综合评价表

班级		姓名		学号		得分		
评价项目	评价内容	评价标准			配分	评价方式		
						自评（10%）	组评（20%）	师评（70%）
职业素养	安全意识、责任意识	1. 是否作风严谨、遵守纪律、出色完成本次任务 2. 是否在断电情况下安装接线 3. 安装过程是否节约材料、爱惜设备 4. 是否按 6S 管理制度对书籍、工具、材料、工装、桌椅进行整理			4 分			
	学习参与度、互动性	1. 是否按时出勤 2. 一体化实训时是否着工装 3. 课堂上是否积极回答问题 4. 作业是否按时保质完成 5. 图纸是否按规范绘制 6. 是否在规定时间积极查阅有效资料			3 分			
	团队合作意识	1. 组员是否相互协助 2. 组员之间是否相互监督检查 3. 组内分工是否明确，是否按照分工协作			3 分			
专业能力	学习活动一、明确工作任务	1. 工作任务单填写是否字迹清楚，内容是否完整规范 2. 是否按时完成工作页填写，回答问题是否正确 3. 学生叙述工作任务是否语言流畅，内容正确、充实			10 分			
	学习活动二、制订工作计划，分配输入/输出口	制订工作计划表			10 分			
	学习活动三、相关指令和硬件的学习	根据各自的学习活动自行分配			10 分			
	学习活动四、绘制 PLC 外部硬件接线图，安装接线	根据各自的学习活动自行分配			30 分			
	学习活动五、程序的编写与调试及项目验收	根据各自的学习活动自行分配			20 分			
	学习活动六、工作总结与评价	1. 工作总结内容是否充实深刻，是否有真实体会 2. 工作总结卷面是否干净、整洁 3. 工作总结字迹是否工整			10 分			
总计					100 分			

教师评语：

签名：　　　　日期：

任务 3.3 自动化生产线传送带启停控制系统的 PLC 设计

工作情景描述

为了避免物料堆积损坏传送带，某工厂的物料传送带采用 PLC 改造为由三台交流电动机控制的带式运输机装置。工厂由于生产任务紧急，委托我院电气工程系在 2 天内完成该项任务。带式运输机装置主要由三台带式运输机（命名为"带 1""带 2""带 3"）组成，每台带式运输机分别由各自的电动机所驱动，各台运输机之间有密切的关系。其控制要求如下。

（1）按下启动按钮后，首先启动运行"带 3"，"带 3"运行 5 s 后，"带 2"自动启动运行，"带 2"运行 5 s 后，"带 1"自动启动运行。

（2）带式运输机装置停止时的过程与启动相反，按下停止按钮后，先停止"带 1"，6 s 后，自动停止"带 2"，再过 6 s，自动停止"带 3"。

（3）只要有一台电动机运行，则绿灯常亮。

任务目标

1. 阅读工作任务单，明确个人工作任务要求。
2. 掌握 PLC 基本指令（MPS/MRD/MPP、T）。
3. 掌握采用转换设计法进行梯形图编程的方法。
4. 掌握传送带进行物料传送的工作过程。
5. 根据控制要求，正确写出 I/O 分配表。
6. 根据控制要求设计 PLC 外部硬件接线电路。
7. 根据控制要求独立编制 PLC 程序和进行系统调试。
8. 能对计算机和通信线进行连接，并能对通信端口进行设置。

工作流程与活动

学习活动一　明确工作任务
学习活动二　制订工作计划，分配输入/输出口
学习活动三　相关指令和硬件的学习
学习活动四　绘制 PLC 外部硬件接线图，安装接线
学习活动五　程序的编写与调试及项目验收
学习活动六　工作总结与评价

学习活动一　明确工作任务

活动目标
1. 阅读工作任务单，明确工时、工作任务等信息，并能用语言进行复述。
2. 进行人员工时分配。

3. 填写工作任务单。

4. 掌握传送带进行物料传送的工作过程。

☞ 学习过程

1. 根据工作情景描述，对控制要求进行分析，然后用自己的语言描述该项工作的具体内容及要求。

2. 认真阅读工作情景描述，查阅相关资料，依据教师的任务描述自行填写工作任务单。

工作任务单

流水号：_____

任务等级	一般	重要	紧急	非常重要	非常紧急
安装地点					
安装内容					
申报单位		安装单位			
申报时间		预计工时			
申报负责人电话		安装负责人电话			
验收人		验收人电话			

任务实施情况描述

验收单位意见

安装单位 负责人签字		申报单位领导 签字、盖章	
	年　月　日		年　月　日

3. 根据工作情景描述，画出自动化生产线传送带启停控制工作原理示意图，并向大家讲解工作过程。

学习活动二 制订工作计划，分配输入/输出口

👉 活动目标

1. 按照控制要求制订工作计划。
2. 分析控制要求并进行 I/O 分配。

👉 学习过程

1. 小组讨论：如果你负责这项工作，应该如何完成？请制订工作计划。

工作计划表

_____工作计划

一、人员分工

1. 小组负责人_____

2. 小组成员及分工

姓名	分工

二、工具及材料清单

序号	工具或材料名称	型号规格	数量	备注

三、工序及工期安排

序号	工作内容	完成时间	备注

四、安全防护措施

2. 根据工作情景描述，对控制要求进行分析，制作 I/O 分配表。

引导问题 1： 在此工作任务中，输入设备有哪些？它们各起什么作用？它们对应 PLC 的哪些输入点？

引导问题 2： 在此工作任务中，输出设备有哪些？它们各起什么作用？它们对应 PLC 的哪些输出点？

引导问题 3： 请为本工作任务制作一个 I/O 分配表。

I/O 分配表

输入			输出		
元件代号	作用	输入继电器	元件代号	作用	输出继电器

3. 工作计划评价。

工作计划评价表

组别： _____

评价内容	分值	评分		
		自评（10%）	组评（20%）	师评（70%）
计划制订是否有条理	2分			
计划是否全面、完善	2分			
人员分工是否合理	2分			
工作清单是否正确完善	1分			
材料清单是否正确完善	1分			
团队协作	1分			
其他方面（6S、安全、美工）	1分			
得分				
合计				

教师评语	
	教师签名： 日　　期：

相关知识

一、启—保—停控制程序的分析

对于传统的继电器-接触器控制的电动机的启动、自保持及停止电路，按下启动按钮 SB_1，接触器 KM_1 线圈得电并自锁，电动机启动运行；按下停止按钮 SB_2，接触器 KM_1 线圈失电，电动机停止运行。和继电器控制系统类似，PLC 也是由输入部分、逻辑部分和输出部分组成。其相对应的元件安排如表 3-3-1 所示。

表 3-3-1 I/O 地址分配表

输入			输出		
端口	功能	元件	端口	功能	元件
X000	启动	SB_1	Y000	正转	KM_1
X001	停止	SB_2			
X002	热保护	FR			

异步电动机直接启动连续运行的控制程序是梯形图设计中最典型的基本程序，在梯形图中应用较为广泛。要启动时，按下启动按钮 SB_1，启动信号 X000 变为"ON"，X000 的常开触点接通。如果此时 X001（停止按钮提供的信号）和 X002（热继电器提供的信号）为"OFF"，即 X001 和 X002 的常闭触点接通，Y000 线圈"通电"，其常开触点同时接通，控制接触器 KM_1 得电，KM_1 主触点闭合，电动机运行主电路通电，电动机启动。放开启动按钮 SB_1，X000 变为"OFF"，其常开触点断开，"能流"经 Y000 的常开触点及 X001 和 X002 的常闭触点流过 Y000 线圈，Y000 仍然保持为"ON"，称为"自锁"或"自保持"功能。要停止时，按下停止按钮 SB_2，停止信号 X001 变为"ON"，X001 的常闭触点断开，停止条件满足，使 Y000 线圈"断电"，Y000 常开触点断开，自锁解除。放开停止按钮 SB_2，X001 的常闭触点恢复接通状态，Y000 的线圈仍然"断电"。

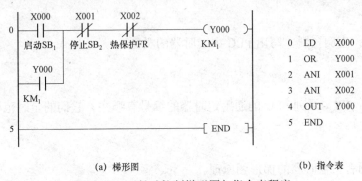

(a) 梯形图　　　　　(b) 指令表

图 3-3-1 长动控制梯形图与指令表程序

当电动机过载时，热保护信号 X002 变为"ON"，X002 的常闭触点断开，使 Y000 线圈"断电"，从而起到过载保护作用。根据控制要求，其梯形图如图 3-3-1 所示。启动按钮 SB_1（X000）和停止按钮 SB_2（X001）、热继电器 FR（X002）串联，并在启动按钮 SB_1（X000）两端并上自锁触点 Y000，然后输出驱动线圈 Y000。

二、PLC 输入回路类型及其应用场所

PLC 输入一般分为源型输入和漏型输入。源型输入是指输入电压为 0 V，COM 端接 24 V；

漏型输入是指输入电压为 24 V，COM 端接 0 V。一般欧系为 PNP 输入，即 24 V 输入，典型的如德国西门子 PLC（大部分为漏型输入，有的可以互换）；日系为 NPN 输入，即 0 V 输入，典型的如 MITISUBISHI、OMRON。

三、PLC 输出回路类型及其负载驱动方法

PLC 输出一般有继电器输出、可控硅输出、晶体管输出三种。继电器输出适合高电压交直流，但其有机械寿命，响应慢（响应时间为 10 ms 左右）；可控硅输出响应快些，但只能驱动交流负载，过载能力差；晶体管输出适合 30 V 以下直流输出，响应快，驱动电流小，个别可支持高速脉冲输出。

学习活动三　相关指令和硬件的学习

☞ 活动目标

1. 掌握 PLC 基本指令（MPS/MRD/MPP、T）。
2. 知道定时器 T 的分类、编号、时钟脉冲周期、定时范围。
3. 掌握通用定时器的编号、时钟脉冲周期、定时范围。

☞ 学习过程

1. 多路输出指令（堆栈指令）MPS/MRD/MPP 的学习。

利用堆栈指令设计电动机正反转运行控制，并写出梯形图和指令表。

2. 定时器 T 的学习。

引导问题 1：查阅资料，用助记符或代码写出 FX_{2N} 系列 PLC 的基本指令。

引导问题 2：查阅资料，写出 PLC 中定时器的类型。

引导问题 3：FX_{2N} 系列 PLC 的通用定时器的编号有哪些？它们的定时范围又是多少？

3. 分析下面有关定时器的梯形图原理。

（1）延时断开电路。

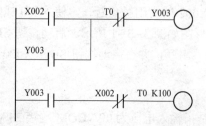

（2）延时闭合/断开电路。

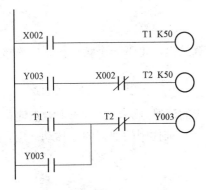

（3）脉冲振荡电路。

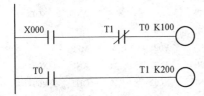

4. 技能训练：小功率直流电动机的启停控制线路连接与程序输入调试。请利用所学的基本指令编写满足下列控制要求的程序：按下启动按钮 SB_1，5 s 后电动机 M 启动；按下停止按钮 SB_2，电动机 M 停止。试画出电路图，并用梯形图编写程序。

5. 技能训练：小功率直流电动机的启停控制线路连接与程序输入调试。请利用所学的基本指令编写满足下列控制要求的程序：按下启动按钮 SB_1，电动机 M 正转启动 10 s，然后反转运行，直到按下停止按钮 SB_2，电动机 M 停止运行；整个线路要求有过载保护、短路保护。试画出电路图，并用梯形图编写程序。

☞ 相关知识

一、栈指令 MPS/MRD/MPP

这三条指令是无目标元件指令，各占一个程序步，用于多重输出电路，又称为多重输出指令。可将其公共连接点先储存，用于连接后面的电路。

在 FX_{2N} 系列 PLC 中，有 11 个用于储存中间运算结果的存储区域，称为栈存储器，其结构如图 3-3-2 所示。当使用进栈指令 MPS 时，将当时的运算结果压入栈的第一层，栈中原来的数据依次往下一层推移；当使用出栈指令 MPP 时，各层数据依次向上移动一层；当使用读栈指令 MRD 时，则是将最上层所存数据读出。

1. 进栈指令 MPS
用于存储电路中有分支处的逻辑运算结果，以便以后

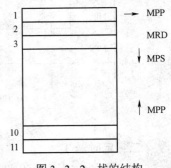

图 3-3-2 栈的结构

处理有线圈的支路时可以调用该运算结果。使用一次 MPS 支路，当时的逻辑运算结果就被压入堆栈的第一层，堆栈中原来的数据依次向下推移一层。

2. 读栈指令 MRD

用于读取存储在堆栈最上层的电路中分支点处的运算结果，将下一个触点强制性连接到该点。读取数据后，栈内数据不会上下移动。

3. 出栈指令 MPP

用于调用并去掉存储在堆栈最上层的电路分支点对应的运算结果，将下一个触点连接到该点，并从堆栈中去掉该点的运算结果。使用 MPP 指令后，堆栈中的数据向上移动一层，最上层的数据在读出后从栈内消失。

上述三条指令的使用方法如图 3-3-3 所示。

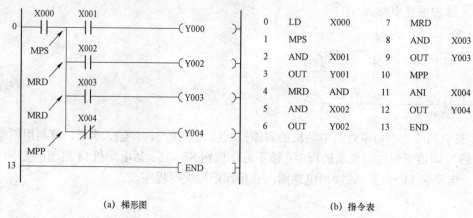

(a) 梯形图　　　　　　　　　　　　(b) 指令表

图 3-3-3　一层栈指令的用法

MRD 指令可以多次使用，也可以不使用，但是 MPS 和 MPP 指令必须成对使用。栈指令中再使用栈指令，称为栈的嵌套，如图 3-3-4 所示。嵌套的层数最多不能超过 11 层。

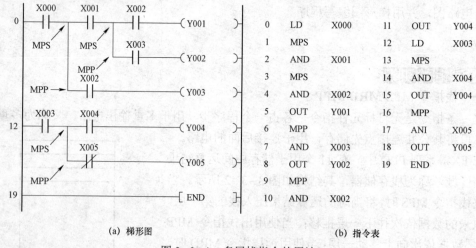

(a) 梯形图　　　　　　　　　　　　(b) 指令表

图 3-3-4　多层栈指令的用法

二、定时器 T

PLC 中的定时器 T 相当于继电器控制系统中的通电型时间继电器。它可以提供无穷对常开常闭延时触点。定时器中有一个设定值寄存器（一个字长）、一个当前值寄存器（一个字长）和一个用来存储其输出触点的映像寄存器（一个二进制位），这三个量使用同一地址编号，但其使用场合不一样，意义也不同。

FX 系列 PLC 中的定时器可分为通用定时器、积算定时器两种，它们是通过对一定周期的时钟脉冲进行累计而实现定时的。时钟脉冲周期有 1 ms、10 ms、100 ms 三种。当所计数达到设定值时，触点动作。设定值可用常数 K 或数据寄存器 D 的内容来设置。FX 系列的定时器能在执行程序过程中，对它的设定值寄存器和当前值寄存器进行读写操作，即可以在运行中观察和修改定时器的数值。

1. 通用定时器

FX 系列 PLC 的通用定时器最多可达 246 个，其编号为 T0～T245。通用定时器的特点是不具备断电的保持功能，即当输进电路断开或停电时，定时器复位。通用定时器有 100 ms 通用定时器和 10 ms 通用定时器两种。

100 ms 通用定时器编号为 T0～T199，共 200 点，其中 T192～T199 为子程序和中断服务程序专用定时器。这类定时器是对 100 ms 时钟累积计数，设定值为 1～32 767，所以其定时范围为 0.1～3 276.7 s。10 ms 通用定时器编号为 T200～T245，共 46 点。这类定时器是对 10 ms 时钟累积计数，设定值为 1～32 767，所以其定时范围为 0.01～327.67 s。定时器可以用用户程序存储器内的常数 K 作为设定值，也可以将数据寄存器 D 中的内容用作设定值。定时常数可以采用十进制、二进制、十六进制等进制表示。例如，K18 表示十进制数 18；H12 为十进制数 18 的十六进制的表示结果。若用数据寄存器的内容作为定时器的设定值，一般使用有失电保持功能的数据寄存器。但要注意，在锂电池电压降低时，定时器可能发生误操作。

每个定时器只有一个输入，线圈得电时，开始计时，每个定时器在所计时间达到设定值时，定时器动作。断电时，定时器自动复位，不保留中间数值。

下面举例说明通用定时器的工作原理。如图 3-3-5 所示，当输进 X000 接通时，定时器 T200 从 0 开始对 10 ms 时钟脉冲进行累积计数；当计数值与设定值 K123 相等时，定时器的常开触点接通 Y000，经过的时间为 123×0.01 s=1.23 s。当 X000 断开后，定时器复位，计数值变为 0，其常开触点断开，Y000 也随之关闭。若外部电源断电，定时器也将复位。

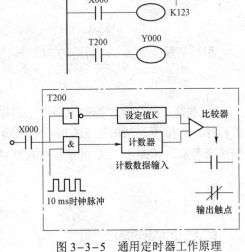

图 3-3-5　通用定时器工作原理

2. 积算定时器

积算定时器具有累积计数的功能。在定时过程中，假如断电或定时器线圈 OFF，积算定时器将保持当前的计数值，通电或定时器线圈 ON 后继续累积，即其当前值具有保持功能，只有将积算定时器复位，当前值才变为 0。积算定时器有 1 ms 积算定时器和 100 ms 积算定时器两种。

1 ms 积算定时器编号为 T246～T249，共 4 点，是对 1 ms 时钟脉冲进行累积计数的，定

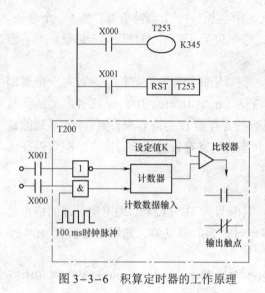

图 3-3-6 积算定时器的工作原理

时的时间范围为 0.001～32.767 s。100 ms 积算定时器编号为 T250～T255，共 6 点，是对 100 ms 时钟脉冲进行累积计数的，定时的时间范围为 0.1～3 276.7 s。

下面举例说明积算定时器的工作原理。如图 3-3-6 所示，当 X000 接通时，T253 当前值计数器开始累积 100 ms 的时钟脉冲的个数。当 X000 经 t_0 后断开，而 T253 尚未计数到设定值 K345，其计数器当前值保存。当 X000 再次接通，T253 从保存的当前值开始继续累积，经过 t_1 时间，当前值达到 K345 时，定时器的触点动作。累积的时间为 t_0+t_1=0.1×345=34.5（s）。当复位输进 X001 接通时，定时器才复位，当前值变为 0，触点也跟随复位。

学习活动四　绘制 PLC 外部硬件接线图，安装接线

☞ 活动目标

1. 绘制 PLC 外部硬件接线图。
2. 在保证人身和设备安全的情况下，按 PLC 的外部硬件接线图进行接线。

☞ 学习过程

1. 认识传送带模块，熟悉模块上元件的名称、作用及接线方法。
2. 查阅相关资料，绘制物料传送带 PLC 外部硬件接线图，并按照图纸完成安装。

引导问题 1：在 PLC 控制系统中定时器属于输入、输出设备吗？为什么？

引导问题 2：学习时所用的 PLC 输出形式是什么？可带的负载是什么类型的？

3. 技能训练：PLC 控制电磁继电器接线。请利用所学的基本指令编写满足下列控制要求的程序：当按下启动按钮 SB_1 时，电磁继电器线圈吸合；当按下停止按钮 SB_2 时，电磁继电器线圈释放。试画出 PLC 外部硬件接线图，并编写梯形图。

☞ 相关知识

时间继电器控制的顺序启动电路如图 3-3-7 所示。在生产现场的许多顺序控制电路中，要求电动机的启动先后有一定的时间间隔。现要求设计一个 PLC 控制系统，实现两台三相异步电动机按时间要求进行顺序启动。

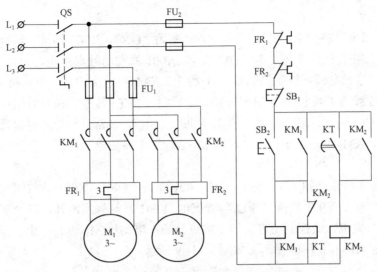

图 3-3-7 时间继电器控制的顺序启动电路

一、I/O 地址分配

根据电动机顺序控制电路的功能分析得出：在这个项目中，输入设备有 SB_1、SB_2，输出设备有 KM_1、KM_2。根据它们与 PLC 的输入继电器和输出继电器的对应关系，得到 PLC 控制系统的 I/O 分配表，见表 3-3-2。

表 3-3-2　I/O 分配表

输入			输出		
端口	功能	元件	端口	功能	元件
X000	启动	SB_2	Y000	M_1 电动机启动、运行	KM_1
X001	停止	SB_1	Y001	M_2 电动机启动、运行	KM_2

二、PLC 外部硬件接线图

根据表 3-3-2 所示的 I/O 信号的对应关系，可画出 PLC 外部硬件接线图，如图 3-3-8 所示。

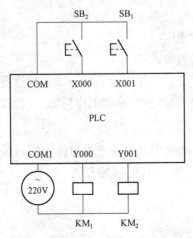

图 3-3-8　PLC 外部硬件接线图

三、程序设计

启动时，按启动按钮 SB$_2$，启动信号 X000 变为"ON"，X000 的常开触点接通，如果此时 X001（停止按钮提供的信号）为"OFF"，即 X001 的常闭触点接通，Y000 线圈"通电"，其常开触点同时接通自锁，控制接触器 KM$_1$ 得电，KM$_1$ 主触点闭合，电动机 M$_1$ 运行主电路通电；同时，T5 线圈"通电"，定时器开始得电延时，当 T5 线圈的通电时间达到定时器的设定时间 30 s 时，T5 的常开触点接通，Y001 线圈"通电"，其常开触点同时接通自锁，控制接触器 KM$_2$ 得电，KM$_2$ 主触点闭合，电动机 M$_2$ 运行主电路通电，从而实现两台电动机顺序控制的目的。

停止时，按下停止按钮 SB$_1$，停止信号 X001 变为"ON"，X001 的常闭触点断开，停止条件满足，使 Y000、Y001 线圈"断电"，Y000、Y001 常开触点断开，自锁解除。对应的接触器 KM$_1$、KM$_2$ 失电，其控制主电路的主触点分断，电动机 M$_1$、M$_2$ 停止工作。

根据控制要求，其相应的梯形图如图 3-3-9 所示。

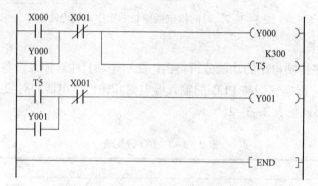

图 3-3-9　电动机顺序控制梯形图

学习活动五　程序的编写与调试及项目验收

☞ 活动目标

1. 熟练应用基本控制指令。
2. 掌握利用转换设计法进行梯形图编程的方法。
3. 根据控制要求编写 PLC 程序。
4. 根据程序独立完成系统的调试。
5. 对计算机和通信线进行安装，并能对通信端口进行设置。
6. 调试结束以后，按照 6S 管理制度整理工作场地。

☞ 学习过程

1. 项目程序设计：画出自动化生产线传送带启停控制系统的梯形图和指令表。

引导问题 1：查阅资料，写出 PLC 编程的方法。

引导问题 2：什么是转换设计法？

引导问题 3：编写梯形图时，应该注意哪些事项？

2. 系统安装与运行调试。

测试内容	能否正向启动运行	能否逆向启动运行	能否过载保护	能否短路保护	测试结果（合格/不合格）	
					自检	互检
传送带 1						
传送带 2						
传送带 3						

3. 项目验收。

（1）在验收阶段，各小组派代表交叉验收，并在下表中填写验收结果。

验收问题记录	整改措施	完成时间	备注

（2）以小组为单位填写本项目验收情况，并将"学习活动一"中的工作任务单填写完整。

自动生产线传送带启停控制系统的 PLC 设计项目验收报告

工程建设名称			
工程完成概况及现存问题			
改进措施			
建设单位		联系人	
地址		电话	
施工单位		联系人	
地址		电话	
项目负责人		施工周期	
验收结果	完成时间	施工质量	材料移交

4. 进行现场施工评价，并完成现场施工评价表。

现场施工评价表

班级：_____ 组别：_____ 组长：_____

组员：_____

类别	考核内容	配分	评分标准		考核记录	考核方式	得分
现场施工	作业练习	10 分	1. 作业是否按时完成	2 分			
			2. 系统各环节功能是否实现	2 分			
			3. 作业是否卷面干净整洁、书写规范合理	4 分			
			4. 作业是否按时上交	2 分			
	外部硬件接线图	10 分	1. 图形文字符号是否正确	2 分			
			2. 图形文字符号是否标齐	2 分			
			3. 输入/输出电源是否正确	2 分			
			4. PLC 型号是否正确完整	2 分			
			5. 能说出输入/输出所接电源的性质及大小	2 分			
	安装电路	14 分	1. 主电路、控制电路导线颜色是否区分	2 分			
			2. 元件安装布局是否合理、牢固	2 分			
			3. 所装电路输入/输出口是否与 I/O 分配表相符	4 分			
			4. 所接电路是否与外部硬件接线图相符	2 分			
			5. 是否采用万用表自检线路	2 分			
			6. 安装过程中注意安全，悬挂警示语，不带电作业	2 分			
	编程	20 分	1. 是否在主程序中编写程序	4 分			
			2. 是否会编译、下载	4 分			
			3. 程序编写是否与安装电路的输入/输出、I/O 分配表相符（三对照）	4 分			
			4. 是否会使用监控观看元件的动作状态	2 分			
			5. 编写完程序是否进行静态调试	4 分			
			6. 是否会设置 RS–485 下载导线的参数	2 分			
验收	功能	6 分	1. 按下启动按钮系统开始启动	2 分			
			2. 按下停止按钮系统停止工作	2 分			
			3. 无损坏元件、设备	2 分			
合计							

☞相关知识

一、转换设计法

转换设计法就是将继电器电路图转换成与原有功能相同的 PLC 内部的梯形图。这种等效转换是一种很简便、快捷的编程方法，它的优点颇多：其一，原继电器系统经过长期使用和考验，已经被证明能完成系统要求的控制功能；其二，继电器电路图与 PLC 的梯形图在表示方法和分析方法上有很多相似之处，因此根据继电器电路图来设计梯形图程序简便快捷；其三，这种方法一般不需要改动控制面板，可保持原有系统的外部特性，操作人员不用改变长期形成的操作习惯。

1. 基本方法

根据继电器电路图来设计 PLC 的梯形图时，关键是要抓住它们的一一对应的关系，即控制功能的对应、逻辑功能的对应，以及继电器硬件元件和 PLC 软件元件的对应。

2. 转换设计的步骤

（1）根据继电器电路图分析工作原理，对整个工作过程做到心中有数。

（2）确定 PLC 的输入信号和输出信号，画出 PLC 外部硬件接线图。按钮开关、行程开关、接近开关、限位开关等用 PLC 的输入继电器替代，它们的触点接在 PLC 的输入端；继电器电路图中的交流接触器和电磁阀等执行机构用 PLC 的输出继电器来替代，在确定 PLC 的各输入和输出元件后，画出 PLC 外部硬件接线图。

（3）确定 PLC 梯形图中的辅助继电器 M 和定时器 T 的元件号，继电线路图中的中间继电器和时间继电器的功能用 PLC 内部的辅助继电器和定时器来替代，并确定其对应关系。

（4）根据上述对应关系画出梯形图。

（5）优化梯形图。

二、经验法

（1）了解典型电路的继电线路和用 PLC 控制的梯形图程序，如启—保—停、正反转等典型电路。

（2）在典型电路的梯形图的基础上加以修改和完善。

（3）多次、反复地调试和修改梯形图，增加一些中间编程元件和触点。

（4）没有普遍的规律可遵循，具有很大的试探性和随意性，最后的结果不是唯一的；设计所用的时间、设计的质量与设计者的经验有很大的关系。

经验法一般用于较简单的梯形图的设计。

三、梯形图编程法则及程序优化

初学 PLC 梯形图编程法则时应遵循一定的规则，并养成良好的习惯。

（1）编程元件不是真实的硬件继电器，而是软件继电器。梯形图两侧的公共线称为公共母线，分析时，可以假想有一个能流从左向右流动。

（2）梯形阶梯都是始于左母线，终于右母线（通常可以省掉不画，仅画左母线）。每行的左边是触点组合，表示驱动逻辑线圈的条件，而表示结果的逻辑线圈只能接在最右边。触点不能出现在线圈右边，线圈应该放在最右边。

（3）触点状态只有接通和断开两种状态，应画在水平线上，而不应画在垂直线上。触点可以任意串联和并联，继电器线圈只能并联，不能串联。

（4）梯形图中的各编程元件的常开触点和常闭触点都可以无限次使用。

（5）不宜使用双线圈输出。若在同一梯形图中，同一组件的线圈使用两次或两次以上，则称为双线圈输出或线圈的重复利用。双线圈输出是一般梯形图初学者容易犯的错误之一。在双线圈输出时，只有最后一次的线圈才有效，而前面的线圈是无效的，这是由 PLC 的扫描特性决定的。

（6）并联块串联时，应将接点多的并联去路放在梯形图左方（"左重右轻"原则）；并联块串联时，应将接点多的并联去路放在梯形图的上方（"上重下轻"原则）。这样做可使程序简洁，从而减少指令的扫描时间，这对于一些大型的程序尤为重要。

（7）程序执行是一个逻辑解算的过程。可根据梯形图中各触点的状态和逻辑关系求出各个线圈对应的编程元件的状态。

（8）PLC 的运行是按照从左到右、从上到下的顺序执行的，即串行工作，而继电器控制电路是并行工作的，电源接通时，并联支路都有相同的电压，因此在 PLC 编程中应注意程序的顺序不同，其执行结果也不同。

☞ 拓展与创新

1. 目标：为进一步挖掘学生的创新能力，提高学生学习 PLC 的兴趣。

2. 拓展任务：设计完成两地运料小车的 PLC 控制系统，并完成安装调试。

3. 总体控制要求如下：小车由一台电动机驱动实现 A，B 两地的自动往返；闭合"启动"开关，小车从 A 地出发，到达 B 地，碰到 B 地的限位开关停 5 s，然后小车返回 A 地，碰到 A 地的限位开关停 8 s 后发往 B 地；如此循环直到按下停止按钮。小车自动停车要求：

（1）列写 I/O 分配表；

（2）画出 PLC 外部硬件接线图；

（3）梯形图设计；

（4）系统安装，通电调试。

学习活动六　工作总结与评价

☞ 活动目标

1. 真实评价学生的学习情况。

2. 培养学生的语言表达能力。

3. 展示学生的学习成果，树立学生学习的信心。

☞ 学习过程

1. 每组选一名学生作为代表对自己组的成果进行展示，通过演示文稿、展板、海报、录像等形式，向全班展示、汇报学习成果。

2. 学生结合自己的成果与别人的成果进行自评、互评，总结经验，并完成综合评价表的填写工作。建议工作总结应包含以下主要因素。

（1）通过本任务的完成，你学会了什么？

（2）展示你最终完成的成果，并说明它的优点。

（3）你对自己的展示过程满意吗？如果不满意，说说你还需要从哪几个方面努力？你对接下来的学习有何打算？

（4）学习过程经验记录与交流（组内）。

（5）你觉得这个项目哪里最有趣，哪里最让人提不起精神？

（6）对这种工学结合的一体化教学方式、教学内容有何意见和建议？

（7）你在做此项目中的快乐与忧愁。

3. 教师点评（教师根据各组展示分别做出有的放矢的评价）。

（1）找出各组的优点。

（2）整个任务完成过程中各组的缺点点评，提出改进方法。

（3）整个任务完成过程中出现的亮点和不足。

4. 完成综合评价表。

综合评价表

班级		姓名		学号		得分	
评价项目	评价内容	评价标准			配分	评价方式		
						自评（10%）	组评（20%）	师评（70%）
职业素养	安全意识、责任意识	1. 是否作风严谨、遵守纪律、出色完成本次任务 2. 是否在断电情况下安装接线 3. 安装过程是否节约材料、爱惜设备 4. 是否按 6S 管理制度对书籍、工具、材料、工装、桌椅进行整理			4 分			
	学习参与度、互动性	1. 是否按时出勤 2. 一体化实训时是否着工装 3. 课堂上是否积极回答问题 4. 作业是否按时保质完成 5. 图纸是否按规范绘制 6. 是否在规定时间积极查阅有效资料			3 分			
	团队合作意识	1. 组员是否相互协助 2. 组员之间是否相互监督检查 3. 组内分工是否明确，是否按照分工协作			3 分			
专业能力	学习活动一　明确工作任务	1. 工作任务单填写是否字迹清楚，内容是否完整规范 2. 是否按时完成工作页填写，回答问题是否正确 3. 学生叙述工作任务是否语言流畅，内容正确、充实			10 分			
	学习活动二　制订工作计划，分配输入/输出口	制订工作计划表			10 分			
	学习活动三　相关指令和硬件的学习	根据各自的学习活动自行分配			10 分			
	学习活动四　绘制 PLC 外部硬件接线图，安装接线	根据各自的学习活动自行分配			30 分			
	学习活动五　程序的编写与调试及项目验收	根据各自的学习活动自行分配			20 分			
	学习活动六　工作总结与评价	1. 工作总结内容是否充实深刻，是否有真实体会 2. 工作总结卷面是否干净、整洁 3. 工作总结字迹是否工整			10 分			
总计					100 分			

教师评语：

签名：　　　　日期：

任务 3.4 天塔之光控制系统的 PLC 设计

工作情景描述

　　某休闲广场有一标志性建筑天塔之光即将竣工，委托我班完成灯光设计。传统的天塔之光控制一旦设计好控制电路，就不能随意改变灯光花样。若采用 PLC 控制，可利用 PLC 体积小、功能强、可靠性高，且具有比较大的灵活性和可扩展性的特点，通过改变天塔之光的控制程序或改变控制方式选择开关，就可以改变灯光花样的规律，从而变换出各式各样的灯光，以适应不同季节、不同场合的花样要求。你可以根据自己的想法设计出一种花样，并写出具体控制要求，限时 3 天完工。天塔之光控制如图 3-4-1 所示。

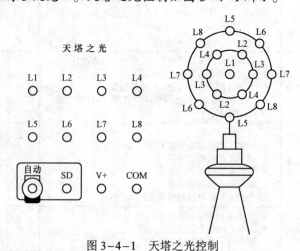

图 3-4-1　天塔之光控制

任务目标

1. 明确任务控制要求，并分析控制要求。
2. 掌握 PLC 基本控制指令（SET、RST）。
3. 掌握 PLC 自带 DC 24 V 电源与外部 DC 24 V 电源的区别。
4. 掌握天塔之光的工作过程。
5. 根据控制要求，正确写出输入/输出分配表。
6. 根据控制要求设计 PLC 外部硬件接线电路。
7. 会将直流电源的负载与 PLC 正确接线。
8. 会用不同分辨率的定时器进行编程。
9. 根据控制要求编写 PLC 程序。
10. 根据程序独立完成系统的调试。

工作流程与活动

　　学习活动一　明确工作任务

学习活动一　明确工作任务

☞ 活动目标

1. 阅读工作任务单，明确工时、工作任务等信息，并能用语言进行复述。

2. 进行人员工时分配。

3. 填写工作任务单。

☞ 学习过程

1. 根据工作情景描述，对控制要求进行分析，然后用自己的语言描述该项工作的具体内容及要求。

2. 认真阅读工作情景描述，查阅相关资料，依据教师的任务描述自行填写工作任务单。

工作任务单

流水号：_____

任务等级	一般	重要	紧急	非常重要	非常紧急
安装地点					
安装内容					
申报单位			安装单位		
申报时间			预计工时		
申报负责人电话			安装负责人电话		
验收人			验收人电话		

任务实施情况描述

验收单位意见

安装单位负责人签字		年　月　日	申报单位领导签字、盖章		年　月　日

3. 根据自己的想法，设计至少 1 种花样，并写出具体控制要求。

学习活动二　制订工作计划，分配输入/输出口

☞ 活动目标

1. 按照控制要求制订工作计划。

2. 分析控制要求并进行 I/O 分配。

☞ 学习过程

1. 小组讨论：如果你负责这项工作，应该如何完成？请制订工作计划。

工作计划表

_____工作计划

一、人员分工

1. 小组负责人_____

2. 小组成员及分工

姓名	分工

二、工具及材料清单

序号	工具或材料名称	型号规格	数量	备注

三、工序及工期安排

序号	工作内容	完成时间	备注

四、安全防护措施

2. 根据工作情景描述，对控制要求进行分析，制作 I/O 分配表。

引导问题 1：在此任务的控制要求中，输入有几个，分别是哪些？它们对应 PLC 的哪些输入点？

引导问题 2：在此工作任务控制要求中，输出有几个，分别是哪些？它们对应 PLC 的哪些输出点？

引导问题 3：请为本工作任务制作一个 I/O 分配表。

I/O 分配表

输入			输出		
元件代号	作用	输入继电器	元件代号	作用	输出继电器

3. 工作计划评价。

工作计划评价表

组别：_____

评价内容	分值	评分		
		自评（10%）	组评（20%）	师评（70%）
计划制订是否有条理	2分			
计划是否全面、完善	2分			
人员分工是否合理	2分			
工作清单是否正确完善	1分			
材料清单是否正确完善	1分			
团队协作	1分			
其他方面（6S、安全、美工）	1分			
得分				
合计				

教师评语

教师签名：

日　　期：

学习活动三　相关指令和硬件的学习

活动目标
1. 掌握 PLC 基本控制指令（SET、RST）。
2. 认识天塔之光模拟模块。

学习过程
1. 请你利用置位指令 SET 和复位指令 RST 编写满足下列控制要求的程序：按下启动按钮 SB_1，电动机 M_1 连续运行；按下停止按钮 SB_2，电动机 M_1 停止运行。将梯形图编写出来。

2. 请你利用所学的基本指令编写满足下列控制要求的程序：按下正转启动按钮 SB_1，电动机 M_1 连续运行；按下反转启动按钮 SB_2，电动机 M_1 连续运行；按下停止按钮 SB_3，电动机停止运行，指示灯 HL 常亮；正反转互锁，有过载保护。将梯形图编写出来。

3. 请你利用所学的基本指令编写满足下列控制要求的程序：按下启动按钮 SB_1，风景灯 L_1、L_2、L_3、L_4 同时亮，3 s 后，风景灯 L_5、L_6、L_7、L_8 同时亮，6 s 后全部熄灭。将梯形图编写出来。

4. 认识天塔模块，熟悉模块上元件的名称、作用及接线方法。

相关知识
一、置位和复位指令（SET、RST）

置位和复位指令（自设知识点）的功能是对操作元件进行强制操作。置位是把操作元件强制置"1"，即"ON"，而复位则是把操作元件强制置"0"，即"OFF"。强制操作与操作元件的过去状态无关。

（1）SET 指令为置位指令，强制操作元件置"1"，并具有自保持功能，即驱动条件断开后，操作元件仍维持接通状态。"SET"为置位指令的助记符。置位指令的操作元件为输出继电器 Y、辅助继电器 M、状态继电器 S。

（2）RST 指令为复位指令，复位指令的功能是使线圈复位。"RST"为复位指令的助记符。复位指令的操作元件为输出继电器 Y、辅助继电器 M、状态继电器 S、定时器 T、计数器 C。

电动机的启停控制也可以采用 SET 和 RST 指令进行编程，其梯形图如图 3-4-2 所示。启动按钮 SB_1（X000）、停止按钮 SB_2（X001）分布驱动 SET、RST 指令。启动时，按 SB_1

（X000），使输出线圈 Y000 置位并保持；当按停止按钮 SB₂ 或电动机过载时，X001 或 X002 常开触点闭合，使输出线圈 Y000 复位并保持。

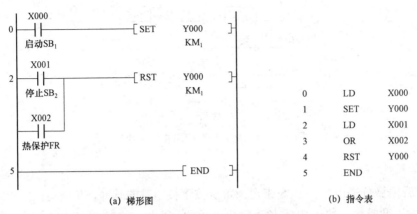

(a) 梯形图   (b) 指令表

图 3-4-2 用 SET、RST 指令编程（长动控制程序）

此电路为停止优先电路，即同时按下启动按钮和停止按钮，电动机处于停止状态。若想设计启动优先电路，将置位指令和复位指令对调顺序即可，梯形图如图 3-4-3 所示。

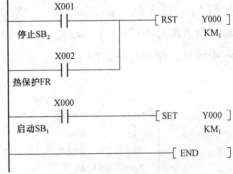

图 3-4-3 用 SET、RST 指令编程（启动优先控制程序）

二、脉冲输出指令（PLS、PLF）

1. 指令用法

PLS 为上升沿微分输出指令，即在输入信号上升沿使得控制对象输出一个扫描周期的信号。PLF 为下降沿微分输出指令，即在输入信号下降沿使得控制对象输出一个扫描周期的信号。

PLS、PLF 指令仅在条件满足时接通一个扫描周期，只能用于输出继电器和辅助继电器。

图 3-4-4 中的 M_0 仅在 X000 的常开触点由断开变为接通（X000 的上升沿）时的一个扫描周期内为"ON"，M_1 仅在 X001 的常开触点由接通变为断开（X001 的下降沿）时的一个扫描周期内为"ON"。

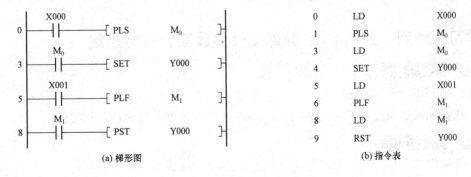

(a) 梯形图   (b) 指令表

图 3-4-4 微分指令应用实例

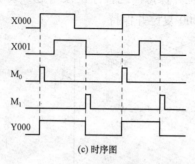

(c) 时序图

图 3-4-4　微分指令应用实例（续）

2. 编程实例

采用上升沿微分输出指令 PLS 来记录每次按下按钮时的脉冲，在电动机停止时输出继电器 Y000 失电，此时按下按钮 SB，输入继电器 X000 得电，X000 常开触点闭合，PLS 指令使 M_0 产生一个脉冲，M_0 常开触点通过 Y000 常闭触点驱动 Y000 线圈，再通过 Y000 驱动交流接触器 KM，从而驱动电动机启动运行。在电动机运行时输出继电器 Y000 得电，此时按下按钮 SB，输入继电器 X000 得电，X000 常开触点闭合，PLS 指令使 M_0 产生一个脉冲，M_0 常闭触点断开 Y000 线圈驱动回路，切断交流接触器 KM 线圈驱动回路，从而使电动机失电停止运行。控制程序如图 3-4-5 所示。

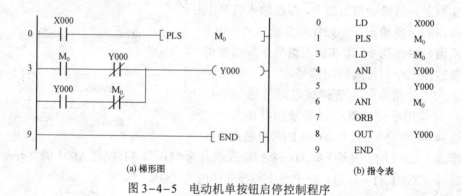

(a) 梯形图　　　　　　　　(b) 指令表

图 3-4-5　电动机单按钮启停控制程序

学习活动四　绘制 PLC 外部硬件接线图，安装接线

活动目标

1. 绘制 PLC 外部硬件接线图。

2. 在保证人身和设备安全的情况下，按照 PLC 外部硬件接线图进行接线。

学习过程

1. 查阅相关资料，绘制天塔之光的 PLC 外部硬件接线图。

引导问题 1： 在此任务中输出带的负载是什么元件？需要的工作电源电压等级是多少？

引导问题 2： 安装过程中遇到了哪些问题？如何解决？

所遇问题	解决方法

学习活动五　程序的编写与调试及项目验收

活动目标

1. 熟练应用基本控制指令编写梯形图。
2. 根据控制要求编写 PLC 程序。
3. 根据程序独立完成系统的调试。
4. 调试结束以后，按照 6S 管理制度整理工作场地。

学习过程

1. 项目程序设计：使用 GX Developer 编程软件输入天塔之光控制系统的梯形图和指令表。
2. 系统安装与运行调试。

测试内容	能否正常启动运行	测试结果（合格/不合格）	
		自检	互检
L_1			
L_2、L_3、L_4、L_5			
L_6、L_7、L_8、L_9			

3. 项目验收。
（1）在验收阶段，各小组派代表验收，并在下表中填写验收结果。

验收问题记录	整改措施	完成时间	备注

（2）以小组为单位填写本项目的验收情况，并将"学习活动一"中的工作任务单填写完整。

天塔之光控制系统的 PLC 设计项目验收报告

工程建设名称			
工程完成概况及现存问题			
改进措施			
建设单位		联系人	
地址		电话	
施工单位		联系人	
地址		电话	
项目负责人		施工周期	
验收结果	完成时间	施工质量	材料移交

4. 进行现场施工评价，并完成现场施工评价表。

现场施工评价表

班级：_____ 组别：_____ 组长：_____

组员：_____

类别	考核内容	配分	评分标准		考核记录	考核方式	得分
现场施工	作业练习	10分	1. 作业是否按时完成	2分			
			2. 系统各环节功能是否实现	2分			
			3. 作业是否卷面干净整洁、书写规范合理	4分			
			4. 作业是否按时上交	2分			
	外部硬件接线图	10分	1. 图形文字符号是否正确	2分			
			2. 图形文字符号是否标齐	2分			
			3. 输入/输出电源是否正确	2分			
			4. PLC 型号是否正确完整	2分			
			5. 能说出输入/输出所接电源的性质及大小	2分			
	安装电路	14分	1. 主电路、控制电路导线颜色是否区分	2分			
			2. 元件安装布局是否合理、牢固	2分			
			3. 所装电路输入/输出口是否与 I/O 分配表相符	4分			
			4. 所接电路是否与外围接线图相符	2分			
			5. 是否采用万用表自检线路	2分			
			6. 安装过程中注意安全，悬挂警示语，不带电作业	2分			
	编程	20分	1. 是否在主程序中编写程序	4分			
			2. 是否会编译、下载	4分			
			3. 程序编写是否与安装电路的输入/输出、I/O 分配表相符（三对照）	4分			
			4. 是否会使用监控观看元件的动作状态	2分			
			5. 编写完程序是否进行静态调试	4分			
			6. 是否会设置 R-S485 下载导线的参数	2分			
验收	功能	6分	1. 按下启动按钮系统开始启动	2分			
			2. 按下停止按钮系统停止工作	2分			
			3. 无损坏元件、设备	2分			
合计							

拓展与创新

1. 目标：为进一步挖掘学生的创新能力，提高学生对 PLC 学习的兴趣。

2. 拓展任务：设计完成 LED 灯 $L_1 \sim L_9$ 的 PLC 循环，并完成安装调试。

总体控制要求如下：按下启动按钮 SB_1，灯 L_1、L_2、L_3 同时亮 2 s，之后灯 L_5、L_6 同时亮 2 s，之后灯 L_7、L_8、L_9 同时亮 2 s，之后灯 L_1、L_2、L_3 同时亮 2 s……直到按下停止按钮 SB_2 后系统停止工作。

3. 要求：

（1）列写 I/O 分配表；

（2）画出 PLC 外部硬件接线图；

（3）梯形图设计；

（4）系统安装，通电调试。

学习活动六　工作总结与评价

活动目标

1. 真实评价学生的学习情况。

2. 培养学生的语言表达能力。

3. 展示学生的学习成果，树立学生学习的信心。

学习过程

1. 每组选一名学生作为代表对自己组的成果进行展示，通过演示文稿、展板、海报、录像等形式，向全班展示、汇报学习成果。

2. 学生结合自己的成果与别人的成果进行自评、互评，总结经验，并完成评价表的填写工作。建议工作总结应包含以下主要因素。

（1）通过本任务的完成，你学会了什么？比如语言沟通表达、团队合作、指令、编程方法、技巧、程序系统调试方法步骤等。

（2）根据你最终完成的成果展示并说明它的优点。

（3）你对自己的展示过程满意吗？如果不满意，说说你还需要从哪几个方面努力？你对接下来的学习有何打算？

（4）学习过程经验记录与交流（组内）。

（5）你觉得这个项目哪里最有趣，哪里最让人提不起精神？

（6）对这种工学结合的一体化教学方式、教学内容有何意见和建议？

（7）你在做此项目中的快乐与忧愁。

3. 教师点评（教师根据各组展示分别做出有的放矢的评价）。

（1）找出各组的优点点评。

（2）整个任务完成过程中各组的缺点点评，提出改进方法。

（3）整个活动完成中出现的亮点和不足。

4. 完成综合评价表。

综合评价表

班级		姓名		学号		得分	
评价项目	评价内容	评价标准			配分	评价方式	
						自评（10%）	组评（20%） 师评（70%）
职业素养	安全意识、责任意识	1. 是否作风严谨、遵守纪律、出色完成本次任务 2. 是否是在断电情况下安装接线 3. 安装过程是否节约材料、爱惜设备 4. 是否按 6S 管理制度对书籍、工具、材料、工装、桌椅进行整理			4分		
	学习参与度、互动性	1. 是否按时出勤 2. 一体化实训时是否着工装 3. 课堂上是否积极回答问题 4. 作业是否按时保质完成 5. 图纸是否按规范绘制 6. 是否在规定时间积极查阅有效资料			3分		
	团队合作意识	1. 组员是否相互协助 2. 组员之间是否相互监督检查 3. 组内分工是否明确，是否按照分工协作			3分		
专业能力	学习活动一、明确工作任务	1. 工作任务单填写是否字迹清楚，内容是否完整规范 2. 是否按时完成工作页填写，回答问题是否正确 3. 学生叙述工作任务是否语言流畅，内容正确、充实			10分		
	学习活动二、制订工作计划，分配输入/输出口	制订工作计划表			10分		
	学习活动三、相关指令和硬件的学习	根据各自的学习活动自行分配			10分		
	学习活动四、绘制PLC外部硬件接线图，安装接线	根据各自的学习活动自行分配			30分		
	学习活动五、程序的编写与调试及项目验收	根据各自的学习活动自行分配			20分		
	学习活动六、工作总结与评价	1. 工作总结内容是否充实深刻，是否有真实体会 2. 工作总结卷面是否干净、整洁 3. 工作总结字迹是否工整			10分		
总计					100分		

教师评语：

签名：　　　　　日期：

任务 3.5 轧钢机的 PLC 设计

工作情景描述

如图 3-5-1 所示，系统启动后，电动机 M_1、M_2 运行，实现传送钢板。检测传送带上有无钢板的传感器 S_1 的信号为"ON"，表示有钢板，电动机 M_3 正转。S_1 的信号消失，检测传送带上钢板到位后传感器 S_2 有信号，表示钢板到位，电磁阀动作，电动机 M_3 反转，Y001 给一个向下压下的量，S_2 信号消失，S_1 有信号，电动机 M_3 正转……重复上述过程。Y001

第一次接通，发光管 A 亮，表示有一个向下压下的量；第二次接通时，发光管 A、B 亮，表示有两个向下压下的量；第三次接通时，发光管 A、B、C 亮，表示有三个向下压下的量，若此时 S₂ 有信号，则停机，需重新启动。

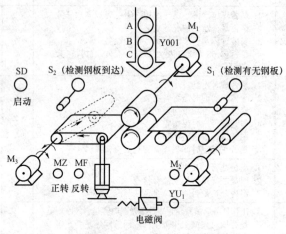

图 3-5-1　轧钢机控制系统

任务目标

1. 明确任务控制要求，并分析控制要求。
2. 掌握 PLC 基本指令（C）。
3. 掌握计数器的类型与应用。
4. 掌握轧钢机控制系统的工作过程。
5. 根据控制要求，正确写出 I/O 分配表。
6. 根据控制要求设计 PLC 外部硬件接线电路。
7. 正确完成 PLC 接线工作。
8. 根据控制要求编写 PLC 程序。
9. 根据程序独立完成系统的调试。

工作流程与活动

学习活动一　明确工作任务
学习活动二　制订工作计划，分配输入/输出口
学习活动三　相关指令和硬件的学习
学习活动四　绘制 PLC 外部硬件接线图，安装接线
学习活动五　程序的编写与调试及项目验收
学习活动六　工作总结与评价

学习活动一　明确工作任务

活动目标

1. 阅读工作任务单，明确工时、工作任务等信息，并用语言进行复述。
2. 进行人员工时分配。
3. 填写工作任务单。

学习过程

1. 根据工作情景描述，对控制要求进行分析，然后用自己的语言描述该项工作的具体内容及要求。

2. 认真阅读工作情景描述，查阅相关资料，依据教师的任务描述自行填写工作任务单。

工作任务单

流水号：_____

任务等级	一般	重要	紧急	非常重要	非常紧急
安装地点					
安装内容					
申报单位			安装单位		
申报时间			预计工时		
申报负责人电话			安装负责人电话		
验收人			验收人电话		

任务实施情况描述

验收单位意见

安装单位 负责人签字		申报单位领导 签字、盖章	
	年　月　日		年　月　日

217

学习活动二　制订工作计划，分配输入/输出口

☞ 活动目标

1. 按照控制要求制订工作计划。
2. 分析控制要求并进行 I/O 分配。

☞ 学习过程

1. 小组讨论：如果你负责这项工作，应该如何完成？请制订工作计划。

工作计划表

_____工作计划

一、人员分工

1. 小组负责人_____

2. 小组成员及分工

姓名	分工

二、工具及材料清单

序号	工具或材料名称	型号规格	数量	备注

三、工序及工期安排

序号	工作内容	完成时间	备注

四、安全防护措施

2. 根据工作情景描述，对控制要求进行分析，制作 I/O 分配表。

引导问题 1：你认为哪些开关信号可以作为 PLC 的输入？哪些模拟信号可以作为 PLC 的输入？

引导问题 2：你认为哪些元件可以作为 PLC 的输出？

引导问题 3：请为本工作任务制作一个 I/O 分配表。

I/O 分配表

输入			输出		
元件代号	作用	输入继电器	元件代号	作用	输出继电器

3. 工作计划评价。

工作计划评价表

组别：_____

评价内容	分值	评分		
		自评（10%）	组评（20%）	师评（70%）
计划制订是否有条理	2分			
计划是否全面、完善	2分			
人员分工是否合理	2分			
工作清单是否正确完善	1分			
材料清单是否正确完善	1分			
团队协作	1分			
其他方面（6S、安全、美工）	1分			
得分				
合计				
教师评语				

教师签名：

日　　期：

学习活动三　相关指令和硬件的学习

👉 活动目标

1. 掌握计数器 C 的编号、分类及应用。

👉 学习过程

1. 基本指令计数器 C 的学习。

引导问题：写出三菱 PLC 中计数器 C 的编号、分类。

2. 设计梯形图，实现 24 h 延时。

👉 相关知识

一、计数 C 基本知识

计数器主要用来计算脉冲个数或者根据脉冲个数设定时间。计数器的计数数值可以通过 K 后的数值来设定，也可以通过数据寄存器 D 中存储的数据来设定。按 PLC 字长分类，计数器可以分成 16 位计数器和 32 位计数器。根据脉冲信号的频率不同，计数器可分成通用计数器和高速计数器。根据计数器的计数方式，计数器可分成加计数器和减计数器。

1. 16 位加计数器

16 位加计数器的设定值范围是 1～32 767，主要有：通用型计数器和断电保持型计数器。通用型计数器编号为 C0～C99（共 100 点），其断电以后，计数器将自动复位。断电保持型计数器编号为 C100～C199（共 100 点），其断电后，计数数值保持不变，来电以后，计数器接着原来的数值继续计数。16 位加计数器的使用举例如图 3-5-2 所示。

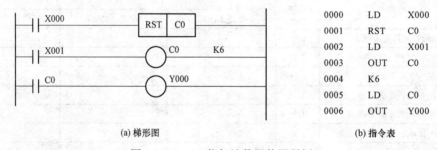

(a) 梯形图　　　　　　(b) 指令表

图 3-5-2　16 位加计数器使用举例

每当 X001 常开触点由断开到闭合的瞬间，计数器 C0 计一次数。当 X001 闭合 6 次时，即使 X001 再次闭合，计数器也会保持为 6，同时 C0 的触点动作，输出继电器 Y000 有输出。如果要让继电器复位，只要让 X000 常开触点闭合即可。如果 X000 和 X001 都有输入，计数器不计数。

2. 32 位加/减计数器

32 位加/减计数器的设定值范围是 -2 147 483 648～2 147 483 647，主要有：通用型计数器和断电保持型计数器。通用型计数器编号为 C200～C219，共 20 点。断电保持型计数器编号为 C220～C234，共 15 点。32 位计数器可以加（减）计数，其计数方式由特殊辅助继电器 M8200～M8234 来设定，如表 3-5-1 所示。当特殊辅助继电器为 1 时，对应的计数器为减计数器；反之，为加计数器。例如，当 M8200 为 1 时，其对应的计数器 C200 为减计数器，反之，C200 为加计数器。

表 3-5-1　32 位加/减计数器的加/减方式控制用的特殊辅助继电器

计数器编号	加减方式	计数器编号	加减方式	计数器编号	加减方式	计数器编号	加减方式
C200	M8200	C209	M8209	C218	M8218	C227	M8227
C201	M8201	C210	M8210	C219	M8219	C228	M8228
C202	M8202	C211	M8211	C220	M8220	C229	M8229
C203	M8203	C212	M8212	C221	M8221	C230	M8230
C204	M8204	C213	M8213	C222	M8222	C231	M8231
C205	M8205	C214	M8214	C223	M8223	C232	M8232
C206	M8206	C215	M8215	C224	M8224	C233	M8233
C207	M8207	C216	M8216	C225	M8225	C234	M8234
C208	M8208	C217	M8217	C226	M8226	C235	M8235

32 位计数器使用举例如图 3-5-3 所示。图 3-5-3 中计数器 C200 的设定值为-5。当 X000 常开触点断开，M8200 线圈失电时，对应的计数器 C200 为加计数器。当 X000 常开触点闭合，M8200 线圈得电时，对应的计数器 C200 为减计数器，在 X002 常开触点的上升沿计数器进行计数。当计数器 C200 的设定值变成-5 时，计数器触点动作；当设定值又变成-6 时，触点复位。当 X001 常开触点闭合时，计数器不计数，处于复位状态。

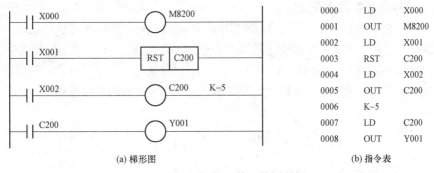

(a) 梯形图　　　　　　　　　　　　　　　　(b) 指令表

图 3-5-3　32 位计数器使用举例

对于 16 位计数器，当其计数值到达设定值时就会保持不变，而 32 位计数器不一样，它是循环计数，只要满足条件就会继续计数。如果在加计数方式下计数，将一直加到最大值 2 147 483 647，再加 1 就变成最小值-2 147 483 648。如果在减计数方式下计数，将一直减到最小值-2 147 483 648，再减 1 就变成最大值 2 147 483 647。

二、计数器的扩展应用

1. 两个计数器组合使用

如果一个计数器满足不了要求，可以用两个计数器组合计数，这时计数器可以计的数值就是两个计数器设定值的乘积。其编程方法举例如图 3-5-4 所示。

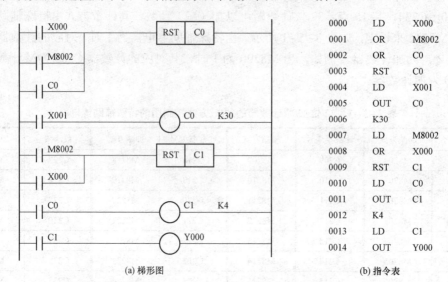

0000	LD X000
0001	OR M8002
0002	OR C0
0003	RST C0
0004	LD X001
0005	OUT C0
0006	K30
0007	LD M8002
0008	OR X000
0009	RST C1
0010	LD C0
0011	OUT C1
0012	K4
0013	LD C1
0014	OUT Y000

(a) 梯形图　　　　　　　　　　(b) 指令表

图 3-5-4　两个计数器组合使用举例

　　PLC 运行瞬间，M8002 常开触点闭合，计数器 C0 和 C1 复位。X001 常开触点闭合一次，计数器 C0 计数一次。当 C0 计数到设定值 30 的时候，C0 下面的常开触点闭合，C1 计数一次。到下一个扫描周期，C0 上面的常开触点闭合，计数器 C0 复位，计数值为 0。C0 常开触点只有一个扫描周期的时间是闭合的，之后又可以重新计数，这样 X001 每闭合 30 次，计数器 C0 触点动作一次，计数器 C1 计一次数。当 X001 闭合 30×4 次的时候，C1 计数值达到设定值，C1 的常开触点闭合，Y000 有输出。当 X000 常开触点闭合时，计数器 C0 和 C1 都复位，常开触点都断开，Y000 没有输出。

　　2. 定时器和计数器组合使用

　　定时器和计数器组合使用，可以延长定时器的定时时间。定时器可以计的时间就是定时器和计数器设定值的乘积。定时器和计数器组合使用举例如图 3-5-5 所示。当 X000 闭合后，定时器 T0 得电开始计时，10 s 后，T0 常开触点闭合，计数器 C0 计数一次。到下一个扫描周期，T0 常闭触点断开，定时器 T0 线圈失电，触点复位。定时器 T0 触点动作时间只有一个扫

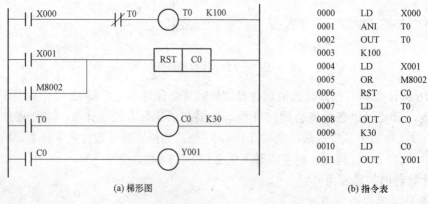

0000	LD X000
0001	ANI T0
0002	OUT T0
0003	K100
0004	LD X001
0005	OR M8002
0006	RST C0
0007	LD T0
0008	OUT C0
0009	K30
0010	LD C0
0011	OUT Y001

(a) 梯形图　　　　　　　　　　(b) 指令表

图 3-5-5　定时器和计数器组合使用举例

描周期。定时器常闭触点复位后，T0 线圈得电，重新开始计时，每隔 10 s T0 的触点动作一次，计数器 C0 计数一次。30×10 s 后，计数器 C0 的计数值到达设定值，C0 常开触点闭合，Y001 有输出。

3. 单按钮启动停止电路

在图 3-5-6 中，只有一个按钮就可以控制 Y000 得电和失电。当 X000 常开触点闭合时，经过 M₀ 常闭触点使计数器 C0 得电计数，计数值为 1 时正好到达设定值，C0 的常开触点动作，Y000 有输出从而驱动负载。X000 常开触点闭合后，M₀ 线圈得电，到下一个扫描周期，虽然 Y000 常开触点闭合，但是 M₀ 常闭触点断开，C0 不会复位。在 X000 常开触点断开时，Y000 仍然有输出。当 X000 常开触点再次闭合时，C0 线圈得电，但是已经达到设定值，所以其保持不变。由于此时 Y000 常开触点闭合，C0 复位，C0 的常开触点断开，Y000 线圈失电，到下一个扫描周期 M₀ 常闭触点断开，C0 线圈不会得电。在 X000 常开触点断开时，Y000 仍然处于断电状态。

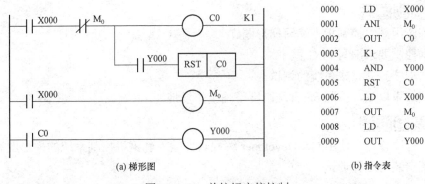

(a) 梯形图　　　　　　　　　　　　　　(b) 指令表

图 3-5-6　单按钮启停控制

学习活动四　绘制 PLC 外部硬件接线图，安装接线

☞ 活动目标

1. 绘制 PLC 外部硬件接线图。

2. 在保证人身和设备安全的情况下，按照 PLC 外部硬件接线图进行接线。

☞ 学习过程

1. 查阅相关资料，绘制液体混合控制 PLC 外部硬件接线图。

2. 认识轧钢机控制模拟模块，熟悉模块上元件的名称、作用及接线方法，并按照图纸进行接线。

3. 记录安装过程中遇到的问题及其解决方法。

所遇问题	解决方法

引导问题：外接的直流 24 V 电源能不能和 FX$_{2N}$ 系列 PLC 上的电源并联？

学习活动五　程序的编写与调试及项目验收

☞ 活动目标
1. 熟练应用基本控制指令编写梯形图。
2. 根据控制要求编写 PLC 程序。
3. 根据程序独立完成系统的调试。
4. 调试结束以后，按照 6S 管理制度整理工作场地。

☞ 学习过程
1. 项目程序设计：使用 GX Developer 编程软件输入轧钢机控制系统的梯形图和指令表。
2. 系统安装与运行调试。

测试内容	电磁阀是否吸合	计数器是否能改写参数	测试结果（合格/不合格）	
			自检	互检
电动机 M$_1$ 接触器				
电动机 M$_2$ 接触器				
计数器 C				

3. 项目验收。

（1）在验收阶段，各小组派代表交叉验收，并在下表中填写验收结果。

验收问题记录	整改措施	完成时间	备注

（2）以小组为单位填写本项目的验收情况，并将"学习活动一"中的工作任务单填写完整。

轧钢机的 PLC 设计项目验收报告

工程建设名称			
工程完成概况及现存问题			
改进措施			
建设单位		联系人	
地址		电话	
施工单位		联系人	
地址		电话	
项目负责人		施工周期	
验收结果	完成时间	施工质量	材料移交

4. 进行现场施工评价，并完成现场施工评价表。

现场施工评价表

班级：_____ 组别：_____ 组长：_____

组员：_____

类别	考核内容	配分	评分标准		考核记录	考核方式	得分
现场施工	作业练习	10分	1. 作业是否按时完成	2分			
			2. 系统各环节功能是否实现	2分			
			3. 作业是否卷面干净整洁、书写规范合理	4分			
			4. 作业是否按时上交	2分			
	外部硬件接线图	10分	1. 图形文字符号是否正确	2分			
			2. 图形文字符号是否标齐	2分			
			3. 输入/输出电源是否正确	2分			
			4. PLC 型号是否正确完整	2分			
			5. 能说出输入/输出所接电源的性质及大小	2分			
	安装电路	14分	1. 主电路、控制电路导线颜色是否区分	2分			
			2. 元件安装布局是否合理、牢固	2分			
			3. 所装电路输入/输出口是否与 I/O 分配表相符	4分			
			4. 所接电路是否与外部硬件接线图相符	2分			
			5. 是否采用万用表自检线路	2分			
			6. 安装过程中注意安全，悬挂警示语，不带电作业	2分			
	编程	20分	1. 是否在主程序中编写程序	4分			
			2. 是否会编译、下载	4分			
			3. 程序编写是否与安装电路的输入/输出、I/O 分配表相符（三对照）	4分			
			4. 是否会使用监控观看元件的动作状态	2分			
			5. 编写完程序是否进行静态调试	4分			
			6. 是否会设置 RS-485 下载导线的参数	2分			
验收	功能	6分	1. 按下启动按钮系统开始启动	2分			
			2. 按下停止按钮系统停止工作	2分			
			3. 无损坏元件、设备	2分			
合计							

☞ 拓展与创新

三种液体混合加热控制

（1）按下启动按钮，电磁阀 YV_1 和 YV_2 同时为"ON"，液体 A 和液体 B 同时注入容器。当液面高度达到 H3（H3 为"ON"）时，YV_1、YV_2 同时为"OFF"，液体 A、B 停止注入。

（2）电磁阀 YV_3 为"ON"，液体 C 注入容器。当液位高度达到 H4（H4 为"ON"）时，启动搅拌机 M，搅拌液体 6 s 后 M 停止。加热器 RY 为"ON"，开始加热液体时 YV_3 为"OFF"，液体 C 停止注入。

（3）当液体经 105 加热到 60℃后，TE 为"ON"，加热器 RY 为"OFF"，启动搅拌机 M，正转搅拌液体 3 s 后 M 反转 3 s，正反旋转搅拌 5 次后，搅拌机 M 停止运行。

（4）电磁阀 YV_5 打开，放出混合液体，经 12 s 后容器放空，电磁阀 YV_5 关闭。

（5）按下停止按钮，系统停止工作。

要求：

（1）列写 I/O 分配表；

（2）画出 PLC 外部硬件接线图；

（3）梯形图设计；

（4）系统安装，通电调试。

学习活动六　工作总结与评价

☞ 活动目标

1. 真实评价学生的学习情况。

2. 培养学生的语言表达能力。

3. 展示学生的学习成果，树立学生学习的信心。

☞ 学习过程

1. 每组选一名学生作为代表对自己组的成果进行展示，通过演示文稿、展板、海报、录像等形式，向全班展示、汇报学习成果。

2. 学生结合自己的成果与别人的成果进行自评、互评，总结经验，并完成评价表的填写工作。建议工作总结应包含以下主要因素。

（1）通过本任务的完成，你学会了什么？比如语言沟通表达、团队合作、指令、编程方法和技巧等。

（2）根据你最终完成的成果展示并说明它的优点。

（3）你对自己的展示过程满意吗？如果不满意，说说你还需要从哪几个方面努力？你对接下来的学习有何打算？

（4）学习过程经验记录与交流（组内）。

（5）你觉得这个项目哪里最有趣，哪里最让人提不起精神？

（6）对这种工学结合的一体化教学方式、教学内容有何意见和建议？

（7）你在做此项目中的快乐与忧愁。

3. 教师点评（教师根据各组展示分别做出有的放矢的评价）。

（1）找出各组的优点。

（2）整个任务完成过程中各组的缺点点评，提出改进方法。

（3）整个活动完成中出现的亮点和不足。

4. 完成综合评价表。

综合评价表

班级			姓名		学号		得分			
评价项目	评价内容		评价标准			配分	评价方式			
							自评（10%）	组评（20%）	师评（70%）	
职业素养	安全意识、责任意识		1. 是否作风严谨、遵守纪律、出色完成本次任务 2. 是否是在断电情况下安装接线 3. 安装过程是否节约材料、爱惜设备 4. 是否按 6S 管理制度对书籍、工具、材料、工装、桌椅进行整理			4分				
	学习参与度、互动性		1. 是否按时出勤 2. 一体化实训时是否着工装 3. 课堂上是否积极回答问题 4. 作业是否按时保质完成 5. 图纸是否按规范绘制 6. 是否在规定时间积极查阅有效资料			3分				
	团队合作意识		1. 组员是否相互协助 2. 组员之间是否相互监督检查 3. 组内分工是否明确，是否按照分工协作			3分				
专业能力	学习活动一、明确工作任务		1. 工作任务单填写是否字迹清楚，内容是否完整规范 2. 是否按时完成工作页填写，回答问题是否正确 3. 学生叙述工作任务是否语言流畅，内容正确、充实			10分				
	学习活动二、制订工作计划，分配输入/输出口		制订工作计划表			10分				
	学习活动三、相关指令和硬件的学习		根据各自的学习活动自行分配			10分				
	学习活动四、绘制PLC 外部硬件接线图，安装接线		根据各自的学习活动自行分配			30分				
	学习活动五、程序的编写与调试及项目验收		根据各自的学习活动自行分配			20分				
	学习活动六、工作总结与评价		1. 工作总结内容是否充实深刻，是否有真实体会 2. 工作总结卷面是否干净、整洁 3. 工作总结字迹是否工整			10分				
总计						100分				

教师评语：

签名： 日期：

任务 3.6 LED 的 PLC 设计

工作情景描述

如图 3-6-1 所示，开关闭合后，LED 数码管显示的规律是 A→B→C→D→E→F→G→H→A→B→C→…，时间间隔是 3 s，每隔 3 s 数码管显示一段，任何时候开关断开后，整个过程都要进行到底，最后停在初始步，所有灯都灭。

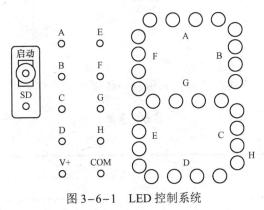

图 3-6-1 LED 控制系统

任务目标

1. 阅读工作任务单，明确个人工作任务要求，服从工作安排。

2. 熟悉 PLC 控制 LED 数码管显示的变化规律。

3. 分清 PLC 输入、输出口带负载的类型。

4. 根据控制要求列写 I/O 分配表，绘制 PLC 外部硬件接线图。

5. 使用 GX Developer 编程软件编写程序，并进行编译、下载和程序状态监控。

6. 学会 PLC 功能图的编写方法，按照功能图的编程规则设计程序，并能把功能图转换为梯形图。掌握步进指令 STL、RET、ZRST 的编程方法。掌握状态继电器 S 的功能。

7. 按照电工操作规程，在确保人身和设备安全的前提下，根据 PLC 外部硬件接线图接线并进行系统检测、调试、验收。

8. 按照 6S 管理制度自觉清理场地、归置物品。

工作流程与活动

学习活动一 明确工作任务
学习活动二 制订工作计划，分配输入/输出口
学习活动三 相关指令和硬件的学习
学习活动四 绘制 PLC 外部硬件接线图，安装接线
学习活动五 程序的编写与调试及项目验收
学习活动六 工作总结与评价

学习活动一　明确工作任务

活动目标

1. 阅读工作任务单，明确工时、工作任务等信息，并能用语言进行复述。
2. 进行人员工时分配。
3. 填写工作任务单。

学习过程

1. 根据工作情景描述，对控制要求进行分析，然后用自己的语言描述该项工作的具体内容及要求。

2. 认真阅读工作情景描述，查阅相关资料，依据教师的任务描述自行填写工作任务单。

工作任务单

流水号：_____

任务等级	一般	重要	紧急	非常重要	非常紧急
安装地点					
安装内容					
申报单位			安装单位		
申报时间			预计工时		
申报负责人电话			安装负责人电话		
验收人			验收人电话		

任务实施情况描述

验收单位意见

安装单位 负责人签字		申报单位领导 签字、盖章	
	年　　月　　日		年　　月　　日

学习活动二 制订工作计划，分配输入/输出口

☞ 活动目标

1. 按照控制要求制订工作计划。

2. 分析控制要求并进行 I/O 分配。

3. 根据控制要求列出所需元件清单。

☞ 学习过程

1. 小组讨论：如果你负责这项工作，应该如何完成？请制订工作计划。

工作计划表

_____工作计划

一、人员分工

1. 小组负责人_____

2. 小组成员及分工

姓名	分工

二、工具及材料清单

序号	工具或材料名称	型号规格	数量	备注

三、工序及工期安排

序号	工作内容	完成时间	备注

四、安全防护措施

2. 根据工作情景描述，对控制要求进行分析，制作 I/O 分配表。

引导问题 1：在此工作任务中，输入设备有哪些？它们各起什么作用？它们对应 PLC 的哪些输入点？

引导问题 2：在此工作任务中，输出设备有哪些？它们各起什么作用？它们对应 PLC 的哪些输出点？

引导问题 3：请为本工作任务制作一个 I/O 分配表。

I/O 分配表

输入			输出		
元件代号	作用	输入继电器	元件代号	作用	输出继电器

3. 工作计划评价。

工作计划评价表

组别：＿＿＿＿＿＿＿＿＿＿＿＿

评价内容	分值	评分		
		自评（10%）	组评（20%）	师评（70%）
计划制订是否有条理	2分			
计划是否全面、完善	2分			
人员分工是否合理	2分			
工作清单是否正确完善	1分			
材料清单是否正确完善	1分			
团队协作	1分			
其他方面（6S、安全、美工）	1分			
得分				
合计				

教师评语

教师签名：

日　　期：

学习活动三　相关指令和硬件的学习

☞ 活动目标

1. 掌握 PLC 功能图的设计方法。
2. 掌握状态继电器的编程方法。
3. 熟练使用步进指令 STL、RET。

☞ 学习过程

1. 状态继电器的编号怎么表示？状态继电器属于输入/输出器件吗？需要向外部接线吗？

2. 单一顺序功能图由哪几部分组成？各部分都代表什么含义？

3. 学习步进指令，然后将下面的功能图转换为梯形图。

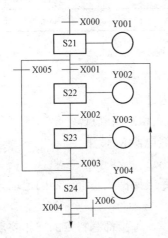 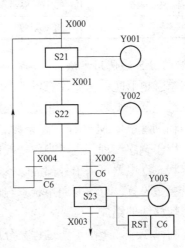

4. 试画出 LED 的功能图和梯形图。

☞ 相关知识

在工业控制中，除了过程控制系统外，大部分的控制系统属于顺序控制系统。所谓顺序控制系统，是指按照生产工艺预先规定的顺序，在各个输入信号的作用下，根据内部状态和时间的顺序，控制生产过程中的各个执行机构自动有序地进行操作的过程。

一个顺序控制系统的程序设计，首先要根据系统的控制要求，设计功能图，再根据梯形图的启动优先或停止优先的基本控制方式，将功能图转换成梯形图。其步骤比较烦琐，仅适用于简单的控制系统。对于一个较复杂的顺序控制系统，用一般逻辑指令下的功能图和梯形图进行设计，有时显得很困难。即使编出程序，其梯形图往往长达数百行，指令语句的可读性很差，指令修改也不方便。为此，FX 系列 PLC 除了 20 条基本指令之外，又增加了两条步进指令，其目标继电器是状态继电器 S。

一、状态继电器 S

1. 状态继电器 S 的类型

状态继电器 S 是 PLC 内部"软继电器"的一种，其编号采用十进制表示，主要用于顺序控制编程中，记录程序的各个运行状态（步）。FX$_{2N}$ 系列 PLC 共有状态继电器 1 000 个，其类型和编号如表 3-6-1 所示。

表 3-6-1　FX$_{2N}$系列状态继电器的类型和编号

类型	编号	数量	备注
初始状态继电器	S0～S9	10	供初始化状态（步）使用
回零状态继电器	S10～S19	10	供返回原点使用
通用状态继电器	S20～S499	480	无断电保持功能
断电保持状态继电器	S500～S899	400	有断电保持功能
报警状态继电器	S900～S999	100	用于故障诊断和报警

2. 状态继电器 S 的使用方法

在使用状态继电器时，需要注意以下几点。

（1）状态继电器的编号必须在指定的类别范围内使用。

（2）它和辅助继电器 M 一样，有无数对常开触点和常闭触点。

（3）如不用于顺序编程，也可当作一般的辅助继电器 M 使用。

（4）报警状态继电器可用于外部故障诊断的输出。

（5）通过参数设置，可改变通用状态继电器和断电保持状态继电器的地址分配。

二、状态转移图的组成

在顺序控制系统中，一个工作过程被分成若干步，每步都有特定的工作要求。可以把每一步叫作一个工作状态，每一个工作状态可以用一个状态继电器来表示。状态与状态之间有转移条件，相邻的状态具有不同的动作。当相邻两状态之间的转移条件得到满足时，就可以由上一个状态的动作转移到下一个状态的动作，而上一个状态的动作自动停止，这样就形成了状态转移图。状态转移图是用状态描述工艺流程图，也称为功能图。

状态转移图是一种用于描述顺序控制系统的编程语言，其主要由步、转移条件及有向线段 3 部分组成。

1. 步

状态转移图中的"步"是指控制过程中的一个特定的状态。步又可以分为初始步和工作步，在每一步中都要完成一个或多个特定的工作状态。初始步表示一个控制系统的初始状态，所以一个控制系统必须有一个初始步。初始步可以没有具体的工作状态。在状态转移图中，初始步用双线框表示，而工作步用单线框表示。

2. 转移条件

步与步之间用"有向线段"连接，在有向线段上用一个或多个小短线表示一个或多个转移条件。当条件满足时，可以实现由前一步"转移"到后一步。为了确保控制系统严格按照顺序执行，步与步之间必须要有转移条件。

3. 有向线段

连接线框间的带箭头的线段称为有向线段，它表示工作状态的转移方向，习惯的方向是从上至下或从左至右，必要时也可以选择其他方向。一般情况下，当系统的控制顺序是从上而下时，可以不标注箭头，但若选择其他方向，必须要标注箭头。

三、状态转移图的形式

状态转移图可以分为单一顺序、选择顺序、并发顺序及跳转与循环顺序四种形式，如图 3-6-2 所示。单一顺序所表示的动作顺序是一个接着一个完成，每一步连接着转移条件，转移条件后面也仅连接一个步，如图 3-6-2（a）所示。跳转与循环顺序表示顺序控制跳过某些状态不执行，或重复执行某些状态，在状态转移图中循环顺序用箭头表示，如图 3-6-2（d）所示。

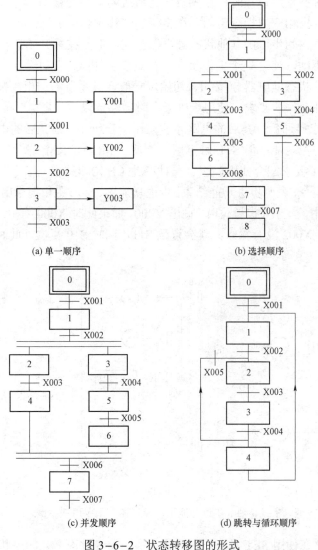

图 3-6-2　状态转移图的形式

每个状态器有三个功能：驱动负载、指定转移目标和指定转移条件。

四、步进功能图与梯形图的转换

1. 步进指令

STL（step ladder instruction）：步进节点指令，用于状态继电器 S 的步进节点与母线的连接。状态继电器 S 的步进节点只有常开触点的形式，在梯形图中用双线表示其常开触点，FX$_{2N}$ 系列 PLC 的状态继电器的编号从 S0 到 S899，共 900 点。状态继电器只有在 SET 指令的驱动下，其动合触点才能闭合。

RET（return）：步进返回指令，在步进指令结束时使用。

2. 使用步进指令应注意的问题

在梯形图中，只要碰到步进节点就用步进指令 STL。在使用 STL 指令后，相当于生成一条新母线，其后应使用 LD、LDI、OUT 等指令。凡是以步进节点为主体的程序，最后必须使用 RET 指令，以表示步进指令功能结束，终结新母线并返回原来的母线。

采用步进指令进行程序设计时，首先要设计系统的状态转移图，然后再将状态转移图转换成梯形图，最后写出相应的指令语句。在将状态转移图转换成梯形图时，首先要特别注意初始步的进入条件。初始步可由其他状态继电器驱动，但是在最开始运行时，初始状态处必须用其他方法预先驱动，使之处于工作状态。初始步由 PLC 启动运行，使特殊辅助继电器 M8002 接通，从而使状态继电器 S0 置 1。初始步一般通过系统的结束步控制进入，以实现顺序控制系统连续循环动作的要求。使用步进指令时需注意以下问题。

（1）在 STL 触点接通后，其后的电路才能动作；若断开，则其后的电路皆不能动作。也就是说，STL 具有主控功能，但 STL 触点后不能使用 MC/MCR 指令。

（2）STL 和 RET 要求配合使用，这是一对步进（开始和结束）指令；在一系列步进指令 STL 后，加上 RET 指令，表明步进功能结束。步进功能图、梯形图和指令用法举例如图 3-6-3 所示。在图 3-6-3 中，当 S10 被置位时，输出 Y000，如果此时 X000 有输入，可以输出 Y001，如果 X001 有输入且 X002 没有输入，就会置位 S11，同时 S10 复位，此时 Y002 有输出。

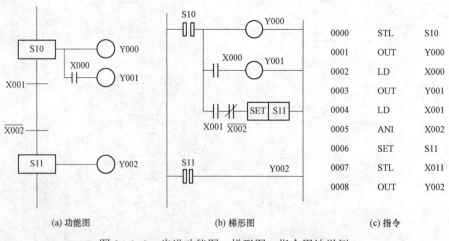

(a) 功能图　　　　　　　(b) 梯形图　　　　　　　(c) 指令

图 3-6-3　步进功能图、梯形图、指令用法举例

（3）步进继电器在使用 SET 指令时，对状态继电器 S 才有效。如果状态继电器 S 不使用

步进指令，则可以作为一般辅助继电器使用，对其采用 LD、LDI、AND 等指令编程。作为一般辅助继电器使用时，其功能和 M 一样，并且编号不变，但在梯形图中触点以单线触点的形式表示。

（4）STL 指令完成的是步进功能，所以当使用 STL 指令使新的状态置位时，前一状态便自动复位，因此在 STL 触点的电路中允许使用双线圈输出。只要不是相邻的步进，也可以重复使用同一地址编号的定时器。

（5）STL 指令在同一程序中对同一状态继电器只能使用一次，这说明控制过程中同一状态只能出现一次。

学习活动四　绘制 PLC 外部硬件接线图，安装接线

活动目标

1. 绘制 PLC 外部硬件接线图。
2. 在保证人身和设备安全的情况下，按 PLC 的外部硬件接线图进行接线。

学习过程

1. 查阅相关资料，绘制本任务中控制系统中 PLC 的外部硬件接线图。
2. 按照 PLC 外部硬件接线图纸完成安装。

引导问题：你认为安装接线的过程中都需要注意什么？

3. 安装过程中遇到了哪些问题？如何解决？将相关内容记录在下表中。

所遇问题	解决方法

4. 系统线路安装完毕后，组内进行自检和互检，最后完成下表。

断电检查情况记录表

测试内容	自检情况记录	互检情况记录
用万用表对 PLC 输出电路进行断电测试		
用万用表对 PLC 输入电路进行断电测试		

学习活动五　程序的编写与调试及项目验收

☞ 活动目标

1. 熟练使用 GX Developer 编程软件输入指令。
2. 熟悉如何在 GX Developer 编程软件中实现梯形图和语句表的相互转换。
3. 熟悉 GX Developer 编程软件中编译、下载和状态监控的使用。
4. 读懂简单的语句程序。
5. 熟练掌握动态、静态调试的方法和步骤。
6. 调试结束以后，按照 6S 管理制度整理工作场地。

☞ 学习过程

1. 项目程序设计：使用 GX Developer 编程软件画出 PLC 控制 LED 的梯形图。

2. 进行系统运行调试，并将相关内容填入下表中。

测试内容	能否正常启动运行	能否按要求亮	测试结果（合格/不合格）	
			自检	互检
LED 灯				

3. 项目验收。

（1）在验收阶段，各小组派代表交叉验收，并在下表中填写验收结果。

验收问题记录	整改措施	完成时间	备注

（2）以小组为单位填写本项目的验收情况，并将"学习活动一"中的工作任务单填写完整，完成项目验收报告。

LED 的 PLC 设计项目验收报告

工程建设名称			
工程完成概况及现存问题			
改进措施			
建设单位		联系人	
地址		电话	
施工单位		联系人	
地址		电话	
项目负责人		施工周期	
验收结果	完成时间	施工质量	材料移交

4. 进行现场施工评价，并完成现场施工评价表。

现场施工评价表

班级：_____　组别：_____　组长：_____

组员：_____

类别	考核内容	配分	评分标准		考核记录	考核方式	得分
现场施工	作业练习	10分	1. 作业是否按时完成	2分			
			2. 系统各环节功能是否实现	2分			
			3. 作业是否卷面干净整洁、书写规范合理	4分			
			4. 作业是否按时上交	2分			
	外部硬件接线图	10分	1. 图形文字符号是否正确	2分			
			2. 图形文字符号是否标齐	2分			
			3. 输入/输出电源是否正确	2分			
			4. PLC型号是否正确完整	2分			
			5. 能说出输入/输出所接电源的性质及大小	2分			
	安装电路	14分	1. 主电路、控制电路导线颜色是否区分	2分			
			2. 元件安装布局是否合理、牢固	2分			
			3. 所装电路输入/输出口是否与I/O分配表相符	4分			
			4. 所接电路是否与外部硬件接线图相符	2分			
			5. 是否采用万用表自检线路	2分			
			6. 安装过程中注意安全，悬挂警示语，不带电作业	2分			
	编程	20分	1. 是否在主程序中编写程序	4分			
			2. 是否会编译、下载	4分			
			3. 程序编写是否与安装电路的输入/输出、I/O分配表相符（三对照）	4分			
			4. 是否会使用监控观看元件的动作状态	2分			
			5. 编写完程序是否进行静态调试	4分			
			6. 是否会设置RS-485下载导线的参数	2分			
验收	功能	6分	1. 按下启动按钮系统开始启动	2分			
			2. 按下停止按钮系统停止工作	2分			
			3. 无损坏元件、设备	2分			
合计							

拓展与创新

1. 目标：为进一步挖掘学生的创新能力，提高学生对 PLC 的学习兴趣。

2. 拓展任务：机械手在制造领域中扮演着极其重要的角色，它可以完成搬运货物、分拣物品等繁重劳动，并能长时间重复同一动作，实现生产的机械化和自动化。它不但确保了产品的精度，还可在有害环境下操作以保护人身安全，因此它被广泛应用于机械制造、冶金、电子、轻工和原子能等领域。以典型的二维机械手为例，如图 3-6-4 所示，其任务是将某工件从传输带的 A 点搬运到加工台的 B 点，以完成加工。

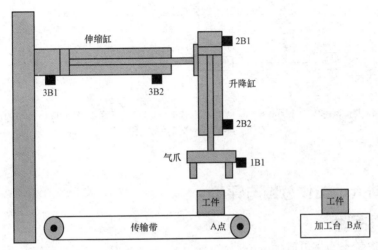

1B1—松开限位磁性开关；2B1—上限位磁性开关；2B2—下限位磁性开关；3B1—左限位磁性开关；3B2—右限位磁性开关。

图 3-6-4 二维机械手示意图

按下开始按钮，机械手按"下降→夹紧→上升→右移→下降→放松→上升→左移"的顺序运行。按下停止按钮，机械手暂停当前动作，可通过按开始按钮继续当前动作。按下急停按钮，系统立即停车，须按下复位按钮进行复位重启。手动模式下只运行一个周期，但自动模式下可以循环运行。

机械手的全部动作均由气缸驱动，而气缸活塞的运行方向由相应的电磁阀控制，其气动原理图如图 3-6-5 所示。伸缩缸的运行方向由一个双电控电磁换向阀控制。当 1Y1 得电，1Y2 释电时，伸缩缸缩回；当 1Y1 释电，1Y2 得电时，伸缩缸伸出。气爪的动作状态也由一个双电控电磁换向阀控制。当 2Y1 得电，2Y2 释电时，气爪松开；当 2Y1 释电，2Y2 得电时，气爪夹紧。升降缸的运行方向则由一个单电控弹簧复位的电磁换向阀控制。当 3Y1 得电时，升降缸下移；当 3Y1 释电时，升降缸上移。

3. 要求：

（1）列写 I/O 分配表；

（2）画出 PLC 外部硬件接线图；

（3）设计出功能图，并将其转化为梯形图；

（4）系统安装，通电调试。

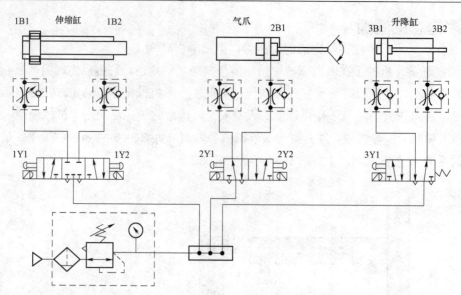

1Y1—缩回电磁铁；2Y1—松开电磁铁；1Y2—伸出电磁铁；2Y2—夹紧电磁铁；3Y1—下移电磁铁。

图 3-6-5　气动原理图

学习活动六　工作总结与评价

活动目标

1. 真实评价学生的学习情况。
2. 培养学生的语言表达能力。
3. 展示学生的学习成果，树立学生学习的信心。

学习过程

1. 每组选一名学生作为代表对自己组的成果进行展示，通过演示文稿、展板、海报、录像等形式，向全班展示、汇报学习成果。

2. 学生结合自己的成果与别人的成果进行自评、互评，总结经验，并完成评价表的填写工作。建议工作总结应包含以下主要因素。

（1）通过本任务的完成，你学会了什么？比如语言沟通表达、团队合作、指令、编程方法和技巧等。

（2）根据你最终完成的成果展示并说明它的优点。

（3）你对自己的展示过程满意吗？如果不满意，说说你还需要从哪几个方面努力？你对接下来的学习有何打算？

（4）学习过程经验记录与交流（组内）。

（5）你觉得这个项目哪里最有趣，哪里最让人提不起精神？

（6）对这种工学结合的一体化教学方式、教学内容有何意见和建议？

（7）你在做此项目中的快乐与忧愁。

3. 教师点评（教师根据各组展示分别做出有的放矢的评价）。

（1）找出各组的优点。

（2）整个任务完成过程中各组的缺点点评，提出改进方法。

（3）整个活动完成中出现的亮点和不足。

4. 书写本任务工作总结。

5. 完成综合评价表。

综合评价表

班级		姓名		学号		得分			
评价项目	评价内容	评价标准				配分	评价方式		
							自评（10%）	组评（20%）	师评（70%）
职业素养	安全意识、责任意识	1. 是否作风严谨、遵守纪律、出色完成本次任务 2. 是否是在断电情况下安装接线 3. 安装过程是否节约材料、爱惜设备 4. 是否按 6S 管理制度对书籍、工具、材料、工装、桌椅进行整理				4 分			
	学习参与度、互动性	1. 是否按时出勤 2. 一体化实训时是否着工装 3. 课堂上是否积极回答问题 4. 作业是否按时保质完成 5. 图纸是否按规范绘制 6. 是否在规定时间积极查阅有效资料				3 分			
	团队合作意识	1. 组员是否相互协助 2. 组员之间是否相互监督检查 3. 组内分工是否明确，是否按照分工协作				3 分			
专业能力	学习活动一、明确工作任务	1. 工作任务单填写是否字迹清楚，内容是否完整规范 2. 是否按时完成工作页填写，回答问题是否正确 3. 学生叙述工作任务是否语言流畅，内容正确、充实				10 分			
	学习活动二、制订工作计划，分配输入/输出口	制订工作计划表				10 分			
	学习活动三、相关指令和硬件的学习	根据各自的学习活动自行分配				10 分			
	学习活动四、绘制 PLC 外部硬件接线图，安装接线	根据各自的学习活动自行分配				30 分			
	学习活动五、程序的编写与调试及项目验收	根据各自的学习活动自行分配				20 分			
	学习活动六、工作总结与评价	1. 工作总结内容是否充实深刻，是否有真实体会 2. 工作总结卷面是否干净、整洁 3. 工作总结字迹是否工整				10 分			
总计						100 分			

教师评语：

签名：　　　　　日期：

任务 3.7 交通灯的 PLC 设计

在当前的城市交通中,十字路口处的交通灯仍然采用固定通行的一般的交通灯系统。这样的系统,不利于提高道路的利用率,也不利于主车道的通行。在没有行人需要通过人行横道的时候,主车道上的车辆也必须在停止线以外停车等候本车道绿灯亮。本任务提出了一种全新的思路来解决此类问题:在有行人请求的情况下才会使主车道的红灯点亮,禁止机动车通行,给行人通过的时间;而平时则主车道上一直绿灯亮,允许车辆快速通行,这样可以大大提高主车道利用率,缓解日益严重的交通拥堵。按钮式人行横道交通灯示意图如图 3-7-1 所示。

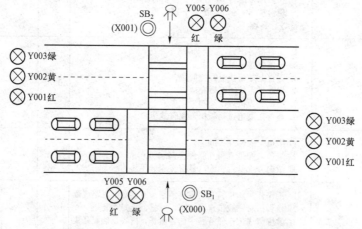

图 3-7-1 按钮式人行横道交通灯示意图

任务目标

1. 阅读工作任务单,明确个人工作任务要求,服从工作安排。

2. 熟悉 PLC 控制交通灯的变化规律。

3. 分清 PLC 输入/输出口带负载的类型。

4. 根据控制要求列写 I/O 分配表,绘制 PLC 外部硬件接线图。

5. 使用 GX Developer 编程软件编写程序,并进行编译、下载和程序状态监控。

6. 学会 PLC 功能图的编写方法,按照功能图的编程规则设计程序,并能把功能图转换为梯形图。

7. 按照电工操作规程,在确保人身和设备安全的前提下,根据 PLC 外部硬件接线图接线并进行系统检测、调试、验收。

8. 按照 6S 管理制度自觉清理场地、归置物品。

工作流程与活动

学习活动一 明确工作任务

学习活动一　明确工作任务

☞ 活动目标

1. 阅读工作任务单，明确工时、工作任务等信息，并能用语言进行复述。

2. 进行人员工时分配。

3. 填写工作任务单。

☞ 学习过程

1. 根据工作情景描述，对控制要求进行分析，然后用自己的语言描述该项工作的具体内容及要求。

2. 认真阅读工作情景描述，查阅相关资料，依据教师的任务描述自行填写工作任务单。

工作任务单

流水号：＿＿＿＿＿

任务等级	一般	重要	紧急	非常重要	非常紧急
安装地点					
安装内容					
申报单位			安装单位		
申报时间			预计工时		
申报负责人电话			安装负责人电话		
验收人			验收人电话		

任务实施情况描述

验收单位意见

安装单位 负责人签字		申报单位领导 签字、盖章	
	年　　月　　日		年　　月　　日

学习活动二　制订工作计划，分配输入/输出口

☞ 活动目标

1. 按照控制要求制订工作计划。
2. 分析控制要求并进行 I/O 分配。
3. 根据控制要求列出所需元件清单。

☞ 学习过程

1. 小组讨论：如果你负责这项工作，应该如何完成？请制订工作计划。

工作计划表

_____工作计划

一、人员分工

1. 小组负责人_____

2. 小组成员及分工

姓名	分工

二、工具及材料清单

序号	工具或材料名称	型号规格	数量	备注

三、工序及工期安排

序号	工作内容	完成时间	备注

四、安全防护措施

2. 根据工作情景描述，对控制要求进行分析，制作 I/O 分配表。

引导问题 1：在此工作任务中，输入设备有哪些？它们各起什么作用？它们对应 PLC 的哪些输入点？

引导问题 2：在此工作任务中，输出设备有哪些？它们各起什么作用？它们对应 PLC 的哪些输出点？

引导问题 3：为本工作任务制作一个 I/O 分配表。

I/O 分配表

输入			输出		
元件代号	作用	输入继电器	元件代号	作用	输出继电器

3. 工作计划评价表。

工作计划评价表

组别：_____

评价内容	分值	评分		
		自评（10%）	组评（20%）	师评（70%）
计划制订是否有条理	2分			
计划是否全面、完善	2分			
人员分工是否合理	2分			
工作清单是否正确完善	1分			
材料清单是否正确完善	1分			
团队协作	1分			
其他方面（6S、安全、美工）	1分			
得分				
合计				

教师评语	
	教师签名： 日　期：

学习活动三 相关指令和硬件的学习

👉 活动目标

1. 掌握 PLC 功能图的设计方法。
2. 掌握状态继电器的编程方法。
3. 熟练使用步进指令 STL、RET。

👉 学习过程

1. 说明辅助继电器的表示方法。

2. 学习特殊辅助继电器 M8000、M8002、M8013 的作用。

3. 并发顺序功能图由哪几部分组成？各部分分别代表什么含义？

4. 分析下面并发顺序功能图的工作原理。

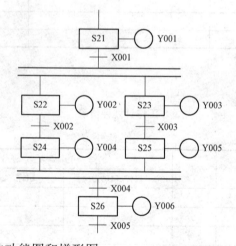

5. 试画出 PLC 控制的功能图和梯形图。

👉 相关知识

一、辅助继电器 M

PLC 内部有很多辅助继电器。辅助继电器是用软件实现的，它们不能接收外部的输入信号，也不能直接驱动外部负载，它的线圈只能由 PLC 内部程序控制，它的常开和常闭两种触点只能在 PLC 内部编程时使用，但可以无限制地自由使用。辅助继电器是一种内部的状态标志，相当于继电器控制系统中的中间继电器。辅助继电器有通用辅助继电器、断电保持辅助继电器和特殊辅助继电器 3 大类。

1. 通用辅助继电器

FX 系列 PLC 的通用辅助继电器没有断电保护功能。在 FX 系列 PLC 中，除了输入继电器和输出继电器的元件号采用八进制外，其他编程元件的元件号均采用十进制。

如果在 PLC 运行时电源突然中断，输出继电器和通用辅助继电器的状态将全部变为"OFF"。若电源再次接通，除了因外部输入信号而变为"ON"的以外，其余的仍将保持为"OFF"。通用辅助继电器共 500 点，其编号为 M0～M499。

2. 断电保持辅助继电器

某些控制系统要求记忆电源中断瞬时的状态，重新通电后再现其状态，断电保持辅助继电器可以用于这种场合。在电源中断时，用锂电池保持 RAM 中的映像寄存器的内容，或将它们保存在 EEPROM 中。它们只是在 PLC 重新通电后的第一个扫描周期保持断电瞬时的状态。为了利用它们的断电记忆功能，可以采用有记忆功能的电路。

设图 3-7-2 中 X000 和 X001 分别是启动按钮和停止按钮，M500 通过 Y000 控制外部的电动机，如果电源中断时 M500 为"1"状态，因为电路的记忆作用，重新通电后 M500 将保持"1"状态，使 Y000 继续为"ON"，电动机重新开始运行。断电保持辅助继电器共 2 572 点，编号为 M500～M3071。

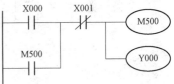

图 3-7-2　断电保持功能

3. 特殊辅助继电器

特殊辅助继电器是用来表示 PLC 的某些状态，提供时钟脉冲和标志（如进位、借位标志），设定 PLC 的运行方式，或者用于步进顺控、禁止中断、设定计数器是加计数还是减计数等。特殊辅助继电器共 256 点，其编号为 M8000～M8255，可分为触点利用型和线圈驱动型 2 类。

（1）触点利用型。

由 PLC 的系统程序来驱动触点利用型特殊辅助继电器的线圈，在用户程序中直接使用其触点，但是不能出现它们的线圈。例如：M8000 为运行监视用，当 PLC 执行用户程序时，M8000 的状态为"ON"；停止执行时，M8000 的状态为"OFF"；M8002 为初始化脉冲用，M8002 仅在 M8000 由"OFF"变为"ON"的一个扫描周期内为"ON"，可以用 M8002 的常开触点来使有断电保持功能的元件初始化复位或给它们置初始值；M8011～M8014 分别是10 ms，100 ms，1 s，1 min 时钟脉冲；M8005 为锂电池电压降低用，电池电压下降至规定值时变为"ON"，可以用它的触点驱动输出继电器和外部指示灯，提醒工作人员更换锂电池。

（2）线圈驱动型。

由用户程序驱动其线圈，使 PLC 执行特定的操作，用户并不使用它们的触点。例如：M8030 的线圈"通电"后，电池电压降低，发光二极管熄灭；当 M8033 的线圈"通电"时，PLC 进入"STOP"状态，所有输出继电器的状态保持不变；当 M8034 的线圈"通电"时，禁止所有的输出；当 M8039 的线圈"通电"时，PLC 以 M8039 中指定的扫描时间工作。

二、并行序列结构的顺序功能图

顺序过程进行到某步，若该步后面有很多个分支，而当该步结束后，若转换条件满足，则同时开始所有分支的顺序动作,若全部分支的顺序动作同时结束后,汇合到同一状态,这种顺序控制过程就是并行序列结构。

并行序列也有开始和结束之分。并行序列的开始称为分支,并行序列的结束称为合并。图 3-7-3(a)所示为并行序列的分支,它是指当转换实现后将同时使多个后续不激活,每个序列中活动步的进展是独立的。为了区别于选择序列顺序功能图,强调转换的同步实现,水平连线用双线表示,转换条件放在水平双线之上。在图 3-7-3(a)中,如果步 3 为活动步,且转换条件 e 成立,则 4、6、8 同时变成活动步,而步 3 变为不活动步;在步 4、6、8 被同时激活后,每一序列接下来的转换将是独立的。图 3-7-3(b)所示为并行序列的合并,用双线表示并行序列的合并,转换条件放在水平双线之下。当直接连在水平双线上的所有前进步 5、7、9 都为活动步时,步 5、7、9 的顺序动作全部执行完成且转换条件 d 成立,转换实现,即步 10 变为活动步,而步 5、7、9 同时变为不活动步。

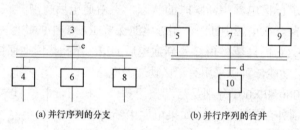

(a) 并行序列的分支   (b) 并行序列的合并

图 3-7-3 并行序列结构

三、并行序列的编程

1. 并行序列的分支的编程方法

并行序列中各单序列的第一步应同时变为活动步。对控制这些步的 "STL" 电路使用同样的启动电路,就可以实现这一要求。在图 3-7-4(a)中,步 S0 之后有一个并行序列的分支,当步 S0 为活动步并且转换条件得到满足时,步 S20 和步 S21 同时变为活动步,即 S20 和 S21 应同时变为 "ON"。在图 3-7-4(b)中,步 S20 和步 S21 的启动条件相同。

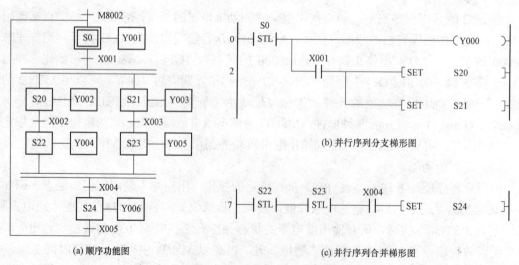

(a) 顺序功能图   (c) 并行序列合并梯形图

图 3-7-4 并行序列的编程

2. 并行序列的合并的编程方法

在图 3-7-4（a）中，步 S24 之前有一个并行序列的合并，该转换实现的条件是所有的前级步（步 S22 和步 S23）都是活动步，并且转换条件 X004 满足，如图 3-7-4（c）所示。并且步 S24 活动后，所有的前级步（步 S22 和步 S23）自动变成不活动步。

学习活动四　绘制 PLC 外部硬件接线图，安装接线

☞ 活动目标

1. 绘制 PLC 外部硬件接线图。

2. 在保证人身和设备安全的情况下，按 PLC 外部硬件接线图进行接线。

☞ 学习过程

1. 查阅相关资料，绘制本任务系统 PLC 外部硬件接线图。

2. 按照 PLC 外部硬件接线图纸完成安装。

引导问题： 你认为安装接线的过程中都需要注意什么？

3. 记录安装过程中遇到的问题及其解决方法。

所遇问题	解决方法

4. 系统线路安装完毕后，组内进行自检和互检，最后完成下表。

断电检查情况记录表

测试内容	自检情况记录	互检情况记录
用万用表对 PLC 输出电路进行断电测试		
用万用表对 PLC 输入电路进行断电测试		

学习活动五　程序的编写与调试及项目验收

☞ 活动目标

1. 熟练使用 GX Developer 编程软件输入基本控制指令。

2. 熟悉 GX Developer 编程软件实现梯形图和指令表的相互转换。

3. 熟悉 GX Developer 编程软件中编译、下载和状态监控的使用。

4. 读懂简单的语句程序。

5. 熟练掌握动态、静态调试的方法和步骤。

6. 调试结束以后，按照 6S 管理制度整理工作场地。

☞ 学习过程

1. 项目程序设计：用 GX Developer 编程软件输入 PLC 控制交通灯的程序。

2. 进行系统运行调试，并将相关内容填入下表中。

测试内容	能否正常启动运行	能否按要求亮	测试结果（合格/不合格）	
			自检	互检
交通灯				

3. 项目验收。

（1）在验收阶段，各小组派代表交叉验收，并在下表中填写验收结果。

验收问题记录	整改措施	完成时间	备注

（2）以小组为单位填写本项目的验收情况，并将"学习活动一"中的工作任务单填写完整，完成项目验收报告。

交通灯的 PLC 设计项目验收报告

工程建设名称			
工程完成概况及现存问题			
改进措施			
建设单位		联系人	
地址		电话	
施工单位		联系人	
地址		电话	
项目负责人		施工周期	
验收结果	完成时间	施工质量	材料移交

4. 进行现场施工评价，完成现场施工评价表。

<h2 style="text-align:center">现场施工评价表</h2>

班级：＿＿＿＿＿ 组别：＿＿＿＿＿ 组长：＿＿＿＿＿

组员：＿＿＿＿＿＿＿＿＿＿＿＿＿＿＿＿＿＿＿＿＿＿＿＿＿＿＿＿＿＿＿＿＿

类别	考核内容	配分	评分标准		考核记录	考核方式	得分
现场施工	作业练习	10 分	1. 作业是否按时完成	2 分			
			2. 系统各环节功能是否实现	2 分			
			3. 作业是否卷面干净整洁、书写规范合理	4 分			
			4. 作业是否按时上交	2 分			
	外部硬件接线图	10 分	1. 图形文字符号是否正确	2 分			
			2. 图形文字符号是否标齐	2 分			
			3. 输入/输出电源是否正确	2 分			
			4. PLC 型号是否正确完整	2 分			
			5. 能说出输入/输出所接电源的性质及大小	2 分			
	安装电路	14 分	1. 主电路、控制电路导线颜色是否区分	2 分			
			2. 元件安装布局是否合理、牢固	2 分			
			3. 所装电路输入/输出口是否与 I/O 分配表相符	4 分			
			4. 所接电路是否与外部硬件接线图相符	2 分			
			5. 是否采用万用表自检线路	2 分			
			6. 安装过程中注意安全，悬挂警示语，不带电作业	2 分			
	编程	20 分	1. 是否在主程序中编写程序	4 分			
			2. 是否会编译、下载	4 分			
			3. 程序编写是否与安装电路的输入/输出、I/O 分配表相符（三对照）	4 分			
			4. 是否会使用监控观看元件的动作状态	2 分			
			5. 编写完程序是否进行静态调试	4 分			
			6. 是否会设置 RS–485 下载导线的参数	2 分			
验收	功能	6 分	1. 按下启动按钮系统开始启动	2 分			
			2. 按下停止按钮系统停止工作	2 分			
			3. 无损坏元件、设备	2 分			
合计							

☞ 拓展与创新

1. 目标：为进一步挖掘学生的创新能力，提高学生学习 PLC 的兴趣。

2. 拓展任务：开关闭合后，东西和南北的灯变化规律是：红灯亮 10 s，然后绿灯亮 4 s 闪 3 s，黄灯亮 2 s，转换为红灯 10 s，依次循环下去，直到开关断开后显示完一个周期所有灯都灭。

3. 要求：

（1）列写 I/O 分配表；

（2）画出 PLC 外部硬件接线图；

（3）设计出功能图，将功能图转换成梯形图；

（4）系统安装，通电调试。

学习活动六　工作总结与评价

☞ 活动目标

1. 真实评价学生的学习情况。

2. 培养学生的语言表达能力。

3. 展示学生的学习成果，树立学生学习的信心。

☞ 学习过程

1. 每组选一名学生作为代表对自己组的成果进行展示，通过演示文稿、展板、海报、录像等形式，向全班展示、汇报学习成果。

2. 学生结合自己的成果与别人的成果进行自评、互评，总结经验，并完成评价表的填写工作。建议工作总结应包含以下主要因素。

（1）通过本任务的完成，你学会了什么？比如语言沟通表达、团队合作、指令、编程方法和技巧等。

（2）根据你最终完成的成果展示并说明它的优点。

（3）你对自己的展示过程满意吗？如果不满意，说说你还需要从哪几个方面努力？你对接下来的学习有何打算？

（4）学习过程经验记录与交流（组内）。

（5）你觉得这个项目哪里最有趣，哪里最让人提不起精神？

（6）对这种工学结合的一体化教学方式、教学内容有何意见和建议？

（7）你在做此项目中的快乐与忧愁。

3. 教师点评（教师根据各组展示分别做出有的放矢的评价）。

（1）找出各组的优点。

（2）整个任务完成过程中各组的缺点点评，提出改进方法。

（3）整个活动完成中出现的亮点和不足。

4. 完成综合评价表。

综合评价表

班级			姓名		学号		得分		
评价项目	评价内容		评价标准			配分	评价方式		
							自评（10%）	组评（20%）	师评（70%）
职业素养	安全意识、责任意识		1. 是否作风严谨、遵守纪律、出色完成本次任务 2. 是否是在断电情况下安装接线 3. 安装过程是否节约材料、爱惜设备 4. 是否按 6S 管理制度对书籍、工具、材料、工装、桌椅进行整理			4 分			
	学习参与度、互动性		1. 是否按时出勤 2. 一体化实训时是否着工装 3. 课堂上是否积极回答问题 4. 作业是否按时保质完成 5. 图纸是否按规范绘制 6. 是否在规定时间积极查阅有效资料			3 分			
	团队合作意识		1. 组员是否相互协助 2. 组员之间是否相互监督检查 3. 组内分工是否明确，是否按照分工协作			3 分			
专业能力	学习活动一、明确工作任务		1. 工作任务单填写是否字迹清楚，内容是否完整规范 2. 是否按时完成工作页填写，回答问题是否正确 3. 学生叙述工作任务是否语言流畅，内容正确、充实			10 分			
	学习活动二、制订工作计划，分配输入/输出口		制订工作计划表			10 分			
	学习活动三、相关指令和硬件的学习		根据各自的学习活动自行分配			10 分			
	学习活动四、绘制 PLC 外部硬件接线图，安装接线		根据各自的学习活动自行分配			30 分			
	学习活动五、程序的编写与调试及项目验收		根据各自的学习活动自行分配			20 分			
	学习活动六、工作总结与评价		1. 工作总结内容是否充实深刻，是否有真实体会 2. 工作总结卷面是否干净、整洁 3. 工作总结字迹是否工整			10 分			
总计						100 分			

教师评语：

签名：　　　　　　日期：

任务 3.8　机械手控制系统的 PLC 设计

工作情景描述

　　机械手的外形图如图 3-8-1 所示，这是一个典型的移送工件用机械手。左上方为原点

（初始位置），工作过程按照原点→下降→夹紧工件→上升→右移→下降→松开工件→左移→回原点完成一个工作循环，实现把工件从 A 处移送到 B 处。机械手上升、下降、左、右移动时用双线圈二位电磁阀推动气缸完成。当某个电磁阀线圈通电后，就一直保持现有的机械动作。例如，下降的电磁阀线圈通电后，机械手下降，即使线圈再断电，仍然保持现有的下降动作状态，直到相反方向上的线圈通电为止。夹紧和放松由单线圈二位电磁阀推动气缸完成，线圈通电时执行夹紧动作，线圈断电时执行放松动作。

机械手的工作过程通过位置信号实现控制，这里使用了 4 只限位开关 SQ1～SQ4 来取得位置信号，从而使 PLC "识别" 机械手目前的位置状况以实现控制。图 3-8-2 表示该机械手在一个工作周期应实现的动作过程，包括：

① 启动后，机械手由原点位置开始向下运动，直到下限位开关闭合为止；

② 机械手夹紧工件，时间为 1 s；

③ 夹紧工件后向上运动，直到上限位开关闭合为止；

④ 再向右运动，直到右限位开关闭合为止；

⑤ 再向下运动，直到下限位开关闭合为止；

⑥ 机械手将工件放到工作台 B 上，其放松时间为 1 s；

⑦ 再向上运动，直到上限位开关闭合为止；

⑧ 再向左运动，直到左限位开关闭合，一个工作周期结束，机械手返回到原位状态。

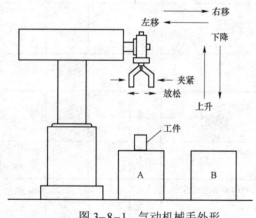

图 3-8-1　气动机械手外形

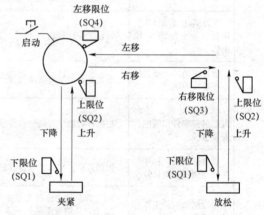

图 3-8-2　气动机械手运动示意图

任务目标

1. 阅读工作任务单，明确个人工作任务要求，服从工作安排。

2. 分清 PLC 输入/输出口带负载的类型。

3. 根据控制要求列写 I/O 分配表，绘制 PLC 外部硬件部接线图。

4. 使用 GX Developer 编程软件编写简单的程序，并进行编译、下载和程序状态监控。

5. 学会 PLC 功能指令 SFTL 的编程方法。按照梯形图的编程规则设计程序。

6. 按照电工操作规程，在确保人身和设备安全的前提下，根据 PLC 外部硬件接线图接线并进行系统检测、调试、验收。

7. 按照 6S 管理制度自觉清理场地、归置物品。

学习活动一　明确工作任务
学习活动二　制订工作计划，分配输入/输出口
学习活动三　相关指令和硬件的学习
学习活动四　绘制 PLC 外部硬件接线图，安装接线
学习活动五　程序的编写与调试及项目验收
学习活动六　工作总结与评价

学习活动一　明确工作任务

活动目标

1. 阅读工作任务单，明确工时、工作任务等信息，并能用语言进行复述。
2. 进行人员工时分配。
3. 填写工作任务单。

学习过程

1. 根据工作情景描述，对控制要求进行分析，然后用自己的语言描述该项工作的具体内容及要求。
2. 认真阅读工作情景描述，查阅相关资料，依据教师的任务描述自行填写工作任务单。

工作任务单

流水号：＿＿＿＿＿

任务等级	一般	重要	紧急	非常重要	非常紧急
安装地点					
安装内容					
申报单位			安装单位		
申报时间			预计工时		
申报负责人电话			安装负责人电话		
验收人			验收人电话		

任务实施情况描述

验收单位意见

安装单位 负责人签字	 年　月　日	申报单位领导 签字、盖章	 年　月　日

3. 设计一种能实现这种控制的继电线路图并画出来。

学习活动二　制订工作计划，分配输入/输出口

活动目标
1. 按照控制要求制订工作计划。
2. 分析控制要求并进行 I/O 分配。
3. 根据控制要求列出所需元件清单。

学习过程
1. 小组讨论：如果你负责这项工作，应该如何完成？请制订工作计划。

工作计划表

_____工作计划

一、人员分工
1. 小组负责人_____
2. 小组成员及分工

姓名	分工

二、工具及材料清单

序号	工具或材料名称	型号规格	数量	备注

三、工序及工期安排

序号	工作内容	完成时间	备注

四、安全防护措施

2. 根据工作情景描述，对控制要求进行分析，制作 I/O 分配表。

引导问题 1：在此工作任务中，输入设备有哪些？它们各起什么作用？它们对应 PLC 的哪些输入点？

引导问题 2：在此工作任务中，输出设备有哪些？它们各起什么作用？它们对应 PLC 的哪些输出点？

引导问题 3：请为本工作任务制作一个 I/O 分配表。

I/O 分配表

输入			输出		
元件代号	作用	输入继电器	元件代号	作用	输出继电器

3. 工作计划评价。

工作计划评价表

组别：_____

评价内容	分值	评分		
		自评（10%）	组评（20%）	师评（70%）
计划制订是否有条理	2分			
计划是否全面、完善	2分			
人员分工是否合理	2分			
工作清单是否正确完善	1分			
材料清单是否正确完善	1分			
团队协作	1分			
其他方面（6S、安全、美工）	1分			
得分				
合计				

教师评语	
	教师签名： 日　　期：

学习活动三　相关指令和硬件的学习

☞ 活动目标

1. 掌握 PLC 功能指令 SFTL 的编程方法。
2. 掌握 PLC 控制机械手的方法。

☞ 学习过程

1. 分析下面的梯形图的逻辑功能。

2. 试画出 PLC 控制机械手的梯形图和指令表。

☞ 相关知识

　　PLC 内部除了有许多基本控制指令和步进指令外，还有许多功能指令，功能指令相当于基本控制指令中的逻辑线圈指令。逻辑线圈指令所执行的功能比较单一，功能指令类似于一个子程序，可以完成一系列比较完整的控制过程，这样大大扩展了 PLC 的应用范围。功能指令主要用于执行数据传送、比较、运算、变换及程序控制等功能。

　　FX$_{2N}$ 系列 PLC 功能指令用功能号（代码）或者助记符表示，代码为 FNC00～FNC250，每条功能指令都有其代码和助记符。

1. 功能指令的梯形图表示形式

如图 3-8-3 所示，功能指令 ZRST 的代码是 40，当 X001 常开触点闭合时，辅助继电器 M0～M2 全部复位，其作用和图中的基本控制指令的功能一样。

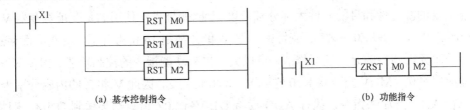

(a) 基本控制指令　　　　　　　　　　　(b) 功能指令

图 3-8-3　基本控制指令和功能指令的比较

2. 功能指令使用的软元件

根据内部位数不同，PLC 的编程元件可分成位元件和字元件。

位元件指用于处理开关状态的继电器，内部只能存一位数据 0 或者 1，如输入继电器 X、输出继电器 Y 和辅助继电器 M。而字元件是由 16 为位数据寄存器组成，用于处理 16 位数据，如数据寄存器 D 和变址寄存器 V 和 Z。常数 K、H 和指针 P 存放的都是 16 位数据，所以都是字元件。计数器 C 和定时器 T 也是字元件，用于处理 16 位数据。

当处理 32 位数据时，用两个相邻的数据寄存器就可以组成 32 位数据寄存器。一个位元件只能表示一位数据，但是 16 个位元件就可以作为一个字元件使用。

功能指令中将多个位元件按照 4 位为一组的原则来组合。KnMi 中的 n 表示组数，规定每组 4 个位元件，4×n 为用位元件组成字元件的位数。Mi 表示位元件的首位元件号，比如 K2M0 表示 2 组位元件，每组有 4 个位元件，共 2×4 个位元件，位元件的最低位是 M0，因此 K2M0 表示由 M0～M7 组成的 8 位数据。

3. 功能指令的使用

每种功能指令都有规定格式，例如位左移指令格式如图 3-8-4 所示。

| SFTLP | (S.) | (D.) | n1 | n2 | | n2≤n1≤1 024 |

图 3-8-4　位左移指令格式

S：源元件，如果源元件可以变址，用（S.）表示，如果有多个源元件，用（S1.）、（S2.）表示。

D：目的元件，如果目的元件可以变址，用（D.）表示，如果有多个源元件，用（D1.）、（D2.）表示。

补充说明用 n 表示，当补充说明不止一个时，用 n1、n2 或者 m1、m2 表示。

注意：如果指令 SFTL 后有 P，条件满足时只在一个扫描周期移动 n2 位数据；如果指令 SFTL 后没有 P，则每个扫描周期都会移动 n2 位数据。

每种功能指令使用的软元件都有规定范围，例如位左移指令可使用的软元件范围如图 3-8-5 所示。

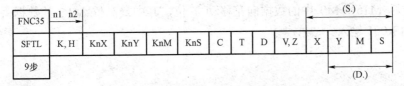

图 3-8-5　位左移指令可以使用的软元件

源元件（S.）可以使用的位元件有 X、Y、M、S，目的元件（D.）可以使用的位元件有 Y、M、S。

4. 变址操作

功能指令的源元件和目的元件大部分都可以变址。变址操作使用的是变址寄存器 V 和 Z，一共 16 个（V0～V7 和 Z0～Z7）。变址寄存器 V 和 Z 都是 16 位寄存器，用变址寄存器对功能指令中的源元件和目的元件进行修改，可以大大提高功能指令的控制功能。图 3-8-6 为变址寄存器应用举例。MOV 指令将 K10 送到 V、K20 送到 Z，因此 V 和 Z 的内容分别为 10 和 20，第三行 ADD 是加法指令，执行 ADD 后将 D15V+D20Z 运算结果送到 D30Z，即将 D25（15+10）+D40（20+20）送到 D60（30+20）中。

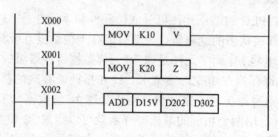

图 3-8-6　变址寄存器应用举例

5. 位左移指令 SFTL

位左移指令格式如图 3-8-4 所示。指令功能说明：（D.）为 n1 位移位寄存器，（S.）为 n2 位数据。指令执行后，n1 位移位寄存器（D.）将（S.）的 n2 位数据向左移动 n2 位。图 3-8-7 为 SFTL 指令使用说明举例。

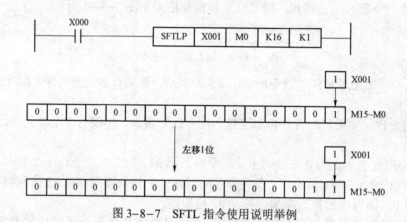

图 3-8-7　SFTL 指令使用说明举例

由 M15～M0 组成 16 位移位寄存器，X001 为移位寄存器的 1 位数据输入，当 X000 常开触点闭合时，M15～M0 中的数据向左移动 1 位，其中最高位 M15 的数据丢失，最低位 M0 的数据由 X001 输入。

学习活动四　绘制 PLC 外部硬件接线图，安装接线

☞ 活动目标

1. 绘制 PLC 外部硬件接线图。
2. 在保证人身和设备安全的情况下，按 PLC 外部硬件接线图进行接线。

☞ 学习过程

1. 查阅相关资料，绘制本任务系统 PLC 外部硬件接线图。
2. 按照 PLC 外部硬件接线图纸完成安装。

引导问题：你认为安装接线的过程中都需要注意什么？

3. 记录安装过程中遇到的问题及其解决方法。

所遇问题	解决方法

4. 系统线路安装完毕后，组内进行自检和互检，最后完成下表。

断电检查情况记录表

测试内容	自检情况记录	互检情况记录
观察机械手的运行情况		

学习活动五　程序的编写与调试及项目验收

☞ 活动目标

1. 熟练使用 GX Developer 编程软件输入功能指令。
2. 熟悉 GX Developer 编程软件实现梯形图和指令表的相互转换。
3. 熟悉 GX Developer 编程软件中编译、下载和状态监控的使用。
4. 读懂简单的语句程序。
5. 熟练掌握动态、静态调试的方法和步骤。
6. 调试结束以后，按照 6S 管理制度整理工作场地。

☞ 学习过程

1. 项目程序设计：使用 GX Developer 编程软件画出 PLC 控制机械手的功能图和梯形图。
2. 进行系统运行调试，并将相关内容填入下表中。

测试内容	能否正向启动运行	能否逆向启动运行	能否过载保护	能否短路保护	测试结果（合格/不合格）	
					自检	互检
机械手						

3. 项目验收。

（1）在验收阶段，各小组派代表交叉验收，并在下表中填写验收结果。

验收问题记录	整改措施	完成时间	备注

（2）以小组为单位填写本项目验收情况，并将"学习活动一"中的工作任务单填写完整，完成项目验收报告。

机械手控制系统的 PLC 设计项目验收报告

工程建设名称			
工程完成概况及现存问题			
改进措施			
建设单位		联系人	
地址		电话	
施工单位		联系人	
地址		电话	
项目负责人		施工周期	
验收结果	完成时间	施工质量	材料移交

4. 进行现场施工评价，完成现场施工评价表。

现场施工评价表

班级：_____ 组别：_____ 组长：_____

组员：_____

类别	考核内容	配分	评分标准		考核记录	考核方式	得分
现场施工	作业练习	10 分	1. 作业是否按时完成	2 分			
			2. 系统各环节功能是否实现	2 分			
			3. 作业是否卷面干净整洁、书写规范合理	4 分			
			4. 作业是否按时上交	2 分			
	外部硬件接线图	10 分	1. 图形文字符号是否正确	2 分			
			2. 图形文字符号是否标齐	2 分			
			3. 输入/输出电源是否正确	2 分			
			4. PLC 型号是否正确完整	2 分			
			5. 能说出输入/输出所接电源的性质及大小	2 分			
	安装电路	14 分	1. 主电路、控制电路导线颜色是否区分	2 分			
			2. 元件安装布局是否合理、牢固	2 分			
			3. 所装电路输入/输出口是否与 I/O 分配表相符	4 分			
			4. 所接电路是否与外部硬件接线图相符	2 分			
			5. 是否采用万用表自检线路	2 分			
			6. 安装过程中注意安全，悬挂警示语，不带电作业	2 分			
	编程	20 分	1. 是否在主程序中编写程序	4 分			
			2. 是否会编译、下载	4 分			
			3. 程序编写是否与安装电路的输入/输出、I/O 分配表相符（三对照）	4 分			
			4. 是否会使用监控观看元件的动作状态	2 分			
			5. 编写完程序是否进行静态调试	4 分			
			6. 是否会设置 RS-485 下载导线的参数	2 分			
验收	功能	6 分	1. 按下启动按钮系统开始启动	2 分			
			2. 按下停止按钮系统停止工作	2 分			
			3. 无损坏元件、设备	2 分			
合计							

☞ **拓展与创新**

1. 目标：为进一步挖掘学生的创新能力，提高学生学习 PLC 的兴趣。

2. 拓展任务：用 SFTL 指令编写天塔之光的程序，控制要求自己设计。

3. 要求：

（1）列写 I/O 分配表；

（2）画出 PLC 外部硬件接线图；

（3）梯形图设计；

（4）系统安装，通电调试。

学习活动六　工作总结与评价

☞ **活动目标**

1. 真实评价学生的学习情况。

2. 培养学生的语言表达能力。

3. 展示学生的学习成果，树立学生学习的信心。

☞ **学习过程**

1. 每组选一名学生作为代表对自己组的成果进行展示，通过演示文稿、展板、海报、录像等形式，向全班展示、汇报学习成果。

2. 学生结合自己的成果与别人的成果进行自评、互评，总结经验，并完成评价表的填写工作。建议工作总结应包含以下主要因素。

（1）通过本任务的完成，你学会了什么？比如语言沟通表达、团队合作、指令、编程方法和技巧等。

（2）根据你最终完成的成果展示并说明它的优点。

（3）你对自己的展示过程满意吗？如果不满意，说说你还需要从哪几个方面努力？你对接下来的学习有何打算？

（4）学习过程经验记录与交流（组内）。

（5）你觉得这个项目哪里最有趣，哪里最让人提不起精神？

（6）对这种工学结合的一体化教学方式、教学内容有何意见和建议？

（7）你在做此项目中的快乐与忧愁。

3. 教师点评（教师根据各组展示分别做出有的放矢的评价）。

（1）找出各组的优点。

（2）整个任务完成过程中各组的缺点点评，提出改进方法。

（3）整个活动完成中出现的亮点和不足。

4. 书写本任务工作总结。

5. 完成综合评价表。

综合评价表

班级		姓名		学号		得分		
评价项目	评价内容	评价标准			配分	评价方式		
						自评（10%）	组评（20%）	师评（70%）
职业素养	安全意识、责任意识	1. 是否作风严谨、遵守纪律、出色完成本次任务 2. 是否是在断电情况下安装接线 3. 安装过程是否节约材料、爱惜设备 4. 是否按 6S 管理制度对书籍、工具、材料、工装、桌椅进行整理			4分			
	学习参与度、互动性	1. 是否按时出勤 2. 一体化实训时是否着工装 3. 课堂上是否积极回答问题 4. 作业是否按时保质完成 5. 图纸是否按规范绘制 6. 是否在规定时间积极查阅有效资料			3分			
	团队合作意识	1. 组员是否相互协助 2. 组员之间是否相互监督检查 3. 组内分工是否明确，是否按照分工协作			3分			
专业能力	学习活动一、明确工作任务	1. 工作任务单填写是否字迹清楚，内容是否完整规范 2. 是否按时完成工作页填写，回答问题是否正确 3. 学生叙述工作任务是否语言流畅，内容正确、充实			10分			
	学习活动二、制订工作计划，分配输入/输出口	制订工作计划表			10分			
	学习活动三、相关指令和硬件的学习	根据各自的学习活动自行分配			10分			
	学习活动四、绘制PLC 外部硬件接线图，安装接线	根据各自的学习活动自行分配			30分			
	学习活动五、程序的编写与调试及项目验收	根据各自的学习活动自行分配			20分			
	学习活动六、工作总结与评价	1. 工作总结内容是否充实深刻，是否有真实体会 2. 工作总结卷面是否干净、整洁 3. 工作总结字迹是否工整			10分			
总计					100分			

教师评语：

签名：　　　　日期：

任务 3.9　输送机分拣大、小球的 PLC 设计

工作情景描述

图 3-9-1 所示的装置可以用来分拣大、小球。如果输送机底部的电磁铁吸住的是小球，将小球放入小球筐；如果吸住的是大球，就将大球放入大球筐。输送机传送机构的上下运动由电动机 M_1 带动，左右运动则由电动机 M_2 带动。

系统设启动按钮 SB_1、停止按钮 SB_2、手动/自动切换开关 SA。在手动状态下，可以手动控制操作杆上、下、左、右移动。在自动状态下，操作杆必须先停在原点位置（左上角），此时系统才能正常启动。

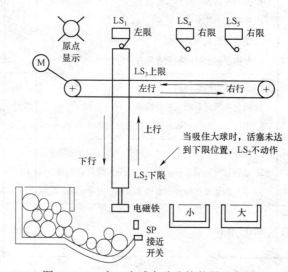

图 3-9-1　大、小球自动分拣装置示意图

输送机分拣大、小球装置自动运行工作状态如下所述。

1. 初始状态。

当输送机处于初始状态时，它停在左上角位置，上限位开关 LS_3 和左限位开关 LS_1 被压下，电磁铁不得电，原点显示指示灯亮。

2. 工作状态。

（1）判断大、小球。按下启动按钮 SB_1，M_1 反转带动操纵杆下行，一直到接近开关 SP 闭合。若碰到的是大球，则下限位开关 LS_2 仍为断开状态；若碰到的是小球，则下限位开关 LS_2 为闭合状态。

（2）吸住铁球。接通控制吸盘的电磁铁线圈，铁球被吸住。

（3）释放大球。若吸住的是大球，M_1 正转带动操作杆上行，到上限位开关 LS_3 处停止，M_2 正转带动操作杆右行，碰到右限位开关 LS_5 后停止，M_1 正转带动操作杆下行，碰到下限位开关 LS_2 后，断开控制吸盘的电磁铁线圈，释放大球至大球筐，然后返回原点。

（4）释放小球。若吸住的是小铁球，M_1 反转带动操作杆上行，到上限位开关 LS_3 处停止，M_2 正转带动操作杆右行，碰到右限位开关 LS_4 后停止，M_1 正转带动操作杆下行，碰到下限位开关 LS_2 后，断开控制吸盘的电磁铁线圈，释放小球至小球筐，然后返回原点。

3. 手动状态。

可以在上、下、左、右四方向控制操作杆进行上、下、左、右移动。

任务目标

1. 阅读工作任务单，明确个人工作任务要求，服从工作安排。
2. 熟悉 PLC 控制输送机分拣大、小球动作过程。
3. 分清 PLC 输入/输出口带负载的类型。
4. 根据控制要求列写 I/O 分配表，绘制 PLC 外部硬件接线图。
5. 使用 GX Developer 编程软件编写程序，并进行编译、下载和程序状态监控。
6. 学会 PLC 功能图的编写方法，按照功能图的编程规则设计程序，并能把功能图转换为梯形图。
7. 按照电工操作规程，在确保人身和设备安全的前提下，根据 PLC 外部硬件接线图接线并进行系统检测、调试、验收。
8. 按照 6S 管理制度自觉清理场地、归置物品。

工作流程与活动

学习活动一　明确工作任务
学习活动二　制订工作计划，分配输入/输出口
学习活动三　相关指令和硬件的学习
学习活动四　绘制 PLC 外部硬件接线图，安装接线
学习活动五　程序的编写与调试及项目验收
学习活动六　工作总结与评价

学习活动一　明确工作任务

活动目标
1. 阅读工作任务单，明确工时、工作任务等信息，并能用语言进行复述。
2. 进行人员工时分配。
3. 填写工作任务单。

学习过程
1. 根据工作情景描述，对控制要求进行分析，然后用自己的语言描述该项工作的具体内容及要求。

2. 认真阅读工作情景描述，查阅相关资料，依据教师的任务描述自行填写工作任务单。

工作任务单

流水号：＿＿＿＿＿

任务等级	一般	重要	紧急	非常重要	非常紧急
安装地点					
安装内容					
申报单位			安装单位		
申报时间			预计工时		
申报负责人电话			安装负责人电话		
验收人			验收人电话		

任务实施情况描述

验收单位意见

安装单位 负责人签字		申报单位领导 签字、盖章	
	年　月　日		年　月　日

学习活动二 制订工作计划，分配输入/输出口

☞ 活动目标

1. 按照控制要求制订工作计划。
2. 分析控制要求并进行 I/O 分配。
3. 根据控制要求列出所需元件清单。

☞ 学习过程

1. 小组讨论：如果你负责这项工作，应该如何完成？请制订工作计划。

工作计划表

_____工作计划

一、人员分工

1. 小组负责人_____

2. 小组成员及分工

姓名	分工

二、工具及材料清单

序号	工具或材料名称	型号规格	数量	备注

三、工序及工期安排

序号	工作内容	完成时间	备注

四、安全防护措施

2. 根据工作情景描述，对控制要求进行分析，制作 I/O 分配表。

引导问题 1：在此工作任务中，输入设备有哪些？它们各起什么作用？它们对应 PLC 的哪些输入点？

引导问题 2：在此工作任务中，输出设备有哪些？它们各起什么作用？它们对应 PLC 的哪些输出点？

引导问题 3：请为本工作任务制作一个 I/O 分配表。

I/O 分配表

输入			输出		
元件代号	作用	输入继电器	元件代号	作用	输出继电器

3. 工作计划评价。

工作计划评价表

组别：_____

评价内容	分值	评分		
		自评（10%）	组评（20%）	师评（70%）
计划制订是否有条理	2分			
计划是否全面、完善	2分			
人员分工是否合理	2分			
工作清单是否正确完善	1分			
材料清单是否正确完善	1分			
团队协作	1分			
其他方面（6S、安全、美工）	1分			
得分				
合计				

教师评语

教师签名：

日　期：

学习活动三 相关指令和硬件的学习

☞ 活动目标

1. 掌握 PLC 功能图的设计方法。

2. 掌握状态继电器的编程方法。

3. 熟练使用步进指令 STL、RET。

☞ 学习过程

1. 分析下面的选择顺序功能图的工作原理，并将功能图转换成梯形图。

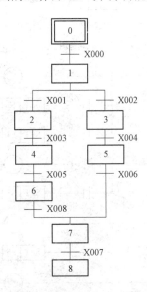

2. 试画出大、小球分拣控制系统的功能图和梯形图。

☞ 相关知识

选择顺序功能图和梯形图分别如图 3-9-2（a）、图 3-9-2（b）所示，图中 X001 和 X004 为选择转换条件。当 X001 闭合时，S1 状态转向 S2 状态，当 X004 闭合时，S1 状态转向 S4 状态，但是 X001 和 X004 不能同时闭合。当 S2 或者 S4 置位时，S1 自动复位，状态继电器 S6 由 S3 或者 S5 置位，当 S6 置位时，S3 或者 S5 会自动复位。指令表如图 3-9-2（c）所示。

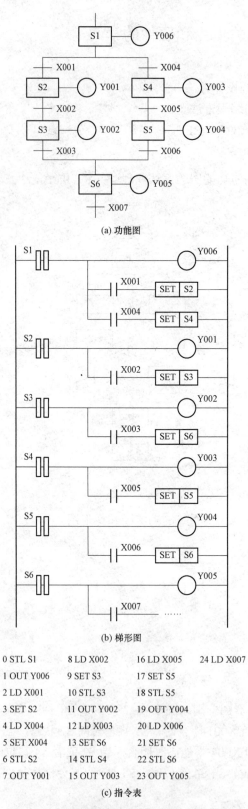

(a) 功能图

(b) 梯形图

0 STL S1	8 LD X002	16 LD X005	24 LD X007
1 OUT Y006	9 SET S3	17 SET S5	
2 LD X001	10 STL S3	18 STL S5	
3 SET S2	11 OUT Y002	19 OUT Y004	
4 LD X004	12 LD X003	20 LD X006	
5 SET X004	13 SET S6	21 SET S6	
6 STL S2	14 STL S4	22 STL S6	
7 OUT Y001	15 OUT Y003	23 OUT Y005	

(c) 指令表

图 3-9-2 选择顺序功能图、梯形图、指令表

学习活动四　绘制 PLC 外部硬件接线图，安装接线

☞ 活动目标

1. 绘制 PLC 外部硬件接线图。
2. 在保证人身和设备安全的情况下，按 PLC 外部硬件接线图进行接线。

☞ 学习过程

1. 查阅相关资料，绘制本任务系统 PLC 外部硬件接线图。
2. 按照 PLC 外部硬件接线图纸完成安装。

引导问题：你认为安装接线的过程中都需要注意什么？

3. 记录安装过程中遇到的问题及其解决方法。

所遇问题	解决方法

4. 系统线路安装完毕后，组内进行自检和互检，最后完成下表。

断电检查情况记录表

测试内容	自检情况记录	互检情况记录
用万用表对 PLC 输出电路进行断电测试		
用万用表对 PLC 输入电路进行断电测试		

学习活动五　程序的编写与调试及项目验收

☞ 活动目标

1. 熟练使用 GX Developer 编程软件输入基本控制指令。
2. 熟悉 GX Developer 编程软件实现梯形图和指令表的相互转换。
3. 熟悉 GX Developer 编程软件中编译、下载和状态监控的使用。
4. 读懂简单的语句程序。
5. 熟练掌握动态、静态调试的方法和步骤。
6. 调试结束以后，按照 6S 管理制度整理工作场地。

☞ 学习过程

1. 项目程序设计：用编程软件 GX Developer 输入 PLC 控制分拣大、小球的程序。

2. 进行系统运行调试，并将相关内容填入下表中。

测试内容	能否正常启动运行	能否按要求动作	测试结果（合格/不合格）	
			自检	互检
分拣大、小球系统				

3. 项目验收。

（1）在验收阶段，各小组派代表交叉验收，并在下表中填写验收结果。

验收问题记录	整改措施	完成时间	备注

（2）以小组为单位填写本项目验收情况，并将"学习活动一"中的工作任务单填写完整，完成项目验收报告。

输送机分拣大、小球的 PLC 设计项目验收报告

工程建设名称			
工程完成概况及现存问题			
改进措施			
建设单位		联系人	
地址		电话	
施工单位		联系人	
地址		电话	
项目负责人		施工周期	
验收结果	完成时间	施工质量	材料移交

4. 进行现场施工评价，完成现场施工评价表。

现场施工评价表

班级：_____ 组别：_____ 组长：_____

组员：_____

类别	考核内容	配分	评分标准		考核记录	考核方式	得分
现场施工	作业练习	10 分	1. 作业是否按时完成	2 分			
			2. 系统各环节功能是否实现	2 分			
			3. 作业是否卷面干净整洁、书写规范合理	4 分			
			4. 作业是否按时上交	2 分			
	外部硬件接线图	10 分	1. 图形文字符号是否正确	2 分			
			2. 图形文字符号是否标齐	2 分			
			3. 输入/输出电源是否正确	2 分			
			4. PLC 型号是否正确完整	2 分			
			5. 能说出输入/输出所接的电源性质及大小	2 分			
	安装电路	14 分	1. 主电路、控制电路导线颜色是否区分	2 分			
			2. 元件安装布局是否合理、牢固	2 分			
			3. 所装电路输入/输出口是否与 I/O 分配表相符	4 分			
			4. 所接电路是否与外部硬件接线图相符	2 分			
			5. 是否采用万用表自检线路	2 分			
			6. 安装过程中注意安全，悬挂警示语，不带电作业	2 分			
	编程	20 分	1. 是否在主程序中编写程序	4 分			
			2. 是否会编译、下载	4 分			
			3. 程序编写是否与安装电路的输入/输出、I/O 分配表相符（三对照）	4 分			
			4. 是否会使用监控观看元件的动作状态	2 分			
			5. 编写完程序是否进行静态调试	4 分			
			6. 是否会设置 RS-485 下载导线的参数	2 分			
验收	功能	6 分	1. 按下启动按钮系统开始启动	2 分			
			2. 按下停止按钮系统停止工作	2 分			
			3. 无损坏元件、设备	2 分			
		合计					

☞ **拓展与创新**

1. 目标：为进一步挖掘学生的创新能力，提高学生对 PLC 的学习兴趣。

2. 拓展任务：液体混合装置可以自动将两种液体混合，SL_1、SL_2、SL_3 为液面传感器，液体 A、B 阀门与混合液体阀门分别由电磁阀 YV_1、YV_2、YV_3 控制，M 为搅匀电动机。当装置投入运行时，按下启动按钮 SB_1，液体 A 阀门打开，液体 A 流入容器。当液面到达 SL_2 时，SL_2 接通，关闭液体 A 阀门，打开液体 B 阀门；当液面到达 SL_1 时，关闭液体 B 阀门，搅匀电动机开始搅匀，搅匀电动机工作 6 s 后停止搅动，混合液体阀门打开，开始放出混合液体。当液面下降到 SL_3 时，SL_3 由接通变为断开，再过 2 s 后，容器放空，混合液体阀门关闭，开始下一个周期。按下停止按钮 SB_2 后，在当前的混合液体操作处理完毕后才停止操作。

3. 要求：

（1）列写 I/O 分配表；

（2）画出 PLC 外部硬件接线图；

（3）功能图设计；

（4）系统安装，通电调试。

学习活动六　工作总结与评价

☞ **活动目标**

1. 真实评价学生的学习情况。

2. 培养学生的语言表达能力。

3. 展示学生的学习成果，树立学生学习的信心。

☞ **学习过程**

1. 每组选一名学生作为代表对自己组的成果进行展示，通过演示文稿、展板、海报、录像等形式，向全班展示、汇报学习成果。

2. 学生结合自己的成果与别人的成果进行自评、互评，总结经验，并完成评价表的填写工作。建议工作总结应包含以下主要因素。

（1）通过本任务的完成，你学会了什么？比如语言沟通表达、团队合作、指令、编程方法和技巧等。

（2）根据你最终完成的成果展示并说明它的优点。

（3）你对自己的展示过程满意吗？如果不满意，说说你还需要从哪几个方面努力？你对接下来的学习有何打算？

（4）学习过程经验记录与交流（组内）。

（5）你觉得这个项目哪里最有趣，哪里最让人提不起精神？

（6）对这种工学结合的一体化教学方式、教学内容有何意见和建议？

（7）你在做此项目中的快乐与忧愁。

3. 教师点评（教师根据各组展示分别做出有的放矢的评价）。

（1）找出各组的优点。

（2）整个任务完成过程中各组的缺点点评，提出改进方法。

（3）整个活动完成中出现的亮点和不足。

4. 书写本任务工作总结。

5. 完成综合评价表。

综合评价表

班级		姓名		学号		得分	
评价项目	评价内容	评价标准			配分	评价方式	
						自评（10%）| 组评（20%）| 师评（70%）

评价项目	评价内容	评价标准	配分	自评（10%）	组评（20%）	师评（70%）
职业素养	安全意识、责任意识	1. 是否作风严谨、遵守纪律、出色完成本次任务 2. 是否是在断电情况下安装接线 3. 安装过程是否节约材料、爱惜设备 4. 是否按 6S 管理制度对书籍、工具、材料、工装、桌椅进行整理	4分			
	学习参与度、互动性	1. 是否按时出勤 2. 一体化实训时是否着工装 3. 课堂上是否积极回答问题 4. 作业是否按时保质完成 5. 图纸是否按规范绘制 6. 是否在规定时间积极查阅有效资料	3分			
	团队合作意识	1. 组员是否相互协助 2. 组员之间是否相互监督检查 3. 组内分工是否明确，是否按照分工协作	3分			
专业能力	学习活动一、明确工作任务	1. 工作任务单填写是否字迹清楚，内容是否完整规范 2. 是否按时完成工作页填写，问题回答正确 3. 学生叙述工作任务是否语言流畅，内容正确、充实	10分			
	学习活动二、制订工作计划，分配输入/输出口	制订工作计划表	10分			
	学习活动三、相关指令和硬件的学习	根据各自的学习活动自行分配	10分			
	学习活动四、绘制PLC外部硬件接线图，安装接线	根据各自的学习活动自行分配	30分			
	学习活动五、程序的编写与调试及项目验收	根据各自的学习活动自行分配	20分			
	学习活动六、工作总结与评价	1. 工作总结内容是否充实深刻，是否有真实体会 2. 工作总结卷面是否干净、整洁 3. 工作总结字迹是否工整	10分			
总计			100分			

教师评语：

签名：　　　　日期：

任务 3.10 电动机星形–三角形降压启动控制系统的 PLC 设计

工作情景描述

三相异步电动机星形–三角形降压启动控制原理图如图 3-10-1 所示,启动时,定子绕组先接成星形,待电动机转速上升到接近额定转速时,将定子绕组换接成三角形,电动机进入全压下的正常运转。现要求设计一个 PLC 控制系统,实现三相异步电动机星形–三角形降压启动。

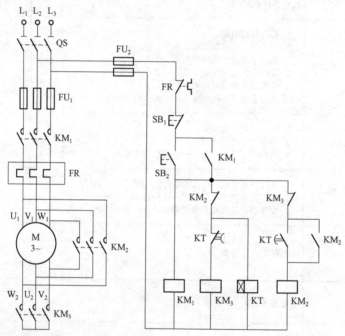

图 3-10-1 三相异步电动机星形–三角形降压启动控制原理图

任务目标

1. 阅读工作任务单,明确个人工作任务要求,服从工作安排。
2. 分清 PLC 输入/输出口带负载的类型。
3. 根据控制要求列写 I/O 分配表,绘制 PLC 外部硬件接线图。
4. 使用 GX Developer 编程软件编写简单的程序,并进行编译、下载和程序状态监控。
5. 学会 PLC 功能指令 MOV 的编程方法,按照梯形图的编程规则设计程序。
6. 按照电工操作规程,在确保人身和设备安全的前提下,根据 PLC 外部硬件接线图接线并进行系统检测、调试、验收。
7. 按照 6S 管理制度自觉清理场地、归置物品。

工作流程与活动

学习活动一　明确工作任务

☞ 活动目标

1. 阅读工作任务单，明确工时、工作任务等信息，并能用语言进行复述。
2. 进行人员工时分配。
3. 填写工作任务单。

☞ 学习过程

1. 根据工作情景描述，对控制要求进行分析，然后用自己的语言描述该项工作的具体内容及要求。

2. 认真阅读工作情景描述，查阅相关资料，依据教师的任务描述自行填写工作任务单。

工作任务单

流水号：＿＿＿＿＿

任务等级	一般	重要	紧急	非常重要	非常紧急
安装地点					
安装内容					
申报单位			安装单位		
申报时间			预计工时		
申报负责人电话			安装负责人电话		
验收人			验收人电话		

任务实施情况描述

验收单位意见

安装单位 负责人签字		申报单位领导 签字、盖章	
	年　月　日		年　月　日

学习活动二　制订工作计划，分配输入/输出口

👉 活动目标

1. 按照控制要求制订工作计划。
2. 分析控制要求并进行 I/O 分配。
3. 根据控制要求列出所需元件清单。

👉 学习过程

1. 小组讨论：如果你负责这项工作，应该如何完成？请制订工作计划。

工作计划表

_____工作计划

一、人员分工

1. 小组负责人_____

2. 小组成员及分工

姓名	分工

二、工具及材料清单

序号	工具或材料名称	型号规格	数量	备注

三、工序及工期安排

序号	工作内容	完成时间	备注

四、安全防护措施

2. 根据工作情景描述，对控制要求进行分析，制作 I/O 分配表。

引导问题 1：在此工作任务中，输入设备有哪些？它们各起什么作用？它们对应 PLC 的哪些输入点？

引导问题 2：在此工作任务中，输出设备有哪些？它们各起什么作用？它们对应 PLC 的哪些输出点？

引导问题 3：为本工作任务制作一个 I/O 分配表。

I/O 分配表

输入			输出		
元件代号	作用	输入继电器	元件代号	作用	输出继电器

3. 完成工作计划评价。

工作计划评价表

组别：_____

评价内容	分值	评分		
		自评（10%）	组评（20%）	师评（70%）
计划制订是否有条理	2分			
计划是否全面、完善	2分			
人员分工是否合理	2分			
工作清单是否正确完善	1分			
材料清单是否正确完善	1分			
团队协作	1分			
其他方面（6S、安全、美工）	1分			
得分				
合计				

教师评语

教师签名：

日　期：

学习活动三　相关指令和硬件的学习

👉 活动目标

1. 掌握 PLC 功能指令 MOV 编程方法。

2. 熟练掌握 PLC 控制电动机星形–三角形降压启动的方法。

👉 学习过程

1. 分析下列梯形图的逻辑功能。

（1）
```
  M100
──┤├────────[ MDV │ K2X0 │ K2Y0 ]
```

（2）
```
  M100
──┤├────────[ MDV │ T10 │ K4Y0 ]
```

（3）
```
  X000
──┤├────────[ MDV │ K9 │ D10 ]

  M100
──┤├────────( T0 D10 )
```

（4）
```
  T0   T1
──┤├──┤/├──────────( T0  K20 )
           T0
         ──┤├──────( T1  K20 )

  T0
──┤├────────[ MDV │ K85 │ K2Y0 ]

  T1
──┤├────────[ MDV │ K170 │ K2Y0 ]
```

2. 试画出 PLC 控制电动机星形–三角形降压启动的梯形图和列写指令表。

学习活动四　绘制 PLC 外部硬件接线图，安装接线

活动目标

1. 绘制 PLC 外部硬件接线图。
2. 在保证人身和设备安全的情况下，按 PLC 外部硬件接线图进行接线。

学习过程

1. 查阅相关资料，绘制本任务系统 PLC 外部硬件接线图。
2. 按照 PLC 外部硬件接线图纸完成安装。

引导问题：你认为安装接线的过程中都需要注意什么？

3. 记录安装过程中遇到的问题及其解决方法。

所遇问题	解决方法

4. 系统线路安装完毕后，组内进行自检和互检，最后完成下表。

断电检查情况记录表

测试内容	自检情况记录	互检情况记录
观察机械手的运行情况		

学习活动五　程序的编写与调试及项目验收

活动目标

1. 熟练使用 GX Developer 编程软件输入基本控制指令。
2. 熟悉 GX Developer 编程软件实现梯形图和指令表的相互转换。
3. 熟悉 GX Developer 编程软件中编译、下载和状态监控的使用。
4. 读懂简单的语句程序。
5. 熟练掌握动态、静态调试的方法和步骤。
6. 调试结束以后，按照 6S 管理制度整理工作场地。

学习过程

1. 项目程序设计：使用 GX Developer 编程软件画出 PLC 控制电动机星形–三角形降压启动的梯形图。

2. 进行系统运行调试，并将相关内容填入下表中。

测试内容	能否正向启动运行	能否逆向启动运行	能否过载保护	能否短路保护	测试结果（合格/不合格）	
					自检	互检
电动机						

3. 项目验收。

（1）在验收阶段，各小组派代表交叉验收，并在下表中填写验收结果。

验收问题记录	整改措施	完成时间	备注

（2）以小组为单位填写本项目验收情况，并将"学习活动一"中的工作任务单填写完整，完成项目验收报告。

电动机星形–三角形降压启动控制系统的 PLC 设计项目验收报告

工程建设名称			
工程完成概况及现存问题			
改进措施			
建设单位		联系人	
地址		电话	
施工单位		联系人	
地址		电话	
项目负责人		施工周期	
验收结果	完成时间	施工质量	材料移交

4. 进行现场施工评价，完成现场施工评价表。

现场施工评价表

班级：_____组别：_____组长：_____

组员：_____

类别	考核内容	配分	评分标准		考核记录	考核方式	得分
现场施工	作业练习	10 分	1. 作业是否按时完成	2 分			
			2. 系统各环节功能是否实现	2 分			
			3. 作业是否卷面干净整洁、书写规范合理	4 分			
			4. 作业是否按时上交	2 分			
	外部硬件接线图	10 分	1. 图形文字符号是否正确	2 分			
			2. 图形文字符号是否标齐	2 分			
			3. 输入/输出电源是否正确	2 分			
			4. PLC 型号是否正确完整	2 分			
			5. 能说出输入/输出所接的电源性质及大小	2 分			
	安装电路	14 分	1. 主电路、控制电路导线颜色是否区分	2 分			
			2. 元件安装布局是否合理、牢固	2 分			
			3. 所装电路输入/输出口是否与 I/O 分配表相符	4 分			
			4. 所接电路是否与外部硬件接线图相符	2 分			
			5. 是否采用万用表自检线路	2 分			
			6. 安装过程中注意安全，悬挂警示语，不带电作业	2 分			
	编程	20 分	1. 是否在主程序中编写程序	4 分			
			2. 是否会编译、下载	4 分			
			3. 程序编写是否与安装电路的输入/输出、I/O 分配表相符（三对照）	4 分			
			4. 是否会使用监控观看元件的动作状态	2 分			
			5. 编写完程序是否进行静态调试	4 分			
			6. 是否会设置 RS-485 下载导线的参数	2 分			
验收	功能	6 分	1. 按下启动按钮系统开始启动	2 分			
			2. 按下停止按钮系统停止工作	2 分			
			3. 无损坏元件、设备	2 分			
合计							

学习活动六　工作总结与评价

活动目标

1. 真实评价学生的学习情况。
2. 培养学生的语言表达能力。
3. 展示学生的学习成果，树立学生学习的信心。

学习过程

1. 每组选一名学生作为代表对自己组的成果进行展示，通过演示文稿、展板、海报、录像等形式，向全班展示、汇报学习成果。

2. 学生结合自己的成果与别人的成果进行自评、互评，总结经验，并完成评价表的填写工作。建议工作总结应包含以下主要因素。

（1）通过本任务的完成，你学会了什么？比如语言沟通表达、团队合作、指令、编程方法和技巧等。

（2）根据你最终完成的成果展示并说明它的优点。

（3）对自己的展示过程满意吗？如果不满意，说说你还需要从哪几个方面努力？你对接下来的学习有何打算？

（4）学习过程经验记录与交流（组内）。

（5）你觉得这个项目哪里最有趣，哪里最让人提不起精神？

（6）对这种工学结合的一体化教学方式、教学内容有何意见和建议？

（7）你在做此项目中的快乐与忧愁。

3. 教师点评（教师根据各组展示分别做有的放矢的评价）。

（1）找出各组的优点。

（2）整个任务完成过程中各组的缺点点评，提出改进方法。

（3）整个活动完成中出现的亮点和不足。

4. 书写学习心得。

5. 完成综合评价表。

综合评价表

班级		姓名		学号		得分		
评价项目	评价内容	评价标准			配分	评价方式		
						自评（10%）	组评（20%）	师评（70%）
职业素养	安全意识、责任意识	1. 是否作风严谨、遵守纪律、出色完成本次任务 2. 是否是在断电情况下安装接线 3. 安装过程是否节约材料、爱惜设备 4. 是否按 6S 管理制度对书籍、工具、材料、工装、桌椅进行整理			4分			
	学习参与度、互动性	1. 是否按时出勤 2. 一体化实训时是否着工装 3. 课堂上是否积极回答问题 4. 作业是否按时保质完成 5. 图纸是否按规范绘制 6. 是否在规定时间积极查阅有效资料			3分			

续表

班级		姓名		学号		得分		
评价项目	评价内容	评价标准		配分	评价方式			
					自评（10%）	组评（20%）	师评（70%）	
职业素养	团队合作意识	1. 组员是否相互协助 2. 组员之间是否相互监督检查 3. 组内分工是否明确，是否按照分工协作		3 分				
专业能力	学习活动一、明确工作任务	1. 工作任务单填写是否字迹清楚，内容是否完整规范 2. 是否按时完成工作页填写，问题回答正确 3. 学生叙述工作任务是否语言流畅，内容正确、充实		10 分				
	学习活动二、制订工作计划，分配输入/输出口	制订工作计划表		10 分				
	学习活动三、相关指令和硬件的学习	根据各自的学习活动自行分配		10 分				
	学习活动四、绘制PLC 外部硬件接线图，安装接线	根据各自的学习活动自行分配		30 分				
	学习活动五、程序的编写与调试及项目验收	根据各自的学习活动自行分配		20 分				
	学习活动六、工作总结与评价	1. 工作总结内容是否充实深刻，是否有真实体会 2. 工作总结卷面是否干净、整洁 3. 工作总结字迹是否工整		10 分				
总计				100 分				

教师评语：

签名：　日期：

参 考 文 献

[1] 程周. 电气控制与 PLC 原理及应用. 北京：电子工业出版社，2010.

[2] 田效伍. 电气控制与 PLC 原理技术. 北京：机械工业出版社，2009.

[3] 廖长初. PLC 编程及应用. 北京：机械工业出版社，2002.

[4] 高勤. 电器与 PLC 控制技术. 北京：高等教育出版社，2002.

[5] 许翏，王淑英. 电气控制与 PLC 应用. 北京：机械工业出版社，2005.

[6] 阮友德. 电气控制与 PLC 实训教程. 北京：人民邮电出版社，2006.

[7] 吕爱华. 电气控制与 PLC 应用技术. 北京：电子工业出版社，2011.

[8] 程子华. PLC 原理与编程实例分析. 北京：国防工业出版社，2007.

[9] 王仁祥. 常用低压电器原理及其控制技术. 北京：机械工业出版社，2006.

[10] 田淑珍. 工厂电气控制设备及技能训练. 北京：机械工业出版社，2007.

[11] 苏家健，徐洁. 电气控制与 PLC 应用. 哈尔滨：哈尔滨工程大学出版社，2011.

[12] 何利民，尹全英. 电气制图与读图. 北京：机械工业出版社，2002.

[13] 王建明. 电机与机床电气控制. 北京：北京理工大学出版社，2008.

[14] 王成福. 电器及 PLC 控制技术. 杭州：浙江大学出版社，2008.

[15] 王兆义. 小型可编程控制器实用技术. 北京：机械工业出版社，2003.

[16] 史国生. 电气控制与可编程控制器技术. 北京：化学工业出版社，2004.